科学出版社“十三五”普通高等教育本科规划教材

大学本科数学类专业基础课程系列丛书

空间解析几何

刘建成　贺　群　编著

科学出版社

北　京

内 容 简 介

本书是在同济大学数学科学学院和西北师范大学数学与统计学院各专业多次讲授空间解析几何课程的基础上形成的，内容包括空间坐标系、向量代数、平面与空间直线、直纹面与旋转曲面、二次曲面、等距变换与仿射变换等.本书结构紧凑，各章节的主要数学思想显著突出，注重展现数学知识的发生过程和数学问题解决的思维过程，强调几何的直观性，努力处理好几何与代数的关系.

本书可作为高等院校数学类专业本科生的教学用书，也可作为相关专业教师和科技工作者的参考书.

图书在版编目(CIP)数据

空间解析几何/刘建成，贺群编著. —北京：科学出版社，2018.1
(大学本科数学类专业基础课程系列丛书)
科学出版社“十三五”普通高等教育本科规划教材
ISBN 978-7-03-055614-1

Ⅰ.①空… Ⅱ.①刘… ②贺… Ⅲ.①立体几何-解析几何-高等学校-教材 Ⅳ.①O182.2

中国版本图书馆 CIP 数据核字(2017) 第 286690 号

责任编辑：胡海霞／责任校对：张凤琴
责任印制：吴兆东／封面设计：迷底书装

科学出版社 出版
北京东黄城根北街 16 号
邮政编码：100717
http://www.sciencep com
固安县铭成印刷有限公司印刷
科学出版社发行 各地新华书店经销
*
2018 年 1 月第 一 版 开本：787×1092 1/16
2025 年 7 月第十一次印刷 印张：9 3/8
字数：213 000

定价：35.00 元

(如有印装质量问题，我社负责调换)

前　言

空间解析几何是高等学校数学与应用数学专业的一门重要基础课程. 它是科学和工程技术的基本数学工具之一.

本书是笔者结合多年讲授空间解析几何课程的教学心得, 在参阅国内外若干颇具特色的专著、教材和其他文献, 对课程讲稿进行反复修改、整理和扩充的基础上编著而成的. 本书主要内容是用代数方法 (向量法、坐标法) 讨论一些简单的空间图形 (如直线、平面、二次曲面) 和变换 (正交变换、仿射变换) 的性质. 本书分 6 章编排, 依次为空间坐标系、向量代数、平面与空间直线、直纹面与旋转曲面、二次曲面、等距变换与仿射变换. 这些内容在代数、分析、力学、物理学和许多工程技术领域里都有广泛的应用.

本书力求展示下述特色.

(1) 每章开始都有简短的导语, 对该章节知识体系作宏观描述和概括. 导语既是课前预习的引导, 也是课后巩固和深化的参考. 通过这些导语, 一方面引导学生从高中数学向大学数学课程的学习方法和独立思考习惯转变; 另一方面指导和点拨学生从模仿局部计算转向对内容体系的宏观把握.

(2) 突出将代数化结果以向量形式呈现. 目的是为了留住几何直观, 再现建立模型的痕迹和解决问题的数学思想或方法, 同时也兼顾表达的简洁性和不同标架下坐标表示的通用性. 由于本书第 2 章对向量运算的坐标表示有详细介绍, 所以很容易将向量表达式在适当坐标系下转化为坐标形式的表达式或方程.

(3) 在解决几何问题时, 既侧重几何事实的向量代数表述, 又不失时机地揭示隐藏在代数运算结果背后的几何事实. 这种几何语言与代数语言的信息交换能力在数学后继课程的学习中尤为重要. 客观地说, 这种能力和完整的数形结合的思想在中学阶段并未得到足够的训练和培养. 本书尝试通过空间解析几何课程的教学提升学生这方面的能力和数学素养.

(4) 空间坐标系 (包括直角坐标系、球面坐标系和柱面坐标系) 是第 1 章的主要内容, 其构思完全类似于中学平面直角坐标系. 这样做, 一方面是为了能与学生高中知识更加自然地衔接, 将几何问题的研究从平面自然地过渡到空间; 另一方面从中能看出空间坐标系的多样性, 使学生对空间坐标系有一个直观的、初步的了解, 拓宽其关于坐标系概念的理解. 而随后章节将立即用向量作为工具建立标架与坐标的概念, 以形成对照, 从中会清晰地发现前者的局限性和后者的优越性.

(5) 关于二次曲面方程化简的内容, 我们着重从理论上分析坐标变换在化简二次曲面方程方面的可行性, 而不再详细介绍具体的化简过程. 其原因一方面是基于通识教育理念下课时的压缩, 这样做可避免与高等代数二次型相关内容重复; 更重要的是, 理论上得到化简所使用的坐标变换公式后, 化简过程主要是代数运算, 完全可以借助数学软件来完成. 这可使师生节省出更多的时间去思考数学思想和方法.

(6) 第 6 章介绍等距变换与仿射变换, 这部分内容严格意义上不属于传统解析几何, 而是仿射几何学的核心内容. 由于目前大多数院校已取消了射影几何课程, 这部分内容成为一个空白. 但正交变换与仿射变换不仅是几何学重要的组成部分, 在许多其他学科也有广泛应用. 在解析几何教材中增加这部分内容也是高校几何教材改革的趋势, 目的是通过学习使学生对几何学的理解提升到一个更高的层面, 旨在强调用变换的观点研究图形的不变性质和不变量.

(7) 我们采纳了讲授数学分析和高等数学课程教师的建议, 补充介绍了极坐标系和空间直角坐标系下一些作图的方法, 希望对培养学生的空间想象能力和动手能力有所帮助.

本书为 54 学时教学用书. 使用者可依据学生的接受能力对第 6 章仿射变换的内容作出必要的取舍. 本书各节都配有精心挑选的适量习题, 以供读者练习. 许多习题不止一种求解方法, 通过探究一题多解, 一方面可以提高学生学习兴趣, 激发创新意识, 另一方面也能启迪学生思维, 有助于打开思路, 提高思维的灵活性.

笔者在写作过程中参阅了国内外有关专著、教材和其他文献, 在此对相关作者表示感谢. 本书作为科学出版社 “十三五” 普通高等教育本科规划教材, 得到了同济大学教务处、西北师范大学教务处、同济大学数学科学学院、西北师范大学数学与统计学院的大力支持与鼓励, 得到了国家自然科学基金 (项目号: 11261051, 11761061)、西北师范大学教材建设委员会、西北师范大学数学优势特色学科对本教材撰写和出版的资助, 我们在此一并致谢.

最后, 笔者对兰州大学郭聿琦教授表示深深的谢意, 正是郭先生对笔者的一贯的支持、鼓励和信任才使得本书能入选这套大学本科数学类专业基础课程系列丛书. 笔者还对本书的责任编辑胡海霞女士卓有成效的辛勤工作表示衷心的感谢.

由于我们的学识和教学经验所限, 书中的缺点和疏漏在所难免, 诚恳地希望读者批评指正.

作　者

2017 年 5 月

目　　录

第 1 章　空间坐标系

1619 年, 笛卡儿住在多瑙河德国南部的一座小城 —— 诺伊堡的军营. 这是他一生的转折点, 他终日沉浸在深思中, 考虑数学和哲学问题. 1619 年 11 月 10 日, 白天, 笛卡儿生病了, 遵照医生的嘱咐, 躺在床上休息. 突然, 笛卡儿眼睛一亮, 原来正在天花板上爬来爬去的一只蜘蛛引起了他的注意. 这只蜘蛛在常人的眼里或许是平常得不能再平常了, 它正忙着在天花板靠近墙角的地方结网, 它忽而沿着墙面爬上爬下, 忽而顺着吐出丝的方向在空中缓缓移动.

笛卡儿对这只蜘蛛感兴趣, 是因为他这时正思索着用代数方法来解决几何问题, 但遇到了一个困难, 便是几何中的点如何才能用代数中的几个数表示出来呢? 晚上, 他心中充满极大的兴奋, 带着愉快而又焦急的心情去入睡, 使得他接连做噩梦, 头脑久久不能平静. 凌晨, 想着这只悬在半空中的蜘蛛, 沉思中的笛卡儿豁然开朗: 能不能用两面墙的交线及墙与天花板的交线, 来确定它的空间位置呢? 他一骨碌从床上爬起来, 在纸上画了三条互相垂直的直线, 分别表示两墙面的交线和墙与天花板的交线, 用一个点表示空间的蜘蛛, 当然可以测出这点到三个平面的距离. 这样, 蜘蛛在空中的位置就可以准确地标出来了. 笛卡儿写道: "第二天, 我开始懂得这惊人发现的基本原理." 这就是指他得到了建立解析几何的线索.

后来, 由这样两两互相垂直并相交于一点的三条直线所组成的坐标系, 就被人们称为笛卡儿直角坐标系.

用以确定数或数组与基本几何对象 (常常是点) 之间对应关系的参考系称为**坐标系**. 它是形与数结合的基础, 利用坐标系讨论问题的方法就是坐标法. 在解析几何里, 首先要建立坐标系, 在此基础上才能用方程描述复杂的几何对象 (例如曲线、曲面). 坐标法确立了空间形式与数量关系之间的联系, 使得用代数方法研究几何问题成为可能, 同时也为用分析的方法研究数学问题准备了条件.

关于坐标系, 中学平面解析几何从直观的角度, 用初等方法定义了平面直角坐标系和极坐标系. 本章将用类似的方法介绍空间最常用的三种坐标系, 即空间直角坐标系、柱面坐标系和球面坐标系. 它们都是平面上直角坐标系与极坐标系的自然推广. 有了坐标系, 自然可以定义空间中的图形 —— 曲线和曲面与方程之间的对应关系. 目的是让读者对坐标系和坐标法有一个初步的认识. 第 2 章引进向量代数后, 还会介绍更一般的仿射坐标系.

1.1　空间直角坐标系

在直线坐标系即数轴上, 确定一个点的位置只用一个数. 在平面直角坐标系中, 一个点的位置需要用两个数 (即它的坐标) 来确定. 在空间要确定一个点的位置, 人们总结出了各种方法, 空间直角坐标系就是其中之一.

在空间任取定一点 O, 以 O 为原点引出三条互相垂直的数轴, 分别称为 x 轴、y 轴、z 轴. 设点 P 是空间任一点, 过点 P 分别作与这三条轴垂直的平面, 顺次交 x 轴、y 轴、z 轴于 A,B,C (图 1.1). 它们在 x 轴、y 轴、z 轴上的坐标依次为 x,y,z. 于是点 P 就确定了三个有序实数 x,y,z. 三元组 (x,y,z) 称为 P **点的坐标**, 记作 $P(x,y,z)$. 反之, 任意给定三个有序实数 x,y,z, 我们在 x 轴、y 轴、z 轴上分别作出以 x,y,z 为坐标的点 A,B,C, 过 A,B,C 分别作出与 x 轴、y 轴、z 轴垂直的平面, 设它们相交于点 P, 显然点 P 的坐标就是 (x,y,z).

可见, 在空间中取定原点 O 与 x 轴、y 轴、z 轴后, 便建立了空间中全体点的集合与全体有序三元实数组集合之间的一个一一对应. 因此称原点 O 与 x 轴、y 轴、z 轴的组合为**空间直角坐标系**, 也称为**笛卡儿直角坐标系**, 记作 $O\text{-}xyz$, 其中 O 称为**坐标原点**, x 轴、y 轴、z 轴统称为**坐标轴**. 由每两条坐标轴决定的平面称为**坐标平面**, 简称为**坐标面**. 共有三个坐标面, 分别叫做 xOy 面、yOz 面、zOx 面.

直角坐标系有右手系和左手系两种. 如图 1.2 所示, 将右手四指 (拇指除外) 从 x 轴正方向弯向 y 轴正方向, 如果拇指所指向的方向与 z 轴正方向一致, 则称此直角坐标系为**右手系**, 否则称为**左手系**. 右手系与左手系作任意的平移与旋转也不会重合, 就如我们的左手与右手怎么运动也不会重合. 如无特殊声明, 本章所用坐标系均为右手直角坐标系.

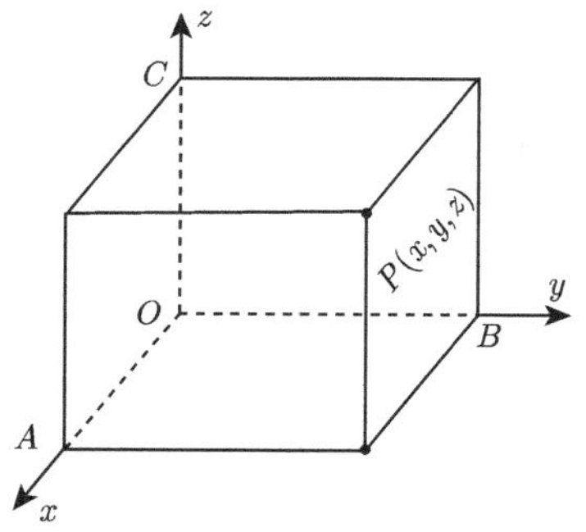

图 1.1 空间直角坐标系

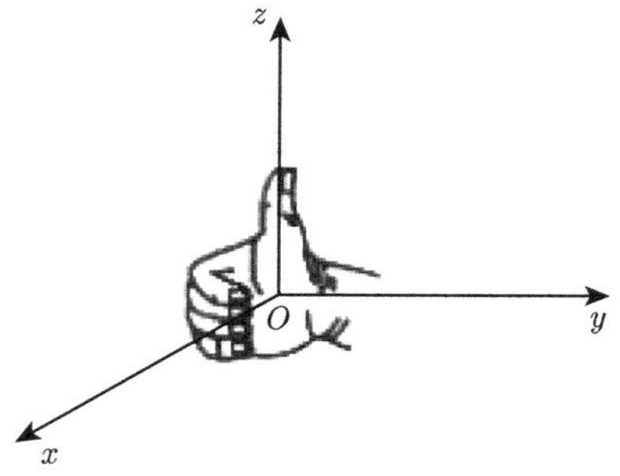

图 1.2 右手直角坐标系

显然, 坐标原点 O 的坐标为 $(0,0,0)$; x 轴上点的坐标为 $(x,0,0)$, y 轴上点的坐标为 $(0,y,0)$, z 轴上点的坐标为 $(0,0,z)$; yOz 面、zOx 面和 xOy 面上的点分别满足 $x=0$, $y=0$ 和 $z=0$.

三个坐标面把空间分成八个区域, 每个区域称为一个**卦限**. 八个卦限依次用大写罗马数字标记, 其排列顺序如图 1.3 所示, 每个卦限中点的各个坐标的正负号见表 1.1.

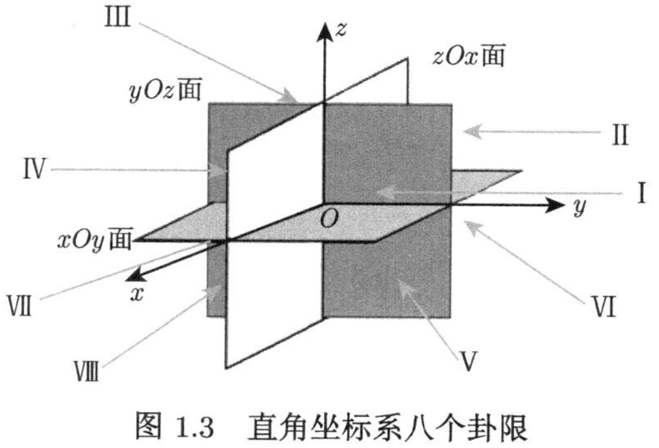

图 1.3 直角坐标系八个卦限

表 1.1 八个卦限中点的坐标符号表

	Ⅰ	Ⅱ	Ⅲ	Ⅳ	Ⅴ	Ⅵ	Ⅶ	Ⅷ
x	+	−	−	+	+	−	−	+
y	+	+	−	−	+	+	−	−
z	+	+	+	+	−	−	−	−

与平面直角坐标系不同, 在平面上标出空间直角坐标系中一点时, 它的位置是不确定的, 也就是说我们无法判断它落在哪一个卦限内. 解决这个问题较为直观和便捷的方法是利用坐标折线. 详言之, 如图 1.4 所示, 从点 P 向 xOy 面作垂线, 垂足为 Q. 再自 Q 向 x 轴作垂线, 垂足为 R. 那么点 P 的 z 坐标的绝对值就是 QP 的长度, 正负号依有向线段 QP 与 z 轴同向或反向而定. 有向线段这种带正负号的长度称为代数长. 也就是说, 点 P 的 z 坐标可以用有向线段 QP 的代数长来表示. 同样, 点 P 的 x 坐标和 y 坐标可以分别用有向线段 OR, RQ 的代数长来表示. 由此可见, 点 P 的坐标可以用有向折线 $ORQP$ 来表示. 这条有向折线称为**点 P 的坐标折线**. 现在, 要从坐标 (x, y, z) 作出点 P 来, 就要从原点开始画出坐标折线 $ORQP$; 反之, 要从点 P 确定坐标就要从点 P 开始画出坐标折线 $PQRO$.

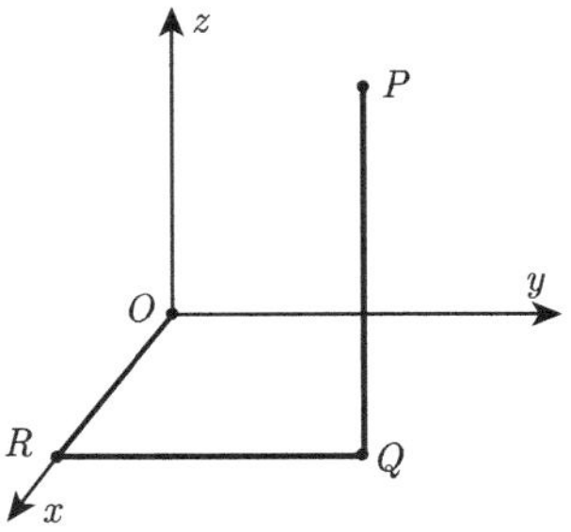

图 1.4 坐标折线

最后, 从点在直角坐标系中坐标的定义, 结合图 1.4 不难得到空间点到坐标原点、三条坐标轴及三个坐标面的距离, 我们把这些都留给读者作为习题完成. 至于空间任两点间的距离, 尽管借助平面上两点间距离公式及一点立体几何的知识也是容易得到的, 不过, 在第 2 章用向量代数的工具将会更简便.

习 题 1.1

1. 在直角坐标系 O-xyz 中, 求点 $P(x, y, z)$ 分别到坐标原点、三条坐标轴及三个坐标面的距离.
2. 在直角坐标系 O-xyz 中, 用坐标折线标出点 $P(1, 2, -1)$ 和 $M(-1, 3, 2)$ 的位置.
3. 在直角坐标系 O-xyz 中, 设 $P(2, 3, -1)$, $M(a, b, c)$. 分别求这两点关于坐标面、坐标轴、坐标原点的对称点的坐标.

1.2 轨迹与方程

建立了空间坐标系以后, 点与它的坐标就一一对应起来了. 于是, 空间曲面和曲线作为满足某些条件的**动点**的轨迹, 也就可以用其上动点坐标满足的方程 (组) 来表示. 本节我们首先定义一般曲面和空间曲线与方程 (组) 之间的对应关系, 并用坐标法建立某些特殊曲线和曲面的方程. 由于实际问题的复杂性, 坐标法有它的局限性, 所以在第 2 章我们还将建立向量法, 然后将坐标法和向量法结合起来, 在后续章节建立更多更一般的曲线和曲面的方程.

1.2.1 曲面的一般方程和参数方程

像在平面解析几何中把平面曲线当作动点的轨迹一样, 在空间解析几何中, 任何曲面都看作点的几何轨迹. 在这样的意义下, 若曲面 S 和一个三元方程

$$F(x,y,z)=0 \tag{1.1}$$

之间满足如下关系:

(1) 完备性: 曲面 S 上每一点的坐标 (x,y,z) 都满足方程 (1.1);

(2) 纯粹性: 方程 (1.1) 的任一解 (x,y,z) 都是曲面 S 上某点的坐标. 则方程 (1.1) 就称为**曲面 S 的 (一般) 方程**, 而曲面 S 称为**方程 (1.1) 的图形**, 或者直接用方程来代表, 记为 “$S:F(x,y,z)=0$”. 上述定义中, 纯粹性与完备性缺一不可.

如果曲面方程没有实点满足, 我们就称它为虚曲面, 如 $x^2+y^2+z^2+1=0$. 有时方程只表示空间一点或一条曲线, 如 $x^2+y^2+z^2=0$ 表示原点, $x^2+y^2=0$ 表示 z 轴. 此时, 我们称方程是退化的. 一般情况下, 方程 (1.1) 表示空间一张曲面.

求曲面的方程实际上就是在确定的坐标系下, 把曲面上点的几何特征性质用点的坐标满足的代数关系来表示.

例 1.1 *平行于 xOy 面, 且与 z 轴交于 $(0,0,c)$ 的平面的方程是 $z=c$.*

证明 容易看到, 对给定平面上一点 (x,y,z), 一定有 $z=c$, 即完备性满足. 反之, 任意一点 $P(x,y,z)$, 只要它的坐标满足 $z=c$, 就一定在给定平面上, 纯粹性也满足.

同理, $x=a$ 和 $y=b$ 分别表示平行于 yOz 面和 xOz 面的平面方程. 特别地, $x=0$, $y=0$ 和 $z=0$ 分别表示 yOz 面、xOz 面和 xOy 面.

空间的点有三个坐标, 每个坐标都可以独立地任意变动, 因此它有三个自由度. 同理, 直线和平面上的点分别有一个和两个自由度. 当空间中点的坐标受到某方程 $F(x,y,z)=0$ 的约束后, 便只有两个自由度, 所得的图形一般是空间一张曲面. 所以, 当考虑用参数来表示曲面时, 需要两个参数. 于是我们可以如下给出曲面参数方程的定义.

一般来说, 在空间直角坐标系中, 如果点的坐标 (x,y,z) 表示成两个变量 u,v 的函数

$$\begin{cases} x=f(u,v), \\ y=g(u,v), \qquad a\leqslant u\leqslant b,\quad c\leqslant v\leqslant d. \\ z=h(u,v), \end{cases} \tag{1.2}$$

对于 u,v 在取值范围内的每对值, 由方程 (1.2) 所确定的点 (x,y,z) 都在某一曲面 S 上; 反之, S 上每点的坐标 x,y,z 都可由 u,v 在取值范围内的一对值通过方程 (1.2) 来表示, 则方程 (1.2) 称为曲面 S 的**参数方程**, u,v 称为**参数**. 事实上, 曲面 S 的参数方程就是平面上的点集 $[a,b]\times[c,d]$ 到曲面 S 的一个到上的映射. 从曲面的参数方程消去参数 u,v 就可得到曲面的一般方程.

例 1.2 *求球心在坐标原点、半径为 R 的球面的方程.*

解 球面是空间中到一个定点的距离等于常数的点的轨迹, 其中定点为球面的球心, 定长为球面的半径.

设 $P(x,y,z)$ 为球面上任一点, 于是有 $OP = R$. 因 $OP = \sqrt{x^2+y^2+z^2}$, 所以 $\sqrt{x^2+y^2+z^2} = R$, 即

$$x^2+y^2+z^2=R^2. \tag{1.3}$$

由此可见点 P 的坐标 (x,y,z) 满足方程 (1.3). 反之, 若点 Q 的坐标 (x,y,z) 满足方程 (1.3), 将方程 (1.3) 两边开平方, 得到 $OQ = R$. 因此点 Q 在以原点 O 为球心、R 为半径的球面上. 方程 (1.3) 称为球心在坐标原点、半径为 R 的**球面的一般方程**.

下面我们再来建立该球面的一种参数方程. 如图 1.5 所示, 自 P 引 xOy 面的垂线, 垂足为 Q. θ 为 xOy 面上从 x 轴正向逆时针(从 z 轴正向往下看) 方向旋转到 OQ 的转角 $(0 \leqslant \theta < 2\pi)$. φ 为 OQ 到 OP 的角, $-\dfrac{\pi}{2} < \varphi < \dfrac{\pi}{2}$, 当点 P 在上半球面时, φ 为正; 当点 P 在下半球面时, φ 为负. 于是, 点 P 的位置由角度 θ 和 φ 完全确定, 从而点 P 的坐标可用它们表示.

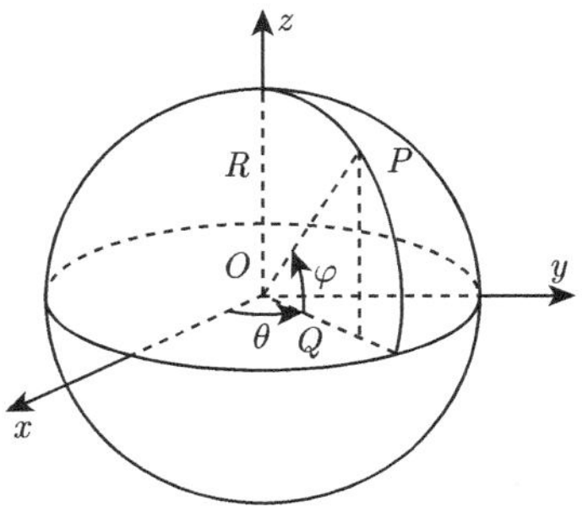

图 1.5 球面

由图 1.5 不难看出

$$\begin{cases} x = R\cos\varphi\cos\theta, \\ y = R\cos\varphi\sin\theta, \qquad 0 \leqslant \theta < 2\pi, \quad -\dfrac{\pi}{2} < \varphi < \dfrac{\pi}{2}. \\ z = R\sin\varphi, \end{cases} \tag{1.4}$$

这就是球心在坐标原点、半径为 R 的**球面的参数方程**.

球面的参数方程 (1.4) 中的参数 θ 和 φ, 在地理上通常称为经度和纬度. 不过, 对于地球, 经度 (即参数 θ) 的取值范围是 $-\pi \leqslant \theta < \pi$, 即 $-180° \sim 180°$.

例 1.3 *求以 z 轴为对称轴、半径为 R 的直圆柱面的方程.*

解 直圆柱面是到一条定直线的距离等于定长的空间点的轨迹 (图 1.6). 定直线叫做直圆柱面的对称轴, 定长叫做直圆柱面的半径.

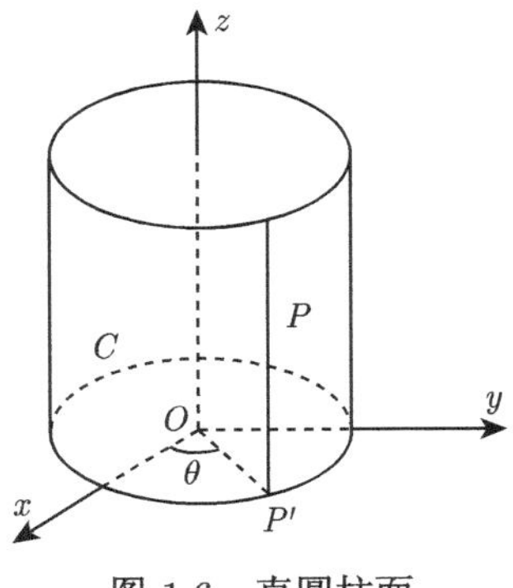

图 1.6 直圆柱面

设 $P(x,y,z)$ 是所求圆柱面上的任一点. 于是点 P 到 z 轴的距离为 R, 即有

$$x^2+y^2=R^2. \tag{1.5}$$

即所求圆柱面上任一点 P 的坐标 (x,y,z) 都满足方程 (1.5).

反之, 若一点 $P(x,y,z)$ 的坐标满足方程 (1.5). 过 P 作 z 轴的平行线交 xOy 面于一点 P', 则点 P' 的坐标为 $(x,y,0)$. 显见点 P' 的坐标也满足方程 (1.5), 换句话说, 点 P' 到 z 轴的距离为 R. 这表明 P' 在以 z 轴为对称轴、R 为半径的直圆柱面上, 进而点 P 也在以 z 轴为对称轴、R 为半径的直圆柱面上. 结合两方面我们得知方程 (1.5) 即为所求**直圆柱面的一般方程**.

设 $P(x,y,z)$ 是圆柱面上任一点, 自点 P 向 xOy 面引垂线, 垂足为 P'. 如图 1.6 所示, θ 是由 x 轴在 xOy 面上绕 O 点逆时针 (从 z 轴正向往下看) 旋转到 OP' 位置时所转过的角度. 则 P' 点的坐标为 $(R\cos\theta, R\sin\theta, 0)$. 从而 P 点的坐标就是 $(R\cos\theta, R\sin\theta, z)$. 由此我们得到

$$\begin{cases} x = R\cos\theta, \\ y = R\sin\theta, \\ z = t, \end{cases} \tag{1.6}$$

其中 θ, t 为**参数**, 其取值范围分别为 $0 \leqslant \theta < 2\pi$, $-\infty < t < +\infty$. 方程 (1.6) 称为以 z 轴为对称轴、半径为 R 的**直圆柱面的参数方程**.

1.2.2　空间曲线的一般方程和参数方程

在空间直角坐标系 $O\text{-}xyz$ 中, 一条空间曲线 C 和一个三元方程组

$$\begin{cases} F(x,y,z) = 0, \\ G(x,y,z) = 0 \end{cases} \tag{1.7}$$

之间, 如果满足如下关系:

(1) 曲线 C 上每点的坐标 (x,y,z) 都满足方程组 (1.7);

(2) 以方程组 (1.7) 的解为坐标的点都在曲线 C 上.

那么方程组 (1.7) 称为**空间曲线 C 的一般方程**, 而曲线 C 称为方程组 (1.7) 的图形.

例 1.4　在空间直角坐标系 $O\text{-}xyz$ 中, z 轴可以看成 xOz 面与 yOz 面的交线, 其方程为

$$\begin{cases} x = 0, \\ y = 0. \end{cases}$$

类似地, x 轴和 y 轴的方程可分别表示为

$$\begin{cases} y = 0, \\ z = 0, \end{cases} \quad \begin{cases} x = 0, \\ z = 0. \end{cases}$$

通常, 两个曲面相交, 交线为一条曲线. 由于通过同一条曲线的曲面可以有很多个, 从其中任选两个, 将它们的方程联立起来, 只要这些方程组是同解的, 它们就都是这条空间曲线的方程. 因此空间曲线的方程不唯一. 例如方程组

$$\begin{cases} x = 0, \\ y = 0 \end{cases} \quad 与 \quad \begin{cases} x + y = 0, \\ x - y = 0 \end{cases}$$

是同解方程组, 它们都可作为 z 轴的方程. 再如, 下面三个方程组:

$$\begin{cases} x^2 + y^2 + z^2 = R^2, \\ z = 0; \end{cases} \quad \begin{cases} x^2 + y^2 = R^2, \\ z = 0; \end{cases} \quad \begin{cases} x^2 + y^2 + z^2 = R^2, \\ x^2 + y^2 = R^2 \end{cases}$$

都表示位于 xOy 面上圆心在原点、半径为 R 的圆, 它们分别是球面与 xOy 面的交线、直圆柱面与 xOy 面的交线、直圆柱面与球面的交线.

当然, 联立任意给定的两个曲面方程可能不表示任何空间曲线. 如方程组

$$\begin{cases} x^2+y^2+z^2=1, \\ x^2+y^2+z^2=4 \end{cases}$$

不表示任何空间曲线. 因为是两个同心球面, 没有任何公共点. 从代数上看, 这是一对矛盾的方程组, 同时满足这两个方程的解 x, y, z 是不存在的.

类似于曲面的参数方程, 下面我们再介绍空间曲线的参数方程. 由于空间曲线是受到方程组的约束, 其上点便只有一个自由度. 所以空间曲线的参数方程是一个参变量的方程.

在空间直角坐标系 O-xyz 中, 若点的坐标 (x, y, z) 表示为一个变量 t 的函数,

$$\begin{cases} x=f(t), \\ y=g(t), \quad a \leqslant t \leqslant b, \\ z=h(t), \end{cases} \tag{1.8}$$

对于 t 在其取值范围内的一个值, 由方程 (1.8) 所确定的点都在曲线 C 上; 反之, 曲线 C 上的每点的坐标都可以由 t 在其取值范围内的某个值通过方程 (1.8) 来表示, 则方程 (1.8) 称为**曲线 C 的参数方程**, t 称为**参数**. 同样, 曲线 C 的参数方程是点集 $[a, b]$ 到曲线 C 的一个到上的映射. 从曲线的参数方程消去参数 t, 就可以得到曲线的一般方程.

例 1.5 一质点一方面绕一轴线做等角速度 ω 的圆周运动 (半径为 R), 另一方面做平行于轴线的匀速直线运动, 其速度与角速度成正比, 求质点运动的轨迹方程.

解 如图 1.7 建立空间直角坐标系 O-xyz, 使 z 轴重合于轴线, 并设质点运动的起点为点 $A(R, 0, 0)$. 由条件知质点的直线运动速度为 $b\omega$, b 为非零常数.

设经过 t 秒后, 质点由点 $A(R, 0, 0)$ 运动到 $P(x, y, z)$, 则有 $z=b\omega t$. 记点 P 在 xOy 面上的投影为 N. 则在 t 时刻, 点 P 沿着圆周的转角为 $\angle AON=\omega t$. 所以, P 点的坐标 x, y, z 满足

$$\begin{cases} x=R\cos(\omega t), \\ y=R\sin(\omega t), \\ z=b\omega t. \end{cases}$$

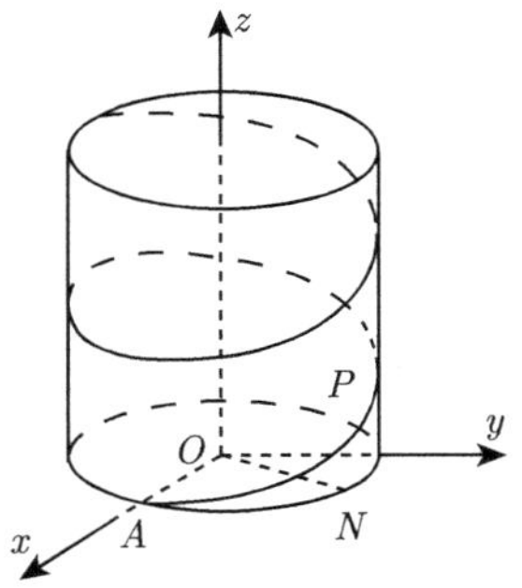

图 1.7 圆柱螺线

这就是所求质点运动轨迹的参数方程, 其中 $0 \leqslant t < +\infty$ 为参数.

由参数方程可见, 该轨迹是直圆柱面 $x^2+y^2=R^2$ 上一条曲线, 称为**圆柱螺线**. 消去参数 t, 得到圆柱螺线的一般方程

$$\begin{cases} x^2+y^2=R^2, \\ x=R\cos\dfrac{z}{b}, \end{cases}$$

其中第一式为圆柱螺线所在直圆柱面的方程; 从第二式已经很难辨认它所表示的几何图形. 因此, 有时仅从一般方程不容易看清楚曲线的形状, 而借助于参数方程却比较容易了解曲线的图形. 在实际问题中, 特别是求物体运动的轨迹时, 常常用参数方程. 一般方程和参数方程各有所长, 读者要学会两种方程的相互转化.

几何上, 在一张长方形纸上画一条斜线, 然后把纸卷成圆柱面, 该直线可形成圆柱螺线. 圆柱螺线是实践中常用的曲线. 如平头螺丝钉的外缘曲线就是圆柱螺线. 当我们拧紧平头螺丝钉时, 它的外缘曲线上的任一点 M, 一方面绕螺丝钉的轴旋转, 另一方面又沿平行于轴线的方向前进, 点 M 就走出一条圆柱螺线. 从圆柱螺线的参数方程不难看出, 当点 M 转过一周时, 即 $\omega t = 2\pi$, 其上升的高度为一个固定值 $2\pi b$, 这个固定的高度在工程技术上叫做**螺距**.

习 题 1.2

1. 研究下列方程代表的几何图形:

(1) $x + y = 0$;　(2) $x - y = 0$;　(3) $x^2 - y^2 = 0$;　(4) $xyz = 0$.

2. 将曲面的参数方程 $\begin{cases} x = a(u+v), \\ y = b(u-v), \\ z = uv \end{cases}$ $(-\infty < u, v < +\infty)$ 化为一般方程.

3. 写出以原点为球心、半径为 5 的球面与过点 $(1,1,4)$ 平行于 xOy 面的平面的交线方程, 并将其改写为参数方程.

4. 解释方程组 $\begin{cases} x^2 + y^2 = R^2, \\ x^2 + z^2 = R^2 \end{cases}$ 表示的几何图形.

1.3 柱面坐标与球面坐标

在空间除了直角坐标系外, 还有两种常用的坐标系, 即球面坐标系和柱面坐标系. 对某些特殊的图形, 用它们来表示方程更为简洁. 在应用方面, 如微积分中计算三重积分或曲面积分时, 柱面坐标和球面坐标起到了非常重要的作用.

由于柱面坐标系和球面坐标系都是平面极坐标系的推广, 为此, 我们先简要复习平面极坐标系.

1.3.1 平面极坐标系

用一对有序实数来确定平面上点的位置的方法, 在平面直角坐标系中是最常用的方法, 但不是唯一的方法. 另一种常用的方法是用角度和长度来确定平面上点的位置. 比如指路牌上 “由此向东 50 米” 正是用角度和长度确定位置的. 再如炮兵向指示目标射击时, 用直角坐标的纵、横交点来确定目标位置的方法就不如用方向和距离来确定目标位置的方法好. 像这种用角度和长度来确定位置的方法是建立平面极坐标系的基本思想.

如图 1.8 所示, 在平面内取一定点 O, 从点 O 引一条射线 Ox, 并确定一个单位长度和计算角度 θ 的正方向 (一般取逆时针方向为正方向), 这样就在平面上建立了一种新的坐标系 ——**极坐标系**. 在平面极坐标系中, 任一点 P 的位置可由 OP 的长度 ρ 和从 Ox 到 OP 的角度 θ 来表示. 这里, 定点 O 称为**极点**, 定射线 Ox 称为**极轴**, ρ 称为**极径**, θ 称为**极角**. 有序实数对 (ρ,θ) 称为点 P 的**极坐标**, 记作 $P(\rho,\theta)$.

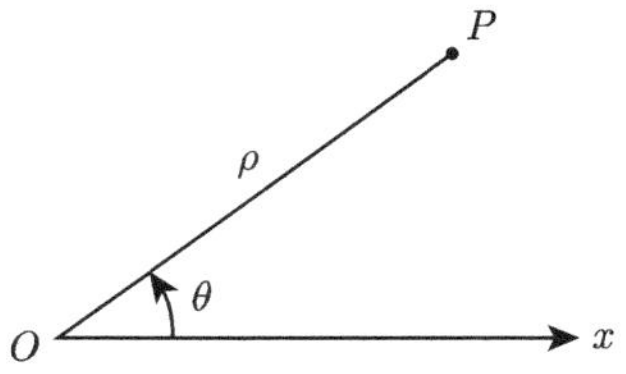

图 1.8 平面极坐标系

当 $\rho=0$ 时, 不论 θ 取什么值, $(0,\theta)$ 都表示极点; 当 $\theta=0$ 时, 不论 ρ 取什么正值, 点 $(\rho,0)$ 都在极轴上.

当 $\rho\geqslant 0,\ 0\leqslant\theta<2\pi$ 时, 对于平面上任一点 P (除极点外), 都可以找到唯一的一对实数 (ρ,θ) 与之对应; 反过来, 对于任意一对实数 (ρ,θ), 也总可以在平面上找到唯一的一点 P 与之对应, 也就是说, 当 ρ 和 θ 在上述范围内时, 平面上的点 P (除极点外) 与实数对 (ρ,θ) 之间具有一一对应的关系.

由于实际应用的需要, 极径 ρ 和极角 θ 也可以取负值. 当 $\rho>0$ 时, 规定在角 θ 的终边上取点 P, 使得 $|OP|=\rho$, 如图 1.9 (a) 所示; 当 $\rho<0$ 时, 则在角 θ 的终边的反向延长线上取点 P, 使得 $|OP|=|\rho|$, 如图 1.9 (b) 所示; 当 $\theta>0$ 时, 极轴按逆时针方向旋转; 当 $\theta<0$ 时, 极轴按顺时针方向旋转.

极坐标系和直角坐标系虽是两种不同的坐标系, 但点的极坐标与直角坐标之间还可以进行互相转换. 如图 1.10 所示, 把直角坐标系的原点作为极点, x 轴的正半轴作为极轴, 并在两种坐标系中取相同的单位长度. 设平面上任一点 P 的直角坐标为 (x,y), 极坐标为 (ρ,θ), 从而用极坐标表示直角坐标的方程为

$$\begin{cases} x=\rho\cos\theta, \\ y=\rho\sin\theta. \end{cases} \tag{1.9}$$

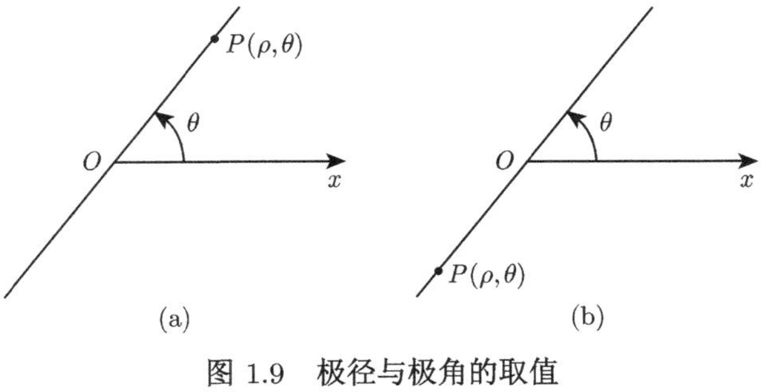

图 1.9 极径与极角的取值

从式 (1.9) 我们可以解得

$$\begin{cases} \rho=\pm\sqrt{x^2+y^2}, \\ \cos\theta=\dfrac{x}{\pm\sqrt{x^2+y^2}},\quad \sin\theta=\dfrac{y}{\pm\sqrt{x^2+y^2}}. \end{cases} \tag{1.10}$$

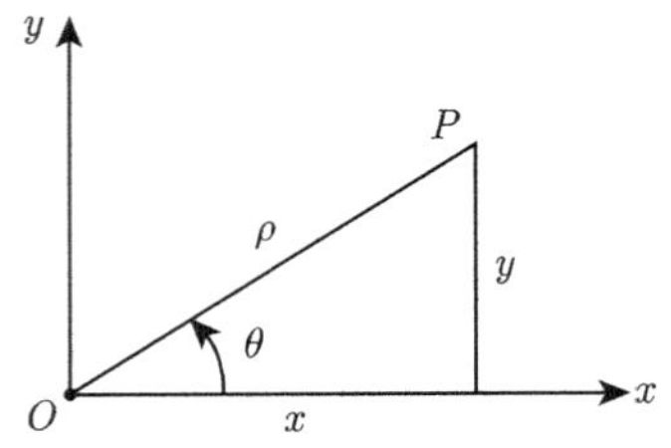

图 1.10　直角坐标与极坐标互化

从式 (1.9) 及式 (1.10) 我们可以由已知点的直角坐标求其极坐标, 或由已知点的极坐标求其直角坐标.

最简单的极坐标方程 $\theta=$ 常数表示直线; 而 $\rho=r$ (正常数) 表示圆心在极点、半径为 r 的圆. 当然, 中学平面解析几何课程中还介绍了关于圆的其他形式的极坐标方程 (图 1.11):

$\rho=\pm 2r\cos\theta$,　表示过极点、圆心在极轴上、半径为 r 的圆;

$\rho=\pm 2r\sin\theta$,　表示与极轴在极点相切、半径为 r 的圆.

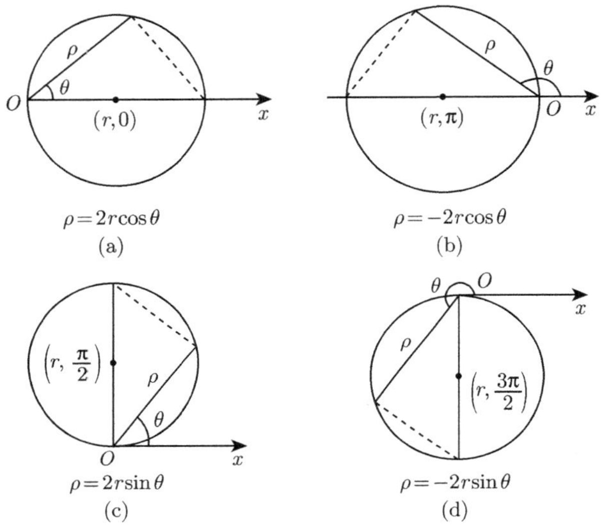

图 1.11　圆的极坐标方程及图形

下面我们举例说明画极坐标方程表示的曲线草图. 本节习题中列举了一些常见而有趣的极坐标方程, 请读者练习画出草图, 以加强几何直观, 且为后继课程的学习做准备.

例 1.6　作曲线 $\rho=a\cos 3\theta$ 的图形.

解　(1) 周期性: 用 $\pi+\theta$ 代替 θ, 得到 $\rho_1=a\cos(3\theta+3\pi)=-a\cos 3\theta=-\rho$, 而 $(-\rho,\theta+\pi)$ 和 (ρ,θ) 代表同样的点, 所以曲线的周期是 π.

(2) 对称性: 用 $-\theta$ 代替 θ, $\rho_1=a\cos(-3\theta)=a\cos 3\theta=\rho$, 由此可见, 如果 (ρ,θ) 是曲线上的一点, $(\rho,-\theta)$ 一定也是曲线上的一点, 这就证明了曲线对称于极轴. 因此作图时只需作周期的一半, 其余部分可根据对称性画出来.

(3) 极径的极值: 当 $|\cos 3\theta|=1$ 时, $|\rho|=a$ 为极大值, 则此时 $\theta=0,\ \dfrac{\pi}{3},\ \dfrac{2\pi}{3}$ 及 π.

(4) 曲线通过极点时的极角: 当 $\cos 3\theta=0$ 时, $\rho=0$, 也就是当 $\theta=\dfrac{\pi}{6},\ \dfrac{\pi}{2}$ 和 $\dfrac{5\pi}{6}$ 时, $\rho=0$, 曲线通过极点.

(5) 列表作图 $\left(\text{因周期是 }\pi\text{ 而且又对称于极轴, 所以作图时, 只需取 }\theta\text{ 从 0 到 }\dfrac{\pi}{2}\right)$.

θ	0	$\cdots$	$\dfrac{\pi}{6}$	$\cdots$	$\dfrac{\pi}{3}$	$\cdots$	$\dfrac{\pi}{2}$
ρ	a	$+$	0	$-$	$-a$	$-$	0

曲线的图形如图 1.12 所示 (虚线部分是依对称性作出的), 这条曲线叫做**三叶玫瑰线**. 类似地, 读者可作出 $\rho = a\sin 3\theta$ 的图形 (图 1.13), 它表示的曲线也称为三叶玫瑰线.

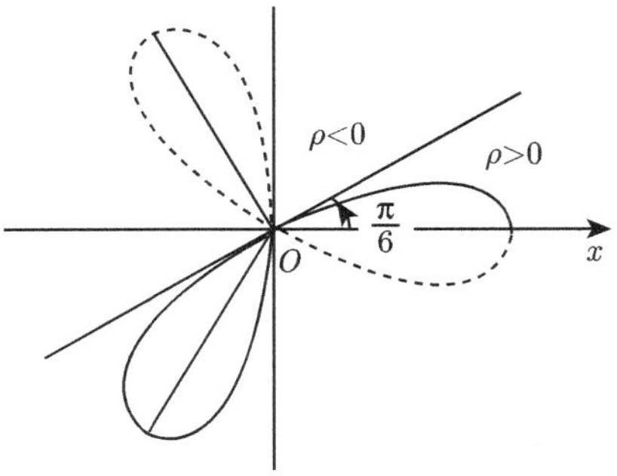

图 1.12 三叶玫瑰线 $\rho = a\cos 3\theta$

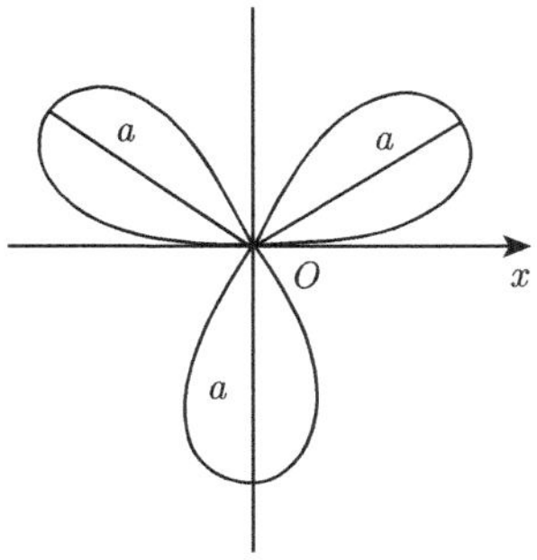

图 1.13 三叶玫瑰线 $\rho = a\sin 3\theta$

1.3.2 球面坐标

设有空间直角坐标系 $O\text{-}xyz$, 空间中与原点距离为 R 的任一点可看作是在以原点为球心、R 为半径的球面上. 由球面的参数方程 (1.4) 可知, 该点在球面上的位置由一组 θ 和 φ 的值唯一确定. 如果距离 R 也是变数, 改用 ρ 表示时, 那么空间中任一点 P 的位置可用有序三元数组 (ρ, φ, θ) 来确定. 除了 z 轴上的点外, 点 P 和 (ρ, φ, θ) 是一一对应的 (P 为原点时, θ 和 φ 的值任意; P 是 z 轴上原点以外的任一点时, $\varphi = -\dfrac{\pi}{2}$ 或 $\dfrac{\pi}{2}$, θ 的值任意). 我们把有序三元数组 (ρ, φ, θ) 称为点 P 的**球面坐标或空间极坐标**, 记为 $P(\rho, \varphi, \theta)$, 这三个坐标的变化范围是

$$0 \leqslant \rho < +\infty, \quad -\frac{\pi}{2} < \varphi < \frac{\pi}{2}, \quad 0 \leqslant \theta < 2\pi.$$

由球面的参数方程 (1.4) 可知, 点 P 的直角坐标 (x, y, z) 与球面坐标 (ρ, φ, θ) 之间的变换公式为

$$\begin{cases} x = \rho\cos\varphi\cos\theta, \\ y = \rho\cos\varphi\sin\theta, \\ z = \rho\sin\varphi, \end{cases} \qquad \begin{cases} \rho^2 = x^2 + y^2 + z^2, \\ \varphi = \arcsin\dfrac{z}{\sqrt{x^2+y^2+z^2}}, \\ \tan\theta = \dfrac{y}{x}. \end{cases}$$

球面坐标系中三个坐标面为 (图 1.14):

$\rho =$ 常数, 表示以 O 为中心、ρ 为半径的球面;

$\theta =$ 常数, 表示过 z 轴的半平面, 它与 xOz 面的夹角为 θ;

$\varphi =$ 常数, 表示以 O 为顶点、z 轴为轴、半顶角为 $\dfrac{\pi}{2} - \varphi$的圆锥面的一腔.

球面坐标在地理学、天文学中有着广泛的应用. 在测量实践中, 角 θ 称为被测点 $P(\rho, \varphi, \theta)$ 的**方位角**, φ 称为**高低角**.

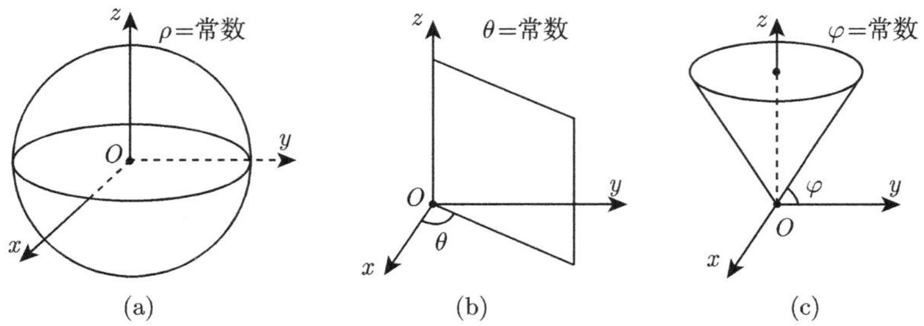

图 1.14　球面坐标系中的坐标面

1.3.3　柱面坐标

设有空间直角坐标系 $O\text{-}xyz$, 空间中与 z 轴距离为 R 的任一点, 可以看作是在以 z 轴为对称轴、R 为半径的直圆柱面上. 由直圆柱面的参数方程 (1.6) 可知, 该点在圆柱面上的位置由一组 θ 和 t 的值唯一确定. 如果 R 也是变数, 并用 ρ 表示时, 那么空间中任一点 P 的位置可用有序三元数组 (ρ,θ,t) 来确定. 除了 z 轴上的点以外, 点 P 和 (ρ,θ,t) 是一一对应的 (对 z 轴上的点, $\rho=0$, θ 的值任意). 我们把有序三元数组 (ρ,θ,t) 称为点 P 的**柱面坐标**或**空间半极坐标**, 记为 $P(\rho,\theta,t)$, 这三个坐标的变化范围是

$$0\leqslant\rho<+\infty,\quad 0\leqslant\theta<2\pi,\quad -\infty<t<+\infty.$$

由直圆柱面的参数方程 (1.6) 知, 点 P 的直角坐标 (x,y,z) 与柱面坐标 (ρ,θ,t) 之间的变换公式为

$$\begin{cases}x=\rho\cos\theta,\\ y=\rho\sin\theta,\\ z=t,\end{cases}\qquad \begin{cases}\rho^2=x^2+y^2,\\ \tan\theta=\dfrac{y}{x}.\end{cases}$$

柱面坐标系中三个坐标面为 (图 1.15):

$\rho=$ 常数, 表示以 z 轴为对称轴、ρ 为半径的直圆柱面;

$\theta=$ 常数, 表示过 z 轴的半平面, 它与 xOz 面的夹角为 θ;

$t=$ 常数, 表示过点 $(0,0,t)$, 且与 xOy 面平行的平面.

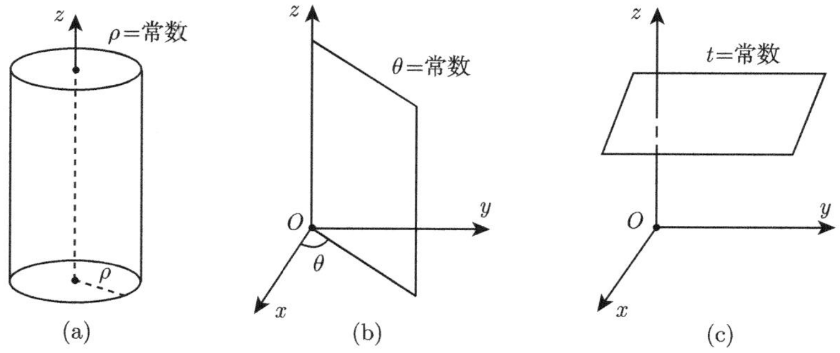

图 1.15　柱面坐标系中的坐标面

柱面坐标系是由平面极坐标系和空间直角坐标系的一部分建立起来的，所以柱面坐标系又叫**半极坐标系**，其中柱面坐标 (ρ,θ,t) 的前两个坐标分量就是平面极坐标，后一个坐标分量就是空间直角坐标系中的 z 坐标.

柱面坐标系和球面坐标系都是平面极坐标系的推广．如果说直角坐标是三个有向线段之长，那么柱面坐标中两个是长度，另一个为角度；而球面坐标中一个为长度，另两个为角度．各式各样的坐标系有着不同的特点，在解决实际问题时，必须适当选取坐标系，使研究过程方便、简洁，也使计算简化.

习　题　1.3

1. 画出由下列极坐标方程所表示的曲线的图形.

(1) Archimedes 螺线（又称等速螺线）$\rho=a\theta$，对数螺线（又称等角螺线）$\rho=a\mathrm{e}^{\theta}$，双曲螺线 $\rho\theta=a$；

(2) 四叶玫瑰线 $\rho=a\cos 2\theta$，$\rho=a\sin 2\theta$；

(3) 心脏线 $\rho=a(1-\cos\theta)$；

(4) 双纽线 $\rho^2=a^2\cos 2\theta$.

2. 设点 A 的直角坐标为 $\left(-\dfrac{\sqrt{3}}{4},-\dfrac{3}{4},\dfrac{1}{2}\right)$，求它的柱面坐标和球面坐标.

3. 在柱面坐标系中，确定下列方程组代表的几何图形.

(1) $\begin{cases}\rho=5,\\ \theta=\dfrac{\pi}{2};\end{cases}$　　(2) $\begin{cases}\rho=4,\\ t=2;\end{cases}$　　(3) $t\theta=0$.

4. 在球面坐标系中，确定下列方程组代表的几何图形.

(1) $\begin{cases}\rho=4,\\ \varphi=\dfrac{3\pi}{4};\end{cases}$　　(2) $\begin{cases}\rho=5,\\ \theta=\pi;\end{cases}$　　(3) $\begin{cases}\varphi=\dfrac{\pi}{4},\\ \theta=\dfrac{\pi}{3}.\end{cases}$

5. 把 $x^2+y^2-2ax=0$ 写成柱面坐标表示的方程.

第2章　向量代数

只要代数同几何分道扬镳, 它们的进展就缓慢, 它们的应用就狭窄. 但是当这两门科学结合成伴侣时, 它们就互相吸取新鲜的活力, 从那以后, 就以快速的步伐走向完善.

—— 拉格朗日

向量的理论在整个 19 世纪和 20 世纪初得到了蓬勃的发展, 已形成了一个较完善的体系. 解析几何课程在研究曲线和曲面的图形与方程时, 采用的最基本的方法是向量法和坐标法. 向量法的优点在于比较直观、简捷, 并且便于向高维推广. 但初学者由于对向量的运算法则还不够熟悉, 会觉得向量运算不如数的运算方便和有把握. 一种发展的眼光是通过向量把代数引进到几何中来, 实现空间结构和几何关系的代数化. 进而用向量代数和坐标运算相结合的方法研究几何图形, 将几何问题转化成代数问题.

本章将简要介绍向量代数的基本知识, 包括向量的各种运算和它们的几何意义, 然后通过向量建立坐标系, 使点、向量都能用坐标来表示, 把向量的运算归结为数的运算. 本章的内容和方法是学习解析几何的基础和工具.

2.1　向量的线性运算和线性关系

2.1.1　向量的线性运算

向量的加法、减法和数乘运算合起来称为向量的线性运算. 鉴于这些概念在中学阶段已学习过, 下面不加证明地简要复习下它们 (对线性运算、空间向量的讨论思路与平面向量完全类似).

1. 向量的基本概念

我们把只有大小的量称为数量; 而把既有大小又有方向的量称为**向量**. 大小和方向常称为向量的两要素. 有向线段恰好具备这两个要素, 因此在几何上, 我们采用有向线段来表示向量.

空间中确定了起点、终点和方向的线段叫做**有向线段**. 用有向线段表示向量, 其起点和终点分别称为向量的**起点**和**终点**, 向量的方向由起点指向终点, 向量的大小用有向线段的长度表示, 称为向量的**模** (**长**), 它是数量. 起点是 A, 终点是 B 的向量记作 $\overrightarrow{AB}$, 或用黑体字母 $\boldsymbol{a}$ 表示, 它的模长记为 $|\overrightarrow{AB}|$ 或 $|\boldsymbol{a}|$.

两个向量 $\boldsymbol{a}$ 与 $\boldsymbol{b}$, 若它们模长相等, 方向相同, 则称为**相等向量**, 记为 $\boldsymbol{a}=\boldsymbol{b}$. 可见, 两个向量是否相等与它们的起点无关. 我们把这种起点可以任意选取, 而只由模长和方向决定的向量称为**自由向量**. 也就是说自由向量可以任意平行移动, 移动后的向量仍然是原来的向量.

今后我们使用的向量都是指这种自由向量. 因此, 尽管我们用有向线段来表示向量, 本质上它们还是有区别的.

如果我们对向量的模长或方向给以某些特定的条件, 就得出一些在特定条件下的向量. 举例如下.

零向量 模长等于零的向量 (或起点与终点重合的向量) 称为**零向量**, 记作 $\mathbf{0}$, 其方向不定. 另外规定所有零向量都相等.

单位向量 模长为 1 的向量称为**单位向量**, 单位向量有无穷多. 与非零向量 $\boldsymbol{a}$ 同方向的单位向量记为 $\boldsymbol{a}^0$.

反向量 模长相等、方向相反的两个向量称为**互反向量**. 对两个互反向量, 其中任一个都称为另一个的**反向量**. $\boldsymbol{a}$ 的反向量记为 $-\boldsymbol{a}$. 于是, $\overrightarrow{AB}=-\overrightarrow{BA}$, $-(-\boldsymbol{a})=\boldsymbol{a}$.

共线向量与共面向量 如果一组向量, 用同一起点的有向线段来表示时, 它们是共线的(或共面的), 则称这组向量是**共线**(或**共面**)**向量**. 由于我们使用的是自由向量, 起点可以自由移动, 共线 (或共面) 向量也可以等价定义为平行于同一直线 (或同一平面) 的向量组.

共线的两个向量 $\boldsymbol{a}$ 与 $\boldsymbol{b}$, 又称为**平行的向量**, 记为 $\boldsymbol{a}/\!/\boldsymbol{b}$. 规定零向量的方向是任意的, 因而与任何一个向量共线. 共线向量必然共面. 任意两个向量必定共面 (注意我们使用的是自由向量, 起点可以平行移动). 如相等向量是共线向量, 互反向量也是共线向量.

2. *向量的加法与减法*

从物理学中力、速度、位移等的合成, 我们可抽象出向量的加法运算.

对两个向量 $\boldsymbol{a},\boldsymbol{b}$, 将向量 $\boldsymbol{b}$ 平行移动使其起点与向量 $\boldsymbol{a}$ 的终点重合, 如图 2.1 所示, 并记 $\boldsymbol{a}=\overrightarrow{OA}$, $\boldsymbol{b}=\overrightarrow{AC}$. 则 $\overrightarrow{OC}$ 表示的向量 $\boldsymbol{c}$ 称为向量 $\boldsymbol{a}$ 与 $\boldsymbol{b}$ 的和, 记作 $\boldsymbol{c}=\boldsymbol{a}+\boldsymbol{b}$. 求两个向量和的运算叫做**向量的加法**.

以上定义中, 以 $\overrightarrow{OA},\overrightarrow{AC}$ 作为三角形两边求向量和的法则称为向量加法的**三角形法则**. 对不共线向量 $\boldsymbol{a}$, $\boldsymbol{b}$, 将其平行移动到共同起点 O, 并记 $\boldsymbol{a}=\overrightarrow{OA}$, $\boldsymbol{b}=\overrightarrow{OB}$. 以 $\boldsymbol{a}$, $\boldsymbol{b}$ 为邻边作平行四边形 $OACB$. 则对角线向量 $\overrightarrow{OC}$ 也表示向量 $\boldsymbol{a}$ 与 $\boldsymbol{b}$ 的和 $\boldsymbol{c}$ (图 2.1). 这种求向量和的法则称为向量加法的**平行四边形法则**. 因为我们考虑的是自由向量, 从图 2.1 中可以看到, 虽然这两种求和的作法不同, 但结果是一样的, 只不过三角形法则还适合于求两个共线向量的和.

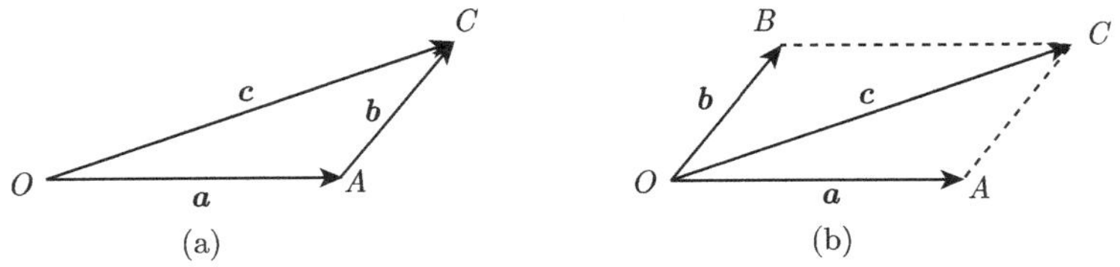

图 2.1 向量的加法

定理 2.1 *向量的加法满足下面的运算法则:*

(1) $\boldsymbol{a}+\mathbf{0}=\boldsymbol{a}$;

(2) $\boldsymbol{a}+(-\boldsymbol{a})=\mathbf{0}$;

(3) $\boldsymbol{a}+\boldsymbol{b}=\boldsymbol{b}+\boldsymbol{a}$;

(4) $\boldsymbol{a}+(\boldsymbol{b}+\boldsymbol{c})=(\boldsymbol{a}+\boldsymbol{b})+\boldsymbol{c}$.

由于向量的加法满足结合律和交换律, 所以三个向量 $\boldsymbol{a}$, $\boldsymbol{b}$, $\boldsymbol{c}$ 相加, 不论它们的先后顺序或结合顺序如何, 运算结果总是相等的, 这相等的结果就叫做这三个向量 $\boldsymbol{a}$, $\boldsymbol{b}$, $\boldsymbol{c}$ 的和, 记作 $\boldsymbol{a}+\boldsymbol{b}+\boldsymbol{c}$. 推广到任意有限个向量 $\boldsymbol{a}_1,\boldsymbol{a}_2,\cdots,\boldsymbol{a}_n$, 我们也可以定义它们的和, 并记作 $\boldsymbol{a}_1+\boldsymbol{a}_2+\cdots+\boldsymbol{a}_n$, 它可以依下列方法求得: 自任意点 O 开始, 依次首尾相接 $\overrightarrow{OA_1}=\boldsymbol{a}_1$, $\overrightarrow{A_1A_2}=\boldsymbol{a}_2$, $\cdots$, $\overrightarrow{A_{n-1}A_n}=\boldsymbol{a}_n$, 由此得到一条折线 $OA_1A_2\cdots A_n$, 那么向量 $\overrightarrow{OA_n}$ 就是 n 个向量 $\boldsymbol{a}_1,\boldsymbol{a}_2,\cdots,\boldsymbol{a}_n$ 的和 (图 2.2). 这种求有限个向量和的方法称为向量加法的**多边形法则**.

作为向量加法的逆运算, 向量减法可以定义如下: 称向量 $\boldsymbol{a}+(-\boldsymbol{b})$ 为向量 $\boldsymbol{a}$ 与 $\boldsymbol{b}$ 的**差向量**, 记作 $\boldsymbol{a}-\boldsymbol{b}$. 差向量的方向指向被减向量的终点 (图 2.3). 显然有

$$\boldsymbol{a}-\boldsymbol{b}=\boldsymbol{a}+(-\boldsymbol{b}).$$

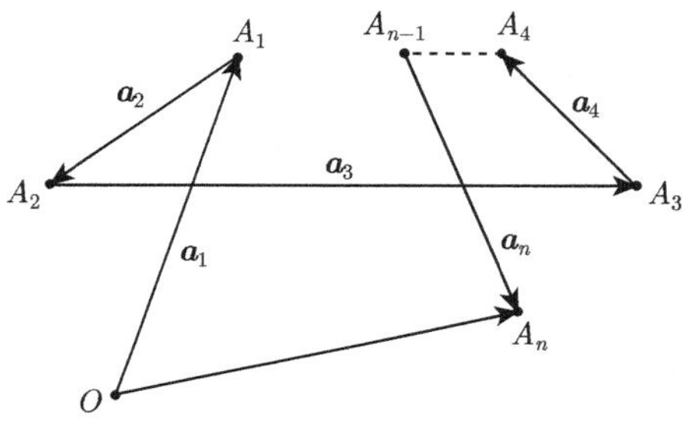

图 2.2　向量加法的多边形法则

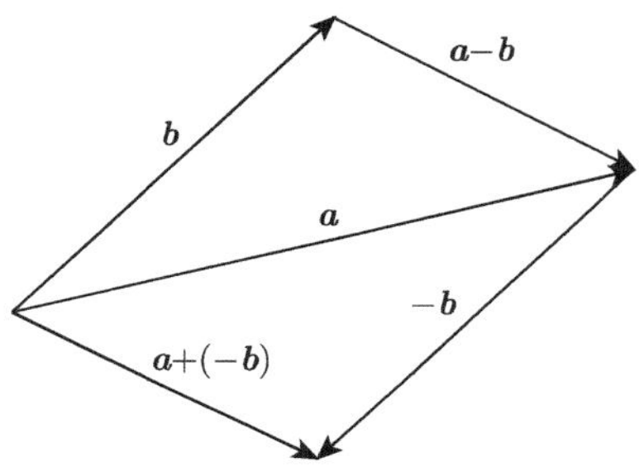

图 2.3　向量的减法

有两个向量, 求它们的差的运算叫做**向量的减法**. 从向量的减法可以得到向量等式的移向法则: 在向量等式中, 把某一向量从等式的一端移到另一端, 只需改变这个向量前的运算符号, 即把 “+” 号改为 “−” 号, 把 “−” 号改为 “+” 号. 例如, 若 $\boldsymbol{a}+\boldsymbol{b}+\boldsymbol{c}=\boldsymbol{d}$, 则 $\boldsymbol{a}+\boldsymbol{b}=\boldsymbol{d}-\boldsymbol{c}$. 事实上, 在等式 $\boldsymbol{a}+\boldsymbol{b}+\boldsymbol{c}=\boldsymbol{d}$ 两端同时加 $-\boldsymbol{c}$, 由于 $\boldsymbol{c}+(-\boldsymbol{c})=\boldsymbol{0}$, $\boldsymbol{d}+(-\boldsymbol{c})=\boldsymbol{d}-\boldsymbol{c}$. 根据结合律就得到 $\boldsymbol{a}+\boldsymbol{b}=\boldsymbol{d}-\boldsymbol{c}$.

定理 2.2　向量和与差的模长满足下列不等式:

(i) $|\boldsymbol{a}+\boldsymbol{b}|\leqslant|\boldsymbol{a}|+|\boldsymbol{b}|$, 几何意义即三角形两边之和大于第三边;

(ii) $|\boldsymbol{a}-\boldsymbol{b}|\geqslant|\boldsymbol{a}|-|\boldsymbol{b}|$, 几何意义即三角形两边之差小于第三边;

(iii) $|\boldsymbol{a}_1+\boldsymbol{a}_2+\cdots+\boldsymbol{a}_n|\leqslant|\boldsymbol{a}_1|+|\boldsymbol{a}_2|+\cdots+|\boldsymbol{a}_n|$;

(iv) $|\boldsymbol{a}_1-\boldsymbol{a}_2-\cdots-\boldsymbol{a}_n|\geqslant|\boldsymbol{a}_1|-|\boldsymbol{a}_2|-\cdots-|\boldsymbol{a}_n|$.

3. 数乘向量

许多实际问题需要考虑数量与向量的乘积, 例如著名的牛顿第二定律 $\boldsymbol{f}=m\boldsymbol{a}$.

实数 λ 与向量 $\boldsymbol{a}$ 的乘积是一个向量, 记作 $\lambda\boldsymbol{a}$. 其模长定义为 $|\lambda\boldsymbol{a}|=|\lambda|\cdot|\boldsymbol{a}|$. 方向规定为: 当 $\lambda>0$ 时与 $\boldsymbol{a}$ 相同; 当 $\lambda<0$ 时与 $\boldsymbol{a}$ 相反. 当 $\lambda=0$ 时, 规定 $\lambda\boldsymbol{a}=\boldsymbol{0}$. 这种运算称为**数量与向量的乘法**, 简称**数乘**. 由此可见, $\lambda\boldsymbol{a}$ 与 $\boldsymbol{a}$ 是共线向量.

数乘向量 $\lambda\boldsymbol{a}$ 的几何直观在于伸缩或反向伸缩向量 $\boldsymbol{a}$.

根据数乘的定义我们立即得到

$$1\boldsymbol{a}=\boldsymbol{a},\quad (-1)\boldsymbol{a}=-\boldsymbol{a},$$
$$\lambda\boldsymbol{a}=\boldsymbol{0}\ \Leftrightarrow\ \lambda=0 \text{ 或 } \boldsymbol{a}=\boldsymbol{0},$$
$$m\boldsymbol{a}=\boldsymbol{a}+\cdots+\boldsymbol{a}\ (m \text{ 个 } \boldsymbol{a} \text{ 相加}).$$

对于非零向量 $\boldsymbol{a}$ 和它的单位向量 $\boldsymbol{a}^0$, 利用数乘运算便有

$$\boldsymbol{a}=|\boldsymbol{a}|\boldsymbol{a}^0 \quad \text{或} \quad \boldsymbol{a}^0=\frac{\boldsymbol{a}}{|\boldsymbol{a}|},$$

这里 $\dfrac{\boldsymbol{a}}{|\boldsymbol{a}|}$ 常被解释成将 $\boldsymbol{a}$ 单位化. 注意: 不要误认为 $|\boldsymbol{a}|=\dfrac{\boldsymbol{a}}{\boldsymbol{a}^0}$, 因为向量无除法.

向量的数乘运算满足下面运算法则. 请读者根据数乘的定义, 分析等式左右两端向量的方向和模长, 自行完成证明.

定理 2.3 对向量 $\boldsymbol{a}, \boldsymbol{b}$ 及实数 λ, μ, 有

(i) $\lambda(\mu\boldsymbol{a})=(\lambda\mu)\boldsymbol{a}$;

(ii) $(\lambda+\mu)\boldsymbol{a}=\lambda\boldsymbol{a}+\mu\boldsymbol{a}$, $\lambda(\boldsymbol{a}+\boldsymbol{b})=\lambda\boldsymbol{a}+\lambda\boldsymbol{b}$.

例 2.1 用向量法证明: 四边形是平行四边形当且仅当它的对角线互相平分.

证明 如图 2.4 所示, 设四边形 $ABCD$ 的对角线 AC, BD 交于点 O 且互相平分. 则

$$\overrightarrow{AB}=\overrightarrow{AO}+\overrightarrow{OB}=\overrightarrow{OC}+\overrightarrow{DO}=\overrightarrow{DC}.$$

所以 $\overrightarrow{AB}/\!/\overrightarrow{DC}$, 且 $|\overrightarrow{AB}|=|\overrightarrow{DC}|$. 故四边形 $ABCD$ 是平行四边形.

反之, 设平行四边形 $ABCD$ 的对角线 AC 的中点为 O, 连接 DO, OB. 则

$$\overrightarrow{OB}=\overrightarrow{OA}+\overrightarrow{AB}=\overrightarrow{CO}+\overrightarrow{DC}=\overrightarrow{DO}.$$

因此 D, O, B 三点共线, 且 O 为 DB 的中点, 即平行四边形 $ABCD$ 的对角线互相平分.

例 2.2 用向量法证明: 三角形两边中点连线平行于第三边且为第三边的一半.

证明 如图 2.5 所示, 设 M, N 分别是三角形 ABC 的边 AB, AC 的中点. 则

$$\overrightarrow{MN}=\overrightarrow{AN}-\overrightarrow{AM}=\frac{1}{2}\overrightarrow{AC}-\frac{1}{2}\overrightarrow{AB}=\frac{1}{2}(\overrightarrow{AC}-\overrightarrow{AB})=\frac{1}{2}\overrightarrow{BC}.$$

所以 $\overrightarrow{MN}/\!/\overrightarrow{BC}$, 且 $|\overrightarrow{MN}|=\dfrac{1}{2}|\overrightarrow{BC}|$.

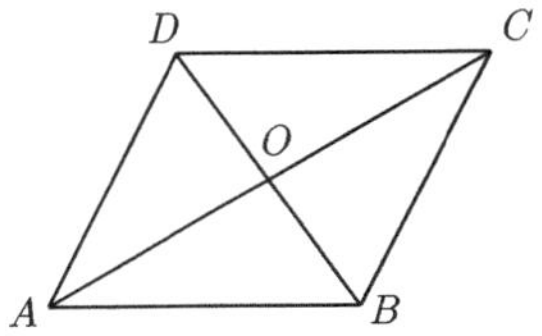

图 2.4 平行四边形对角线互相平分

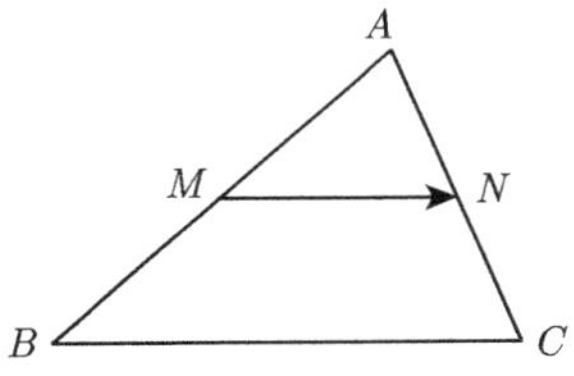

图 2.5 三角形中位线

2.1.2　向量的线性关系

根据向量的线性运算法则我们知道, 有限个向量通过线性运算后, 它的结果仍是一个向量. 据此, 我们将引入向量组线性组合的概念, 并利用这个概念将“共线向量”和“共面向量”的语言代数化, 进而给出空间向量的唯一分解定理, 为下一节建立空间标架提供理论依据. 向量关系代数化不仅为向量法研究几何问题做代数上的准备, 同时也为高等代数课程中相关抽象概念提供几何直观模型.

1. 向量的线性组合

设 $\boldsymbol{a}_1,\boldsymbol{a}_2,\cdots,\boldsymbol{a}_n$ 是一组向量, $\lambda_1,\lambda_2,\cdots,\lambda_n$ 是一组实数. 则向量 $\lambda_1\boldsymbol{a}_1+\lambda_2\boldsymbol{a}_2+\cdots+\lambda_n\boldsymbol{a}_n$ 称为向量组 $\boldsymbol{a}_1,\boldsymbol{a}_2,\cdots,\boldsymbol{a}_n$ 的一个**线性组合**, 称 $\lambda_1,\lambda_2,\cdots,\lambda_n$ 是这个组合的**组合系数**. 特别地, 单个向量 $\boldsymbol{a}$ 的数量积也称为向量 $\boldsymbol{a}$ 的线性组合.

当向量 $\boldsymbol{a}$ 是 $\boldsymbol{a}_1,\boldsymbol{a}_2,\cdots,\boldsymbol{a}_n$ 的线性组合时, 我们也说 $\boldsymbol{a}$ 可以用 $\boldsymbol{a}_1$, $\boldsymbol{a}_2,\cdots,\boldsymbol{a}_n$ **线性表示**, 或者说 $\boldsymbol{a}$ 可以分解成向量 $\boldsymbol{a}_1$, $\boldsymbol{a}_2,\cdots,\boldsymbol{a}_n$ 的线性组合.

2. 向量的分解

首先复习已学过的几个基本事实: $\boldsymbol{0}$ 与任何向量共线; 共线向量组一定共面; 两个向量一定共面; $\lambda\boldsymbol{a}=\boldsymbol{0}\ \Leftrightarrow\ \lambda=0$ 或 $\boldsymbol{a}=\boldsymbol{0}$.

定理 2.4 (直线上向量的分解定理)　*设 $\boldsymbol{a}\neq\boldsymbol{0}$. 则 $\boldsymbol{a},\boldsymbol{b}$ 共线的充要条件是存在唯一的实数 λ, 使得 $\boldsymbol{b}=\lambda\boldsymbol{a}$. 换句话说, $\boldsymbol{b}$ 可以用 $\boldsymbol{a}$ 唯一线性表示.*

证明　充分性显然成立, 下证必要性.

存在性: 若 $\boldsymbol{a}$ 与 $\boldsymbol{b}$ 同向, 取 $\lambda=\dfrac{|\boldsymbol{b}|}{|\boldsymbol{a}|}$, 则 $|\lambda\boldsymbol{a}|=|\lambda|\cdot|\boldsymbol{a}|=\dfrac{|\boldsymbol{b}|}{|\boldsymbol{a}|}\cdot|\boldsymbol{a}|=|\boldsymbol{b}|$. 于是, $\lambda\boldsymbol{a}$ 与 $\boldsymbol{b}$ 模长相等, 且方向相同, 即 $\boldsymbol{b}=\lambda\boldsymbol{a}$. 若 $\boldsymbol{a}$ 与 $\boldsymbol{b}$ 反向, 取 $\lambda=-\dfrac{|\boldsymbol{b}|}{|\boldsymbol{a}|}$, 类似地证明.

唯一性: 设 $\boldsymbol{b}=\lambda\boldsymbol{a}=\lambda'\boldsymbol{a}$, 则 $(\lambda-\lambda')\boldsymbol{a}=\boldsymbol{0}$. 因为 $\boldsymbol{a}\neq\boldsymbol{0}$, 所以 $\lambda-\lambda'=0$, 即 $\lambda=\lambda'$.

定理 2.5 (平面上向量的分解定理)　*设 $\boldsymbol{a}$ 和 $\boldsymbol{b}$ 不共线. 则 $\boldsymbol{a},\boldsymbol{b},\boldsymbol{c}$ 共面的充要条件是 $\boldsymbol{c}$ 可以唯一地表示成 $\boldsymbol{a},\boldsymbol{b}$ 的线性组合, 即存在唯一的一对实数 λ,μ, 使得*

$$\boldsymbol{c}=\lambda\boldsymbol{a}+\mu\boldsymbol{b}.$$

证明　因为 $\boldsymbol{a},\boldsymbol{b}$ 不共线, 所以 $\boldsymbol{a}\neq\boldsymbol{0}$, $\boldsymbol{b}\neq\boldsymbol{0}$.

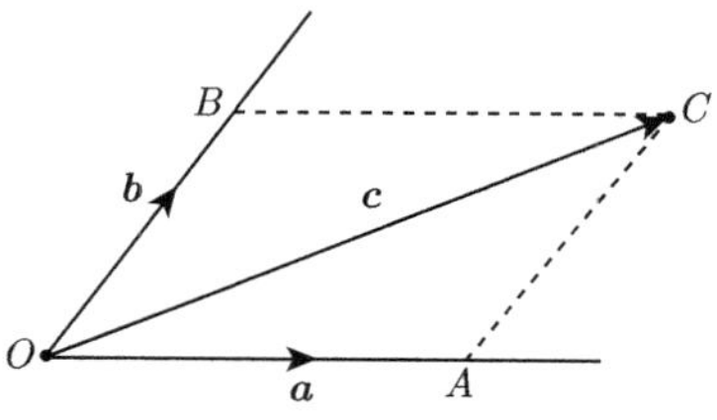

图 2.6　平面向量的分解

$\Rightarrow$)　存在性: 设 $\boldsymbol{a}$, $\boldsymbol{b}$, $\boldsymbol{c}$ 共面. 如果 $\boldsymbol{c}$ 与 $\boldsymbol{a}$ (或 $\boldsymbol{b}$) 共线, 由定理 2.4, 有实数 λ (或 μ), 使得 $\boldsymbol{c}=\lambda\boldsymbol{a}+0\boldsymbol{b}$ (或 $\boldsymbol{c}=0\boldsymbol{a}+\mu\boldsymbol{b}$). 如果 $\boldsymbol{c}$ 和 $\boldsymbol{a},\boldsymbol{b}$ 都不共线, 如图 2.6 所示, 将三个向量归结到同一起点 O, 并设 $\overrightarrow{OC}=\boldsymbol{c}$. 过 C 分别作 $\boldsymbol{a}$ 与 $\boldsymbol{b}$ 的平行线交 $\boldsymbol{b}$ 所在直线于点 B, 交 $\boldsymbol{a}$ 所在直线于点 A. 则

$$\overrightarrow{OA}=\lambda\boldsymbol{a},\quad \overrightarrow{OB}=\mu\boldsymbol{b}.$$

由向量加法的平行四边形法则, $\overrightarrow{OC}=\overrightarrow{OA}+\overrightarrow{OB}=\lambda\boldsymbol{a}+\mu\boldsymbol{b}$, 即 $\boldsymbol{c}=\lambda\boldsymbol{a}+\mu\boldsymbol{b}$.

唯一性: 如果还有实数 λ', μ', 使得 $\boldsymbol{c}=\lambda'\boldsymbol{a}+\mu'\boldsymbol{b}$, 则 $(\lambda-\lambda')\boldsymbol{a}+(\mu-\mu')\boldsymbol{b}=\boldsymbol{0}$. 假如 $\lambda\neq\lambda'$, 则得 $\boldsymbol{a}=-\dfrac{\mu-\mu'}{\lambda-\lambda'}\boldsymbol{b}$. 由定理 2.4 便有 $\boldsymbol{a}$ 与 $\boldsymbol{b}$ 共线, 这与已知条件矛盾. 故必有 $\lambda=\lambda'$. 同理可证 $\mu=\mu'$.

$\Leftarrow$) 设 $\boldsymbol{c}=\lambda\boldsymbol{a}+\mu\boldsymbol{b}$. 如果 λ,μ 有一个为零, 例如 $\lambda=0$, 那么 $\boldsymbol{c}=\mu\boldsymbol{b}$ 与 $\boldsymbol{b}$ 共线, 因此 $\boldsymbol{a},\boldsymbol{b},\boldsymbol{c}$ 共面. 如果 $\lambda\mu\neq 0$, 由向量加法的平行四边形法则知, $\boldsymbol{c}$ 与 $\lambda\boldsymbol{a},\mu\boldsymbol{b}$ 共面. 而 $\boldsymbol{a}/\!/\lambda\boldsymbol{a}$, $\boldsymbol{b}/\!/\mu\boldsymbol{b}$, 因此 $\boldsymbol{a},\boldsymbol{b},\boldsymbol{c}$ 共面.

定理 2.6 (空间向量的唯一分解定理) 如果向量 $\boldsymbol{e}_1$, $\boldsymbol{e}_2$, $\boldsymbol{e}_3$ 不共面, 那么空间任一向量 $\boldsymbol{r}$ 可以唯一地表示成 $\boldsymbol{e}_1$, $\boldsymbol{e}_2$, $\boldsymbol{e}_3$ 的线性组合, 即存在唯一的一组实数 λ,μ,ν 使得

$$\boldsymbol{r}=\lambda\boldsymbol{e}_1+\mu\boldsymbol{e}_2+\nu\boldsymbol{e}_3.$$

证明 由 $\boldsymbol{e}_1$, $\boldsymbol{e}_2$, $\boldsymbol{e}_3$ 不共面知 $\boldsymbol{e}_i\neq\boldsymbol{0}$, $i=1,2,3$, 且彼此不共线.

存在性: 若 $\boldsymbol{r}$ 与 $\boldsymbol{e}_i$ $(i=1,2,3)$ 中之一共线, 不妨设 $\boldsymbol{r}$ 与 $\boldsymbol{e}_1$ 共线, 则由定理 2.4 知, 存在唯一实数 λ 使得 $\boldsymbol{r}=\lambda\boldsymbol{e}_1$. 于是 $\boldsymbol{r}=\lambda\boldsymbol{e}_1+0\boldsymbol{e}_2+0\boldsymbol{e}_3$.

若 $\boldsymbol{r}$ 与 $\boldsymbol{e}_i$ $(i=1,2,3)$ 中两者共面, 不妨设 $\boldsymbol{r}$ 与 $\boldsymbol{e}_1$, $\boldsymbol{e}_2$ 共面, 则由定理 2.5 知, 存在唯一实数对 λ,μ, 使得 $\boldsymbol{r}=\lambda\boldsymbol{e}_1+\mu\boldsymbol{e}_2$. 从而 $\boldsymbol{r}=\lambda\boldsymbol{e}_1+\mu\boldsymbol{e}_2+0\boldsymbol{e}_3$.

若 $\boldsymbol{r}$ 不与 $\boldsymbol{e}_1,\boldsymbol{e}_2,\boldsymbol{e}_3$ 中任何两者共面, 如图 2.7 所示, 将 $\boldsymbol{e}_i$, $\boldsymbol{r}$ 归结到共同的起点 O, 并设 $\boldsymbol{r}$ 的终点为 P, 以 O, P 为一对对角点, 以 $\boldsymbol{e}_1$, $\boldsymbol{e}_2$, $\boldsymbol{e}_3$ 为棱方向作平行六面体分别交 $\boldsymbol{e}_1$, $\boldsymbol{e}_2$, $\boldsymbol{e}_3$ 所在直线于 A,B,C. 则

$$\overrightarrow{OA}/\!/\boldsymbol{e}_1,\quad \overrightarrow{OB}/\!/\boldsymbol{e}_2,\quad \overrightarrow{OC}/\!/\boldsymbol{e}_3.$$

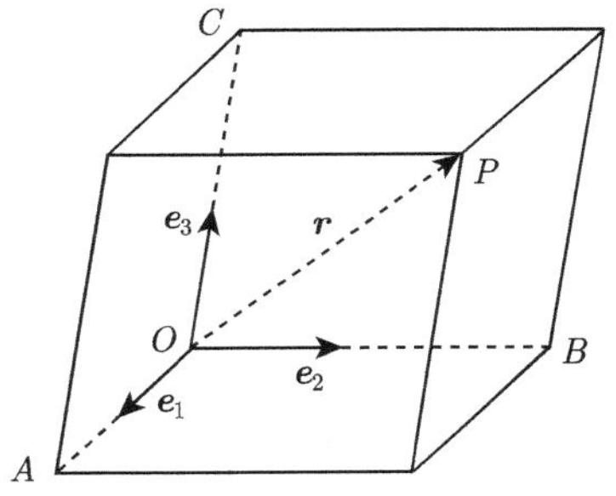

图 2.7 空间向量的分解

进而根据定理 2.4, 存在实数 λ,μ,ν 使得

$$\overrightarrow{OA}=\lambda\boldsymbol{e}_1,\quad \overrightarrow{OB}=\mu\boldsymbol{e}_2,\quad \overrightarrow{OC}=\nu\boldsymbol{e}_3.$$

于是有

$$\boldsymbol{r}=\overrightarrow{OP}=\overrightarrow{OA}+\overrightarrow{OB}+\overrightarrow{OC}=\lambda\boldsymbol{e}_1+\mu\boldsymbol{e}_2+\nu\boldsymbol{e}_3.$$

唯一性: 如果还有实数 λ',μ',ν', 使得 $\boldsymbol{r}=\lambda'\boldsymbol{e}_1+\mu'\boldsymbol{e}_2+\nu'\boldsymbol{e}_3$, 则 $(\lambda-\lambda')\boldsymbol{e}_1+(\mu-\mu')\boldsymbol{e}_2+(\nu-\nu')\boldsymbol{e}_3=\boldsymbol{0}$. 假如 $\lambda\neq\lambda'$, 则

$$\boldsymbol{e}_1=-\frac{\mu-\mu'}{\lambda-\lambda'}\boldsymbol{e}_2-\frac{\nu-\nu'}{\lambda-\lambda'}\boldsymbol{e}_3.$$

根据定理 2.5, 可得 $\boldsymbol{e}_1$ 与 $\boldsymbol{e}_2$, $\boldsymbol{e}_3$ 共面, 这与定理的条件矛盾. 故必有 $\lambda=\lambda'$. 同理 $\mu=\mu'$, $\nu=\nu'$.

由定理 2.6 可知, 用不共面的三个向量 $\boldsymbol{e}_1$, $\boldsymbol{e}_2$, $\boldsymbol{e}_3$ 可以线性表示空间中的任一向量, 这样的向量组 $\boldsymbol{e}_1,\boldsymbol{e}_2,\boldsymbol{e}_3$ 称为空间中向量全体的一个**基底**. 同样, 平面上的两个不共线的向量称为该平面上向量全体的一个基底, 直线上的一个非零向量称为该直线上向量全体的一个基底.

3. 向量的线性相关与线性无关

把向量线性组合的概念加以扩充, 我们引进线性相关和线性无关的概念.

对 $n\ (\geqslant 1)$ 个向量 $\boldsymbol{a}_1, \boldsymbol{a}_2, \cdots, \boldsymbol{a}_n$, 若存在不全为 0 的实数 $\lambda_1, \lambda_2, \cdots, \lambda_n$, 使得

$$\sum_{i=1}^{n} \lambda_i \boldsymbol{a}_i = \boldsymbol{0},$$

则称 n 个向量 $\boldsymbol{a}_1, \boldsymbol{a}_2, \cdots, \boldsymbol{a}_n$ **线性相关**. 否则称为**线性无关**. 详言之, 称 n 个向量 $\boldsymbol{a}_1, \boldsymbol{a}_2, \cdots, \boldsymbol{a}_n$ 线性无关就是指: 只有当 $\lambda_1 = \lambda_2 = \cdots = \lambda_n = 0$ 时, 才有 $\sum\limits_{i=1}^{n} \lambda_i \boldsymbol{a}_i = \boldsymbol{0}$ 成立.

显然, 空间 (或者平面、直线) 中的基底一定是线性无关的向量组.

定理 2.7　$n\ (n \geqslant 2)$ 个向量线性相关当且仅当其中一个向量是其余向量的线性组合. 特别地, 如果向量组中的一部分向量线性相关, 那么这组向量就线性相关.

证明　设 $\boldsymbol{a}_1, \boldsymbol{a}_2, \cdots, \boldsymbol{a}_n$ 线性相关, 那么 $\sum\limits_{i=1}^{n} \lambda_i \boldsymbol{a}_i = \boldsymbol{0}$, 且 $\lambda_1, \lambda_2, \cdots, \lambda_n$ 中至少有一个不为 0. 不妨设 $\lambda_n \neq 0$, 那么 $\boldsymbol{a}_n$ 可以表示成 $\boldsymbol{a}_1, \boldsymbol{a}_2, \cdots, \boldsymbol{a}_{n-1}$ 的线性组合

$$\boldsymbol{a}_n = -\frac{\lambda_1}{\lambda_n}\boldsymbol{a}_1 - \frac{\lambda_2}{\lambda_n}\boldsymbol{a}_2 - \cdots - \frac{\lambda_{n-1}}{\lambda_n}\boldsymbol{a}_{n-1}.$$

反过来是显然的. 事实上, 如果 $\boldsymbol{a}_n$ 可以表示成其他向量的线性组合, 即有

$$\boldsymbol{a}_n = \lambda_1 \boldsymbol{a}_1 + \cdots + \lambda_{n-1}\boldsymbol{a}_{n-1},$$

改写成

$$\lambda_1 \boldsymbol{a}_1 + \cdots + \lambda_{n-1}\boldsymbol{a}_{n-1} + (-1)\boldsymbol{a}_n = \boldsymbol{0}.$$

明显地, 线性组合系数不全为零, 所以 $\boldsymbol{a}_1, \boldsymbol{a}_2, \cdots, \boldsymbol{a}_n$ 线性相关.

参照上面充分性的证明, 定理后半段结论是明显的, 请读者自己补充细节.

4. 线性相关与线性无关的几何意义

关于向量的线性关系这一课题在线性代数课程中还有进一步的讨论. 特别地, 对空间四个以下向量的线性相关, 下面推论将赋予它们一种直观的几何意义, 也是几何语言与代数语言之间的一种信息交换. 解析几何乃至其他相关课程中这样的信息交换是非常频繁的, 花点功夫熟练掌握这些是很值得的.

推论 2.8　一个向量 $\boldsymbol{a}$ 线性相关的充要条件是 $\boldsymbol{a} = \boldsymbol{0}$. 两个向量线性相关的充要条件是它们共线; 三个向量线性相关的充要条件是它们共面.

证明　按线性相关的定义, 显然成立: $\boldsymbol{a}$ 线性相关 $\Leftrightarrow \boldsymbol{a} = \boldsymbol{0}$.

后面两个结论的证明是类似的, 我们只证最后一个结论.

设 $\boldsymbol{a}, \boldsymbol{b}, \boldsymbol{c}$ 线性相关, 由定义, 存在不全为零的实数 λ, μ, ν 使得 $\lambda\boldsymbol{a} + \mu\boldsymbol{b} + \nu\boldsymbol{c} = \boldsymbol{0}$. 不妨设 $\lambda \neq 0$, 则 $\boldsymbol{a} = -\dfrac{\mu}{\lambda}\boldsymbol{b} - \dfrac{\nu}{\lambda}\boldsymbol{c}$. 根据向量加法的平行四边形法则或由定理 2.5 知 $\boldsymbol{a}, \boldsymbol{b}, \boldsymbol{c}$ 共面.

反过来, 设 $\boldsymbol{a}, \boldsymbol{b}, \boldsymbol{c}$ 是共面向量. 若其中有共线向量, 譬如说 $\boldsymbol{a}, \boldsymbol{b}$ 共线, 则 $\boldsymbol{a}, \boldsymbol{b}$ 线性相关, 从而 $\boldsymbol{a}, \boldsymbol{b}, \boldsymbol{c}$ 线性相关. 现设 $\boldsymbol{a}, \boldsymbol{b}, \boldsymbol{c}$ 两两不共线 (当然也都非零), 由定理 2.5, 存在唯一实数对 λ, μ 使得 $\boldsymbol{a} = \lambda\boldsymbol{b} + \mu\boldsymbol{c}$ (或其他分解), 即 $\boldsymbol{a} - \lambda\boldsymbol{b} - \mu\boldsymbol{c} = \boldsymbol{0}$, 也就是说 $\boldsymbol{a}, \boldsymbol{b}, \boldsymbol{c}$ 线性相关.

推论 2.9 空间中任意四个或四个以上向量必线性相关.

证明 由定理 2.7 的结论, 只需证明四个向量必定线性相关.

设 $\boldsymbol{a}$, $\boldsymbol{b}$, $\boldsymbol{c}$, $\boldsymbol{d}$ 是任意四个向量. 若其中三个向量共面, 比如说 $\boldsymbol{a},\boldsymbol{b},\boldsymbol{c}$ 共面, 则由推论 2.8 知 $\boldsymbol{a},\boldsymbol{b},\boldsymbol{c}$ 线性相关, 从而 $\boldsymbol{a}$, $\boldsymbol{b}$, $\boldsymbol{c}$, $\boldsymbol{d}$ 线性相关.

现设 $\boldsymbol{a}$, $\boldsymbol{b}$, $\boldsymbol{c}$, $\boldsymbol{d}$ 中任三个不共面, 则由定理 2.6 知, $\boldsymbol{d}$ 可表示成 $\boldsymbol{a},\boldsymbol{b},\boldsymbol{c}$ 的线性组合, 当然 $\boldsymbol{a}$, $\boldsymbol{b}$, $\boldsymbol{c}$, $\boldsymbol{d}$ 也就线性相关.

例 2.3 用向量法证明: 三角形的三条中线交于一点.

证明 如图 2.8 所示, 设三角形 ABC 的两条中线 AD 与 BE 交于点 M, 要证第三条中线 CF 经过点 M, 只需证 $\overrightarrow{CM}=k\overrightarrow{CF}$ (k 为某一实数) 即可.

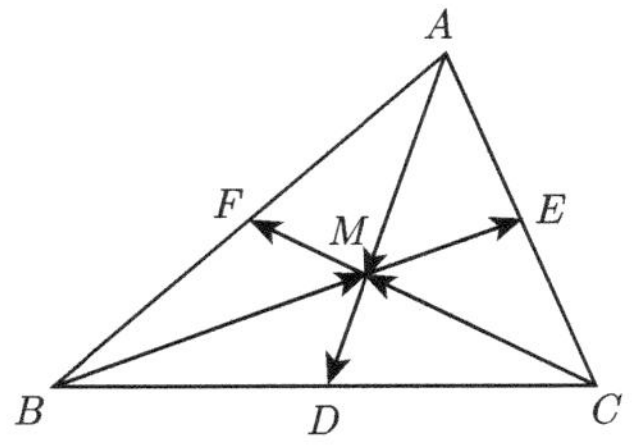

图 2.8 三角形三条中线交于一点

因 $\overrightarrow{AM}$ 与 $\overrightarrow{AD}$ 共线, $\overrightarrow{BM}$ 与 $\overrightarrow{BE}$ 共线. 由平面上向量的分解定理可设 $\overrightarrow{AM}=\lambda\overrightarrow{AD}$, $\overrightarrow{BM}=\mu\overrightarrow{BE}$, 其中实数 λ,μ 满足 $0<\lambda,\mu<1$. 因

$$\overrightarrow{BD}=\overrightarrow{AD}-\overrightarrow{AB},\quad \overrightarrow{DC}=\overrightarrow{AC}-\overrightarrow{AD}.$$

于是由 $\overrightarrow{BD}=\overrightarrow{DC}$ 得

$$\overrightarrow{AD}=\frac{1}{2}(\overrightarrow{AB}+\overrightarrow{AC}).$$

一方面,

$$\overrightarrow{CM}=\overrightarrow{AM}-\overrightarrow{AC}=\lambda\overrightarrow{AD}-\overrightarrow{AC}=\frac{\lambda}{2}(\overrightarrow{AB}+\overrightarrow{AC})-\overrightarrow{AC}=\frac{\lambda}{2}\overrightarrow{AB}+\left(\frac{\lambda}{2}-1\right)\overrightarrow{AC};$$

另一方面,

$$\begin{aligned}\overrightarrow{CM}&=\overrightarrow{CB}+\overrightarrow{BM}=(\overrightarrow{AB}-\overrightarrow{AC})+\mu\overrightarrow{BE}=\overrightarrow{AB}-\overrightarrow{AC}+\mu(\overrightarrow{AE}-\overrightarrow{AB})\\&=(1-\mu)\overrightarrow{AB}+\left(\frac{\mu}{2}-1\right)\overrightarrow{AC}.\end{aligned}$$

故

$$\left(\frac{\lambda}{2}+\mu-1\right)\overrightarrow{AB}+\frac{1}{2}(\lambda-\mu)\overrightarrow{AC}=\mathbf{0}.$$

由于 $\overrightarrow{AB}$ 与 $\overrightarrow{AC}$ 线性无关, 因此 $\dfrac{\lambda}{2}+\mu-1=0$, $\lambda-\mu=0$. 解得 $\lambda=\mu=\dfrac{2}{3}$. 于是 $\overrightarrow{CM}=\dfrac{1}{3}\overrightarrow{AB}-\dfrac{2}{3}\overrightarrow{AC}$. 而 $\overrightarrow{CF}=\overrightarrow{AF}-\overrightarrow{AC}=\dfrac{1}{2}\overrightarrow{AB}-\overrightarrow{AC}$, 易见

$$\overrightarrow{CM}=\frac{2}{3}\overrightarrow{CF}.$$

因此, 三角形 ABC 的三条中线交于点 M.

注 2.1 上例推导过程涉及的向量较多, 故选取 $\overrightarrow{AB}$ 与 $\overrightarrow{AC}$ 作为基底, 将所涉及的向量均用其线性表示, 这样可以降低向量间相互表示的盲目性, 简化推导过程.

习　题　2.1

1. 已知 $\boldsymbol{a}=\boldsymbol{e}_1+2\boldsymbol{e}_2-\boldsymbol{e}_3$, $\boldsymbol{b}=3\boldsymbol{e}_1-2\boldsymbol{e}_2+2\boldsymbol{e}_3$. 求 $\boldsymbol{a}+\boldsymbol{b}$, $\boldsymbol{a}-\boldsymbol{b}$ 和 $3\boldsymbol{a}-2\boldsymbol{b}$.

2. 已知不共线向量 $\boldsymbol{a},\boldsymbol{b}$, 分别作出下列向量:

(1)$\boldsymbol{a}+\boldsymbol{b}$;　(2) $\boldsymbol{a}-\boldsymbol{b}$;　(3) $\boldsymbol{b}-\boldsymbol{a}$;　(4) $-\boldsymbol{a}-\boldsymbol{b}$.

3. 对向量 $\boldsymbol{a},\boldsymbol{b}$, 在什么情况下分别成立下列关系式:

(1) $|\boldsymbol{a}+\boldsymbol{b}|=|\boldsymbol{a}-\boldsymbol{b}|$;　(2) $|\boldsymbol{a}+\boldsymbol{b}|>|\boldsymbol{a}-\boldsymbol{b}|$;

(3) $|\boldsymbol{a}+\boldsymbol{b}|<|\boldsymbol{a}-\boldsymbol{b}|$;　(4) $|\boldsymbol{a}+\boldsymbol{b}|=|\boldsymbol{a}|\pm|\boldsymbol{b}|$.

4. 用向量证明梯形的中位线定理.

5. 在 $\triangle ABC$ 中, 边 BC 被点 D 分为 $m:n$ 的两部分. 试用 $\overrightarrow{AB}$ 和 $\overrightarrow{AC}$ 线性表示 $\overrightarrow{AD}$.

6. 已知 $\boldsymbol{a},\boldsymbol{b}$ 不共线, 判断 $\boldsymbol{c}=2\boldsymbol{a}-\boldsymbol{b}$ 与 $\boldsymbol{d}=3\boldsymbol{a}-2\boldsymbol{b}$ 是否线性相关?

7. 设 $\boldsymbol{a}=\boldsymbol{e}_1+2\boldsymbol{e}_2-\boldsymbol{e}_3$, $\boldsymbol{b}=3\boldsymbol{e}_1-2\boldsymbol{e}_2+2\boldsymbol{e}_3$, $\boldsymbol{c}=-3\boldsymbol{e}_1+10\boldsymbol{e}_2-7\boldsymbol{e}_3$, 其中 $\boldsymbol{e}_1,\boldsymbol{e}_2,\boldsymbol{e}_3$ 为三个不共面向量. 证明 $\boldsymbol{a},\boldsymbol{b},\boldsymbol{c}$ 共面.

8. 设 $\overrightarrow{OA},\overrightarrow{OB},\overrightarrow{OC}$ 是三个两两不共线的向量, 并且 $\overrightarrow{OC}=\lambda\overrightarrow{OA}+\mu\overrightarrow{OB}$. 试证 A,B,C 三点共线的充要条件是 $\lambda+\mu=1$.

9. 已知 $\overrightarrow{OA},\overrightarrow{OB},\overrightarrow{OC}$ 为三个不共面向量, 且 $\overrightarrow{OD}=\lambda\overrightarrow{OA}+\mu\overrightarrow{OB}+\nu\overrightarrow{OC}$. 试证四点 A,B,C,D 共面的充要条件是 $\lambda+\mu+\nu=1$.

10. 已知 $\boldsymbol{a}=\overrightarrow{OA}$, $\boldsymbol{b}=\overrightarrow{OB}$, $\boldsymbol{c}=\overrightarrow{OC}$ 为三个不共面向量. 在以 $\overrightarrow{OA}$, $\overrightarrow{OB}$, $\overrightarrow{OC}$ 为三条棱的平行六面体中, D 为从 O 出发的对角线与 ABC 所在平面的交点. 试用 $\boldsymbol{a}$, $\boldsymbol{b}$, $\boldsymbol{c}$ 表示向量 $\overrightarrow{OD}$.

11. 证明定理 2.7 的后半段结论.

2.2　标架与坐标

向量法的优点在于其比较直观, 但是向量的运算不如数的运算简洁. 为了取长补短, 本节我们通过建立空间标架给向量引进坐标, 同时也给点引进坐标, 使向量的运算归结为实数的一些运算, 这样代数学就进入了几何的领地. 当然这并不意味着我们要抛弃向量, 相反是要把向量法和坐标法结合起来, 使向量的运算达到一种更为灵活自如的境地.

2.2.1　标架与坐标的概念

通过上一节的学习我们知道, 在三维欧氏空间中, 任意四个及以上向量必然线性相关. 同时, 空间向量的唯一分解定理 2.6 告诉我们, 任意取定三个线性无关的向量 $\boldsymbol{e}_i$, $i=1,2,3$, 空间任一向量 $\boldsymbol{r}$ 都可唯一分解成这三个向量的线性组合. 即存在唯一一组三个实数 x,y,z, 使得 $\boldsymbol{r}=x\boldsymbol{e}_1+y\boldsymbol{e}_2+z\boldsymbol{e}_3$. 这样一来, 向量 $\boldsymbol{r}$ 就唯一对应着一个三元有序实数组 (x,y,z). 这正是我们在三维空间建立标架和坐标系的理论基础.

1. *仿射标架与直角标架*

空间一定点 O 连同由 O 点出发的三个不共面 (即线性无关) 有序向量 $\boldsymbol{e}_1$, $\boldsymbol{e}_2$, $\boldsymbol{e}_3$ 合在一起称为空间的一个**仿射标架**或**仿射坐标系**, 记作 $\{O;\boldsymbol{e}_1,\boldsymbol{e}_2,\boldsymbol{e}_3\}$, 其中 O 称为**标架的原点**, $\boldsymbol{e}_1,\boldsymbol{e}_2,\boldsymbol{e}_3$ 称为标架的**坐标向量**. 过原点 O, 且以 $\boldsymbol{e}_1,\boldsymbol{e}_2,\boldsymbol{e}_3$ 为方向的有向直线分别称为 x 轴、y 轴、z 轴, 统称为**坐标轴**. 由每两条坐标轴决定的平面称为**坐标平面**, 简称为**坐标面**, 它们分别是 xOy 面、yOz 面、zOx 面. 三个坐标面把空间分成八部分, 如图 2.9 所示.

将右手四指 (拇指除外) 从 $\boldsymbol{e}_1$ 的方向弯向 $\boldsymbol{e}_2$ 方向 (转角小于 π), 如果拇指所指向的方向与 $\boldsymbol{e}_3$ 指向同一侧, 则称该标架为**右手标架**, 所确定坐标系为**右手系**(图 2.10), 否则称为**左手标架**和**左手系**.

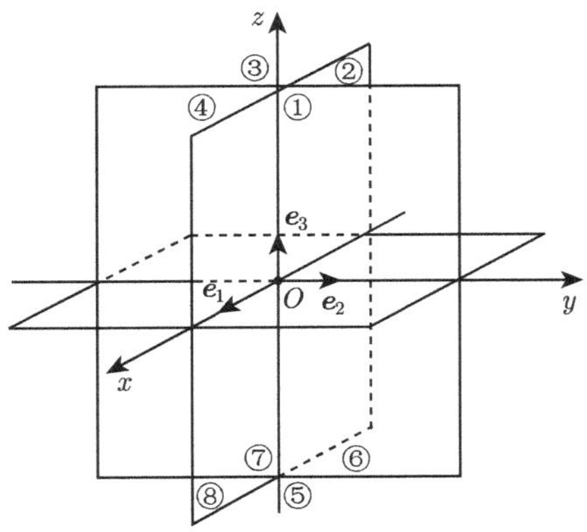

图 2.9 仿射标架

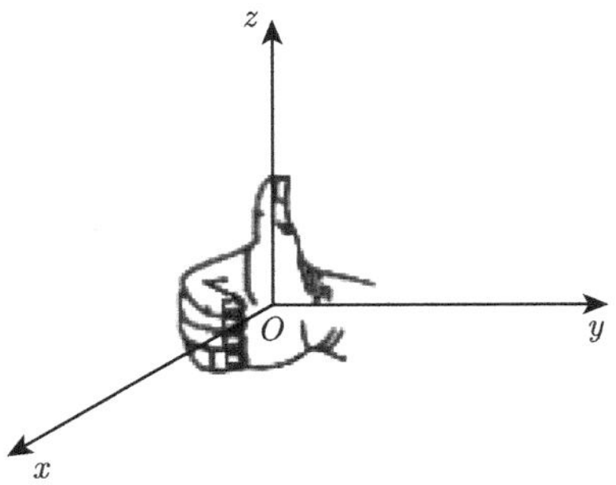

图 2.10 右手标架

特别地, 若 $\boldsymbol{e}_1$, $\boldsymbol{e}_2$, $\boldsymbol{e}_3$ 是两两互相垂直的单位向量, 通常把它们记为 $\boldsymbol{i},\boldsymbol{j},\boldsymbol{k}$, 这时标架 $\{O;\boldsymbol{i},\boldsymbol{j},\boldsymbol{k}\}$ 称为**笛卡儿直角标架**, 简称**直角标架**. 由直角标架所确定的**笛卡儿直角坐标系**正是第 1 章所定义的空间直角坐标系, 有时也记作 $O\text{-}xyz$.

如无特殊声明, 本书主要使用笛卡儿右手直角坐标系. 事实上, 仅涉及向量线性运算的结果在仿射坐标系下同样成立.

2. 向量和点在标架中的坐标

给定空间一个仿射标架 $\{O;\boldsymbol{e}_1,\boldsymbol{e}_2,\boldsymbol{e}_3\}$, 根据空间向量的唯一分解定理, 对空间中任一向量 $\boldsymbol{r}$, 存在唯一有序实数组 (x,y,z), 使得

$$\boldsymbol{r}=x\boldsymbol{e}_1+y\boldsymbol{e}_2+z\boldsymbol{e}_3.$$

我们把有序三元实数组 (x,y,z) 称为向量 $\boldsymbol{r}$ 在标架 $\{O;\boldsymbol{e}_1,\boldsymbol{e}_2,\boldsymbol{e}_3\}$ 下的**坐标**或**分量**, 记为 $\boldsymbol{r}=(x,y,z)$. 因此, 空间中全体向量的集合与全体有序三元实数组集合之间就建立了一一对应关系. 特别地, 坐标向量的坐标分别为

$$\boldsymbol{e}_1=(1,0,0),\quad \boldsymbol{e}_2=(0,1,0),\quad \boldsymbol{e}_3=(0,0,1).$$

空间中任一点 P 在标架 $\{O;\boldsymbol{e}_1,\boldsymbol{e}_2,\boldsymbol{e}_3\}$ 中的坐标规定为向量 $\overrightarrow{OP}$ (称为点 P 的**位置向量**或**径矢**) 在该坐标系中的坐标, 即若

$$\overrightarrow{OP}=x\boldsymbol{e}_1+y\boldsymbol{e}_2+z\boldsymbol{e}_3,$$

则称三元组 (x,y,z) 为 P 点的坐标, 记作 $P(x,y,z)$. x,y,z 分别称为点 P 的 x 坐标、y 坐标和 z 坐标. 因此, 空间中全体点的集合也与全体有序三元实数组集合之间建立了一一对应关系.

注 2.2 点 P 的坐标为 (x,y,z) 时, 我们记作 $P(x,y,z)$; 而向量 $\boldsymbol{r}$ 的坐标为 (x,y,z) 时, 我们记作 $\boldsymbol{r}=(x,y,z)$, 是对 $\boldsymbol{r}=x\boldsymbol{e}_1+y\boldsymbol{e}_2+z\boldsymbol{e}_3$ 的缩写, 其中的 “=” 不可少, 这一点与点的坐标表示不同.

注 2.3　有了空间向量的唯一分解定理, 向量已经与三元有序实数组对应起来了, 为什么还要强调标架或坐标系? 细心的读者不难发现, 向量与三元有序实数组的对应关系其实是由给定的三个不共面的向量——基底决定的, 空间中点和向量之间的对应关系又是由原点决定的. 坐标运算只有在同一参照系中才有意义. 所以要事先取定一个标架, 以保证空间向量和点的坐标都是参照同一坐标系. 标架或坐标系的重要性在于建立了点和向量这两个对象与有序实数组之间的对应关系, 从而架起了几何与代数之间的桥梁.

注 2.4　建立坐标系的过程与中学的做法相比形式上有点复杂, 要引入线性无关的概念. 这不是故弄玄虚, 其实两种做法是相互呼应的 (请读者分析这种呼应), 只是初等数学中的做法主要强调坐标法. 这里的方法要强调坐标法与向量法相结合, 坐标向量将直接参与到问题的研究中. 前者比较直观, 后者更易于推广.

2.2.2　向量的线性运算

1. 线性运算的坐标表示

定理 2.10　在仿射标架 $\{O;\boldsymbol{e}_1,\boldsymbol{e}_2,\boldsymbol{e}_3\}$ 中, 设 $\boldsymbol{a}=(a_1,a_2,a_3)$, $\boldsymbol{b}=(b_1,b_2,b_3)$, 则

(i) $\boldsymbol{a}\pm\boldsymbol{b}=(a_1\pm b_1,a_2\pm b_2,a_3\pm b_3)$;

(ii) 对任意实数 λ, 有 $\lambda\boldsymbol{a}=(\lambda a_1,\lambda a_2,\lambda a_3)$;

(iii) 设 $P_1(x_1,y_1,z_1)$, $P_2(x_2,y_2,z_2)$, 则 $\overrightarrow{P_1P_2}=(x_2-x_1,y_2-y_1,z_2-z_1)$;

(iv) $\boldsymbol{a}$ 是零向量 $\Leftrightarrow$ $a_1=a_2=a_3=0$;

(v) $\boldsymbol{a}$ 的反向量 $-\boldsymbol{a}=(-a_1,-a_2,-a_3)$;

(vi) $\boldsymbol{a}=\boldsymbol{b}$ $\Leftrightarrow$ $a_1=b_1,a_2=b_2,a_3=b_3$.

证明　因为 $\boldsymbol{a}=a_1\boldsymbol{e}_1+a_2\boldsymbol{e}_2+a_3\boldsymbol{e}_3$, $\boldsymbol{b}=b_1\boldsymbol{e}_1+b_2\boldsymbol{e}_2+b_3\boldsymbol{e}_3$, 依照向量线性运算法则计算得到

$$\begin{aligned}\boldsymbol{a}\pm\boldsymbol{b}&=(a_1\boldsymbol{e}_1+a_2\boldsymbol{e}_2+a_3\boldsymbol{e}_3)\pm(b_1\boldsymbol{e}_1+b_2\boldsymbol{e}_2+b_3\boldsymbol{e}_3)\\&=(a_1\pm b_1)\boldsymbol{e}_1+(a_2\pm b_2)\boldsymbol{e}_2+(a_3\pm b_3)\boldsymbol{e}_3,\\\lambda\boldsymbol{a}&=\lambda(a_1\boldsymbol{e}_1+a_2\boldsymbol{e}_2+a_3\boldsymbol{e}_3)\\&=(\lambda a_1)\boldsymbol{e}_1+(\lambda a_2)\boldsymbol{e}_2+(\lambda a_3)\boldsymbol{e}_3.\end{aligned}$$

这就证明了 (i), (ii).

由点在仿射标架中的坐标的定义可知

$$\overrightarrow{OP_1}=x_1\boldsymbol{e}_1+y_1\boldsymbol{e}_2+z_1\boldsymbol{e}_3,\quad \overrightarrow{OP_2}=x_2\boldsymbol{e}_1+y_2\boldsymbol{e}_2+z_2\boldsymbol{e}_3.$$

因此,

$$\overrightarrow{P_1P_2}=\overrightarrow{OP_2}-\overrightarrow{OP_1}=(x_2-x_1)\boldsymbol{e}_1+(y_2-y_1)\boldsymbol{e}_2+(z_2-z_1)\boldsymbol{e}_3,$$

即 $\overrightarrow{P_1P_2}=(x_2-x_1,y_2-y_1,z_2-z_1)$.

$\boldsymbol{a}$ 是零向量即 $a_1\boldsymbol{e}_1+a_2\boldsymbol{e}_2+a_3\boldsymbol{e}_3=\boldsymbol{0}$, 而坐标向量 $\boldsymbol{e}_1,\boldsymbol{e}_2,\boldsymbol{e}_3$ 线性无关, 故 $a_1=a_2=a_3=0$.

根据 (i), (ii), 后两条结论是显然的.

2. 共线、共面向量的坐标表示

定理 2.11 非零向量 $\boldsymbol{a}=(a_1,a_2,a_3)$ 与 $\boldsymbol{b}=(b_1,b_2,b_3)$ 共线的充要条件是对应坐标成比例, 即

$$\boldsymbol{a},\boldsymbol{b}\ \text{共线}\ \Leftrightarrow\ \frac{b_1}{a_1}=\frac{b_2}{a_2}=\frac{b_3}{a_3}.$$

证明 $\boldsymbol{a},\boldsymbol{b}$ 共线当且仅当 $\boldsymbol{a}$, $\boldsymbol{b}$ 线性相关. 按线性相关的定义, 存在实数 λ, 使得 $\boldsymbol{b}=\lambda\boldsymbol{a}$ 或者 $\boldsymbol{a}=\lambda\boldsymbol{b}$. 由相等向量的坐标表示立即得到结论.

定理 2.12 设 $\boldsymbol{a}=(a_1,a_2,a_3)$, $\boldsymbol{b}=(b_1,b_2,b_3)$, $\boldsymbol{c}=(c_1,c_2,c_3)$. 则

$$\boldsymbol{a},\boldsymbol{b},\boldsymbol{c}\ \text{共面}\ \Leftrightarrow\ \begin{vmatrix} a_1 & b_1 & c_1\\ a_2 & b_2 & c_2\\ a_3 & b_3 & c_3\end{vmatrix}=0.$$

证明 $\boldsymbol{a},\boldsymbol{b},\boldsymbol{c}$ 共面当且仅当 $\boldsymbol{a}$, $\boldsymbol{b}$, $\boldsymbol{c}$ 线性相关. 换句话说, 存在不全为零的实数 λ, μ, ν, 使得 $\lambda\boldsymbol{a}+\mu\boldsymbol{b}+\nu\boldsymbol{c}=\boldsymbol{0}$. 根据向量线性运算的坐标表示及零向量的坐标特征, 即有

$$\begin{cases} a_1\lambda+b_1\mu+c_1\nu=0,\\ a_2\lambda+b_2\mu+c_2\nu=0,\\ a_3\lambda+b_3\mu+c_3\nu=0.\end{cases}$$

将其看成关于 λ, μ, ν 的齐次线性方程组, 它有非零解的充要条件是系数行列式为零.

3. 定比分点坐标

对于线段 P_1P_2, 如果点 P 满足 $\overrightarrow{P_1P}=\lambda\overrightarrow{PP_2}$, $\lambda\neq-1$, 我们就称点 P 为**分线段 P_1P_2 成定比 λ 的分点**.

如图 2.11 所示, 当分点 P 位于线段 P_1P_2 的内部时, $\lambda>0$, 这时称点 P 为**内分点**; 当分点 P 位于线段 P_1P_2 的外部时, $\lambda<0$, 这时称点 P 为**外分点**; 当 P 与 P_1 重合时, $\lambda=0$; 当点 P 趋于 P_2 时, λ 趋向无穷大; 当点 P 是线段 P_1P_2 的中点时, $\lambda=1$.

值得注意的是, $\lambda\neq-1$. 否则由 $\overrightarrow{P_1P}=-\overrightarrow{PP_2}$ 得 $\overrightarrow{P_1P}=\overrightarrow{P_2P}$, 即 $P_1=P_2$, 与 $P_1\neq P_2$ 矛盾.

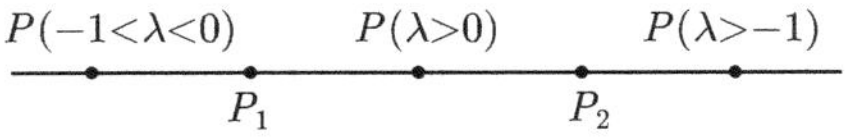

图 2.11 定比分点

设 P 为分线段 P_1P_2 成定比 $\lambda(\lambda\neq-1)$ 的分点. 首先由条件 $\overrightarrow{P_1P}=\lambda\overrightarrow{PP_2}$, 可得分点的位置向量

$$\overrightarrow{OP}=\overrightarrow{OP_1}+\overrightarrow{P_1P}=\overrightarrow{OP_1}+\lambda\overrightarrow{PP_2}=\overrightarrow{OP_1}+\lambda(\overrightarrow{OP_2}-\overrightarrow{OP}).$$

因此有

$$\overrightarrow{OP}=\frac{\overrightarrow{OP_1}+\lambda\overrightarrow{OP_2}}{1+\lambda}.$$

设线段 P_1P_2 的两个端点坐标为 $P_1(x_1,y_1,z_1)$ 和 $P_2(x_2,y_2,z_2)$, 分点坐标为 $P(x,y,z)$. 则根据线性运算的坐标表示立即得

$$x=\frac{x_1+\lambda x_2}{1+\lambda},\quad y=\frac{y_1+\lambda y_2}{1+\lambda},\quad z=\frac{z_1+\lambda z_2}{1+\lambda}.$$

特别地, 线段 P_1P_2 的中点 $P(x,y,z)$ 的坐标是

$$x=\frac{x_1+x_2}{2},\quad y=\frac{y_1+y_2}{2},\quad z=\frac{z_1+z_2}{2}.$$

例 2.4　**设 $\boldsymbol{a}=(1,2,3)$, $\boldsymbol{b}=(2,-1,0)$, $\boldsymbol{c}=(0,5,6)$. 判断它们是否共面, 能否将 $\boldsymbol{c}$ 表示成 $\boldsymbol{a},\boldsymbol{b}$ 的线性组合.**

解　因为 $\begin{vmatrix}1&2&3\\2&-1&0\\0&5&6\end{vmatrix}=0$, 所以 $\boldsymbol{a},\boldsymbol{b},\boldsymbol{c}$ 三向量共面. 由于 $\boldsymbol{a},\boldsymbol{b}$ 的坐标不成比例, 故 $\boldsymbol{a},\boldsymbol{b}$ 不共线, 从而 $\boldsymbol{c}$ 可以表示成 $\boldsymbol{a},\boldsymbol{b}$ 的线性组合.

设 $\boldsymbol{c}=\lambda\boldsymbol{a}+\mu\boldsymbol{b}$, 即 $(0,5,6)=\lambda(1,2,3)+\mu(2,-1,0)$, 从而

$$\begin{cases}\lambda+2\mu=0,\\2\lambda-\mu=5,\\3\lambda=6.\end{cases}$$

解得 $\lambda=2,\mu=-1$, 故 $\boldsymbol{c}=2\boldsymbol{a}-\boldsymbol{b}$.

例 2.5　**已知三角形的三个顶点为 $A(x_1,y_1,z_1)$, $B(x_2,y_2,z_2)$, $C(x_3,y_3,z_3)$. 求三角形 ABC 的重心坐标.**

解　设 BC 边的中点为 E, 则点 E 的坐标为

$$E\left(\frac{x_2+x_3}{2},\frac{y_2+y_3}{2},\frac{z_2+z_3}{2}\right).$$

设重心为 $G(x,y,z)$, 则 $\overrightarrow{AG}=2\overrightarrow{GE}$. 由定比分点坐标公式得

$$x=\frac{x_1+x_2+x_3}{3},\quad y=\frac{y_1+y_2+y_3}{3},\quad z=\frac{z_1+z_2+z_3}{3}.$$

习　题　2.2

1. 已知点 $A(7,-4,1)$, 点 $B(-2,2,4)$. 求线段 AB 的三等分点的坐标.

2. 判断下列各组三个向量 $\boldsymbol{a},\boldsymbol{b},\boldsymbol{c}$ 是否共面, 能否将 $\boldsymbol{c}$ 表示成 $\boldsymbol{a},\boldsymbol{b}$ 的线性组合? 若能表示, 写出表示式.

(1) $\boldsymbol{a}=(5,2,1)$, $\boldsymbol{b}=(-1,4,2)$, $\boldsymbol{c}=(-1,-1,5)$;

(2) $\boldsymbol{a}=(6,4,2)$, $\boldsymbol{b}=(-9,6,3)$, $\boldsymbol{c}=(-3,6,3)$;

(3) $\boldsymbol{a}=(1,2,-3)$, $\boldsymbol{b}=(-2,-4,6)$, $\boldsymbol{c}=(1,0,5)$.

2.3 向量的数量积

向量的线性运算对解决几何中平行、比例、共点、共线、共面等问题确实展现了它的优越性. 但这些运算还不足以用来研究几何中诸如长度、夹角、体积等度量问题. 幸运的是, 我们还能从物理现象中抽象出向量的两种性质完全不同的乘法运算: 一种叫做两向量的数量积(或内积), 其运算结果是数量; 另一种叫做两向量的向量积 (或外积), 其运算结果仍为向量. 这两种乘法运算联合线性运算对解决几何中线、面、体的位置关系及度量问题就显得自如多了. 本节先介绍数量积.

2.3.1 数量积的概念

1. 物理背景

物理学中我们学过这样一个问题: 一个物体在力 $\boldsymbol{F}$ 的作用下, 经过位移 $\boldsymbol{s}$, 求力 $\boldsymbol{F}$ 所做的功. 如果物体是沿着力的方向移动, 那么力所做的功等于力的大小与物体移动距离的乘积; 如果物体移动的方向和力的方向不一致 (图 2.12), 那么力所做的功等于这个力在位移方向上的分力大小与移动距离的乘积, 用公式表示即

$$W=|\boldsymbol{F}_1||\boldsymbol{s}|=|\boldsymbol{F}||\boldsymbol{s}|\cos\alpha,$$

其中 $\boldsymbol{F}_1$ 是力 $\boldsymbol{F}$ 沿位移 $\boldsymbol{s}$ 方向的分力, α 是力与位移方向的夹角. 这里的功 W 是由两个向量确定的一个数量. 类似的情况在其他问题中也常遇到. 根据这一模型我们在数学中抽象出两个向量的数量积的概念.

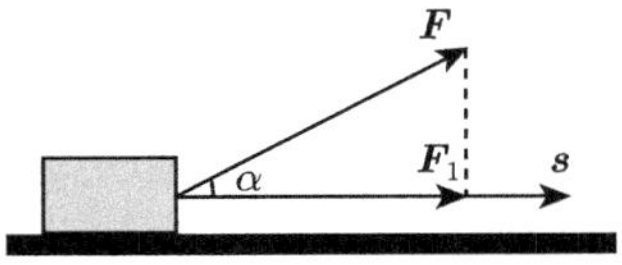

图 2.12 力 $\boldsymbol{F}$ 所做的功

2. 向量间夹角

设 $\boldsymbol{a}, \boldsymbol{b}$ 是两个非零向量. 将这两个向量的起点平移到同一点 O. 向量 $\boldsymbol{a}, \boldsymbol{b}$ 分别所在的两条直线有两个夹角, 一个在 $[0,\pi]$ 内, 另一个在 $(\pi,2\pi]$ 内. 我们规定两向量 $\boldsymbol{a}, \boldsymbol{b}$ 之间的夹角是在 $[0,\pi]$ 内的那个, 记为 $\angle(\boldsymbol{a},\boldsymbol{b})$. 这个角实际上是 $\boldsymbol{a}$ 和 $\boldsymbol{b}$ 两个方向的夹角, 与这两个向量的次序和长度没有关系.

若 $\boldsymbol{a}$ 与 $\boldsymbol{b}$ 同向, 那么 $\angle(\boldsymbol{a},\boldsymbol{b})=0$; 若 $\boldsymbol{a}$ 与 $\boldsymbol{b}$ 反向, 那么 $\angle(\boldsymbol{a},\boldsymbol{b})=\pi$. 两种情形均记为 $\boldsymbol{a}/\!/\boldsymbol{b}$. 如果 $\angle(\boldsymbol{a},\boldsymbol{b})=\dfrac{\pi}{2}$, 则 $\boldsymbol{a}$ 和 $\boldsymbol{b}$ 的方向垂直, 用 $\boldsymbol{a}\perp\boldsymbol{b}$ 表示. 由于零向量的方向不确定, 所以 $\angle(\boldsymbol{0},\boldsymbol{a})$ 没有意义.

3. 数量积

两个非零向量 $\boldsymbol{a}$ 与 $\boldsymbol{b}$ 的**数量积** 记为 $\boldsymbol{a}\cdot\boldsymbol{b}$, 定义为

$$\boldsymbol{a}\cdot\boldsymbol{b}=|\boldsymbol{a}|\cdot|\boldsymbol{b}|\cos\angle(\boldsymbol{a},\boldsymbol{b}). \tag{2.1}$$

当 $\boldsymbol{a},\boldsymbol{b}$ 中有零向量时, 定义 $\boldsymbol{a}$ 与 $\boldsymbol{b}$ 的数量积为零. 当 $\boldsymbol{a}=\boldsymbol{b}$ 时, 记 $\boldsymbol{a}\cdot\boldsymbol{a}=\boldsymbol{a}^2$.

特别要指出, 正如其名称所表明的, 数量积 $\boldsymbol{a}\cdot\boldsymbol{b}$ 是一个实数. 在不同的文献中, 数量积也叫内积或点积.

例 2.6　设 $\{O;\boldsymbol{i},\boldsymbol{j},\boldsymbol{k}\}$ 是直角标架, 即 $|\boldsymbol{i}|=|\boldsymbol{j}|=|\boldsymbol{k}|=1$, 且 $\angle(\boldsymbol{i},\boldsymbol{j})=\angle(\boldsymbol{j},\boldsymbol{k})=\angle(\boldsymbol{i},\boldsymbol{k})=\dfrac{\pi}{2}$. 因此, 坐标向量的数量积满足

$$\begin{cases}\boldsymbol{i}\cdot\boldsymbol{i}=\boldsymbol{j}\cdot\boldsymbol{j}=\boldsymbol{k}\cdot\boldsymbol{k}=1,\\ \boldsymbol{i}\cdot\boldsymbol{j}=\boldsymbol{j}\cdot\boldsymbol{k}=\boldsymbol{i}\cdot\boldsymbol{k}=0.\end{cases}\tag{2.2}$$

4. 向量的投影

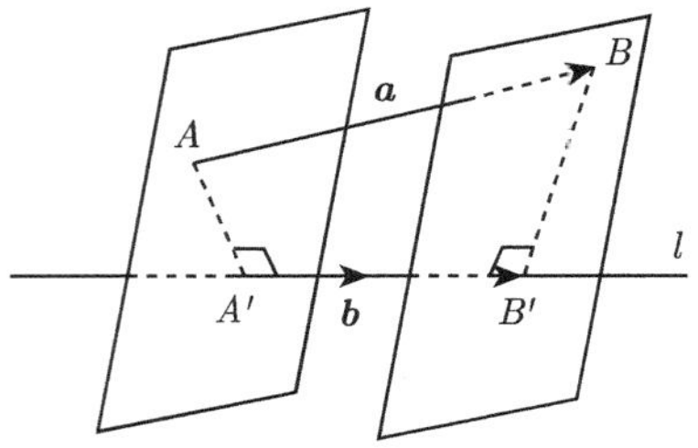

图 2.13　投影向量

空间一点 A 在轴线 l 上的投影定义为过 A 且与 l 垂直的平面与 l 的交点 A'. 设 $\boldsymbol{a}=\overrightarrow{AB}$, 向量 $\boldsymbol{b}(\neq\boldsymbol{0})$ 所在直线为 l, 并记 A,B 在 l 上的投影分别为 A',B', 如图 2.13 所示. 则所得向量 $\overrightarrow{A'B'}$ 称为向量 $\boldsymbol{a}$ 在向量 $\boldsymbol{b}$ 上的**投影向量**, 或向量 $\boldsymbol{a}$ 在轴 l 上的投影向量.

记 $\boldsymbol{b}^0$ 是与 $\boldsymbol{b}$ 同向的单位向量, 因 $\overrightarrow{A'B'}$ 与 $\boldsymbol{b}^0$ 共线, 可设 $\overrightarrow{A'B'}=x\boldsymbol{b}^0$, 其中实数 x 称为向量 $\boldsymbol{a}$ 在向量 $\boldsymbol{b}$ 上的**投影**, 记为 $\mathrm{Proj}_{\boldsymbol{b}}\boldsymbol{a}$. 显见,

$$\mathrm{Proj}_{\boldsymbol{b}}\boldsymbol{a}=\begin{cases}|\overrightarrow{A'B'}|, & \overrightarrow{A'B'}\text{ 与 }\boldsymbol{b}\text{ 同向},\\ -|\overrightarrow{A'B'}|, & \overrightarrow{A'B'}\text{ 与 }\boldsymbol{b}\text{ 反向}.\end{cases}\tag{2.3}$$

定理 2.13 (投影定理)　向量 $\boldsymbol{a}$ 在非零向量 $\boldsymbol{b}$ 上的投影

$$\mathrm{Proj}_{\boldsymbol{b}}\boldsymbol{a}=|\boldsymbol{a}|\cos\angle(\boldsymbol{a},\boldsymbol{b})=\boldsymbol{a}\cdot\boldsymbol{b}^0.$$

因此, 相等向量在同一向量上的投影相等; 相反向量在同一向量上的投影互为相反数.

证明　当 $\boldsymbol{a}\perp\boldsymbol{b}$, 或 $\boldsymbol{a}/\!/\boldsymbol{b}$ 时, 结论显然成立. 若 $\boldsymbol{a},\boldsymbol{b}$ 不垂直也不平行, 如图 2.14 所示, 过点 A 作直线平行于 $\boldsymbol{b}$, 交点 B 所在平面于 B'', 则 $\overrightarrow{A'B'}=\overrightarrow{AB''}$. 在直角三角形 ABB'' 中, 有

$$|\overrightarrow{AB''}|=|\boldsymbol{a}|\cos\varphi,\quad 0<\varphi<\frac{\pi}{2}.$$

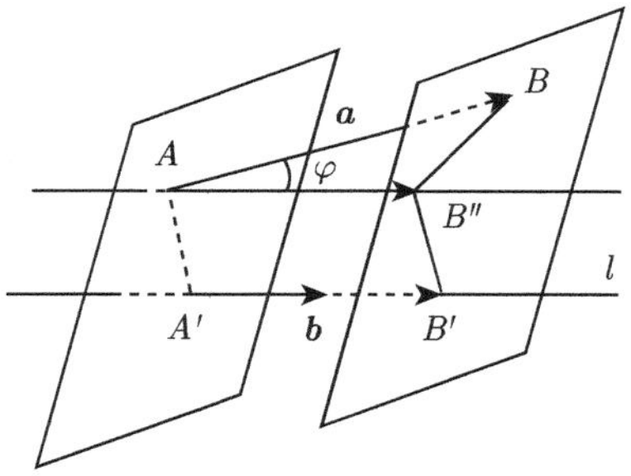

图 2.14　投影定理

当 $\overrightarrow{A'B'}$ 与 $\boldsymbol{b}$ 同向时, $\angle(\boldsymbol{a},\boldsymbol{b})=\varphi$; 当 $\overrightarrow{A'B'}$ 与 $\boldsymbol{b}$ 反向时, $\angle(\boldsymbol{a},\boldsymbol{b})=\pi-\varphi$. 结合式 (2.3) 即得结论.

由数量积的定义及定理 2.13 立即得到数量积与向量的投影的如下关系.

推论 2.14　对两个非零向量 $\boldsymbol{a}$ 与 $\boldsymbol{b}$, 成立

$$\boldsymbol{a}\cdot\boldsymbol{b}=|\boldsymbol{b}|\mathrm{Proj}_{\boldsymbol{b}}\boldsymbol{a}=|\boldsymbol{a}|\mathrm{Proj}_{\boldsymbol{a}}\boldsymbol{b}.$$

向量 $\boldsymbol{a}$ 在向量 $\boldsymbol{b}$ 上的投影向量也称为向量 $\boldsymbol{a}$ 在向量 $\boldsymbol{b}$ 方向上的**分向量**, 记为 $\boldsymbol{a}_{\boldsymbol{b}}$. 显然, $\boldsymbol{a}-\boldsymbol{a}_{\boldsymbol{b}}=\boldsymbol{a}-(\boldsymbol{a}\cdot\boldsymbol{b}^0)\boldsymbol{b}^0$ 与向量 $\boldsymbol{a}$ 和 $\boldsymbol{b}$ 共面, 且与向量 $\boldsymbol{b}$ 正交 (图 2.15), 称为向量 $\boldsymbol{a}$ 关于向

量 $\boldsymbol{b}$ 的**正交分向量**, 记为 $\boldsymbol{a}_{\boldsymbol{b}}^{\perp}$. 则 $\boldsymbol{a}=\boldsymbol{a}_{\boldsymbol{b}}+\boldsymbol{a}_{\boldsymbol{b}}^{\perp}$ 称为向量 $\boldsymbol{a}$ 关于向量 $\boldsymbol{b}$ 的**正交分解**. 不难理解, 当 $\boldsymbol{a}\perp\boldsymbol{b}$ 时, $\boldsymbol{a}_{\boldsymbol{b}}=\mathbf{0}$, $\boldsymbol{a}_{\boldsymbol{b}}^{\perp}=\boldsymbol{a}$; 当 $\boldsymbol{a}/\!/\boldsymbol{b}$ 时, $\boldsymbol{a}_{\boldsymbol{b}}=\boldsymbol{a}$, $\boldsymbol{a}_{\boldsymbol{b}}^{\perp}=\mathbf{0}$.

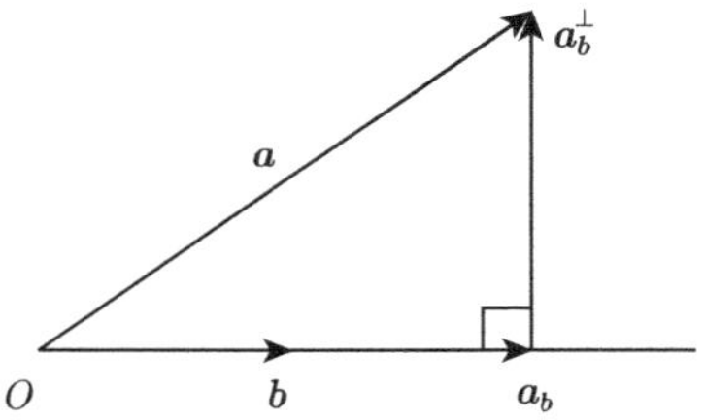

图 2.15　向量 $\boldsymbol{a}$ 关于向量 $\boldsymbol{b}$ 的正交分解

对于两个不共线向量 $\boldsymbol{a}$, $\boldsymbol{b}$, 令

$$\boldsymbol{e}_1=\frac{\boldsymbol{b}}{|\boldsymbol{b}|},\quad \boldsymbol{e}_2=\frac{\boldsymbol{a}_{\boldsymbol{b}}^{\perp}}{|\boldsymbol{a}_{\boldsymbol{b}}^{\perp}|},$$

则 $\boldsymbol{e}_1,\boldsymbol{e}_2$ 是两个互相垂直的单位向量. 将它们的起点归结到点 O, 我们就得到了平面上的直角标架 $\{O;\boldsymbol{e}_1,\boldsymbol{e}_2\}$.

上述过程我们是从两个不共线向量 $\boldsymbol{a}$, $\boldsymbol{b}$ 出发, 利用数量积 (或向量的投影) 构造出两个互相垂直的单位向量 $\boldsymbol{e}_1$, $\boldsymbol{e}_2$, 这一过程在数学中称为**正交化**过程. 这种正交化过程的思想很容易推广到高维, 而且在后续课程如高等代数、泛函分析、微分几何中都有非常重要的应用.

2.3.2　数量积的性质

1. 数量积的运算性质

为了证明数量积的运算性质, 下面先给出数乘向量与和向量的投影性质.

定理 2.15　设 $\boldsymbol{e}$ 是非零向量, λ 是实数. 则对任意向量 $\boldsymbol{a},\boldsymbol{b}$, 成立如下性质:

(i) $\mathrm{Proj}_{\boldsymbol{e}}(\boldsymbol{a}+\boldsymbol{b})=\mathrm{Proj}_{\boldsymbol{e}}\boldsymbol{a}+\mathrm{Proj}_{\boldsymbol{e}}\boldsymbol{b}$;

(ii) $\mathrm{Proj}_{\boldsymbol{e}}(\lambda\boldsymbol{a})=\lambda\mathrm{Proj}_{\boldsymbol{e}}\boldsymbol{a}$.

证明　(i) 令 $\overrightarrow{AB}=\boldsymbol{a}$, $\overrightarrow{BC}=\boldsymbol{b}$. 则 $\overrightarrow{AB}+\overrightarrow{BC}=\overrightarrow{AC}=\boldsymbol{a}+\boldsymbol{b}$. 设 A', B', C' 分别是 A, B, C 在向量 $\boldsymbol{e}$ 所在直线 l 上的投影 (图 2.16). 由投影向量的定义, 有

$$\overrightarrow{A'B'}=(\mathrm{Proj}_{\boldsymbol{e}}\boldsymbol{a})\boldsymbol{e}^0,\quad \overrightarrow{B'C'}=(\mathrm{Proj}_{\boldsymbol{e}}\boldsymbol{b})\boldsymbol{e}^0,\quad \overrightarrow{A'C'}=(\mathrm{Proj}_{\boldsymbol{e}}(\boldsymbol{a}+\boldsymbol{b}))\boldsymbol{e}^0.$$

由于 $\overrightarrow{A'C'}=\overrightarrow{A'B'}+\overrightarrow{B'C'}$, 所以 $\mathrm{Proj}_{\boldsymbol{e}}(\boldsymbol{a}+\boldsymbol{b})=\mathrm{Proj}_{\boldsymbol{e}}\boldsymbol{a}+\mathrm{Proj}_{\boldsymbol{e}}\boldsymbol{b}$.

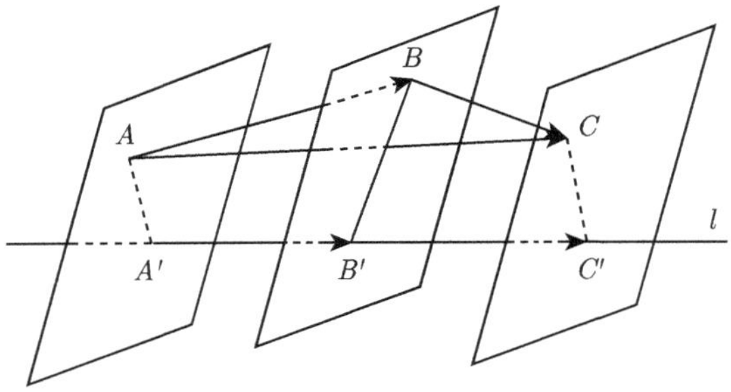

图 2.16　和向量在轴上的投影

(ii) 若 $\lambda=0$ 或 $\boldsymbol{a}=\mathbf{0}$, 性质显然成立. 设 $\lambda\neq0$, $\boldsymbol{a}\neq\mathbf{0}$. 若 $\lambda>0$, 则 $\angle(\lambda\boldsymbol{a},\boldsymbol{e})=\angle(\boldsymbol{a},\boldsymbol{e})$. 由定理 2.13 得

$$\mathrm{Proj}_{\boldsymbol{e}}(\lambda\boldsymbol{a})=|\lambda\boldsymbol{a}|\cos\angle(\lambda\boldsymbol{a},\boldsymbol{e})=\lambda|\boldsymbol{a}|\cos\angle(\boldsymbol{a},\boldsymbol{e})=\lambda\mathrm{Proj}_{\boldsymbol{e}}\boldsymbol{a}.$$

若 $\lambda<0$, 则 $\angle(\lambda\boldsymbol{a},\boldsymbol{e})=\pi-\angle(\boldsymbol{a},\boldsymbol{e})$. 类似的计算也得到 $\mathrm{Proj}_{\boldsymbol{e}}(\lambda\boldsymbol{a})=\lambda\mathrm{Proj}_{\boldsymbol{e}}\boldsymbol{a}$.

定理 2.16　数量积满足下列运算性质:

(i) 正定性: $\boldsymbol{a}\cdot\boldsymbol{a}\geqslant 0$;

(ii) 交换律: $\boldsymbol{a}\cdot\boldsymbol{b}=\boldsymbol{b}\cdot\boldsymbol{a}$;

(iii) 关于数因子的结合律: $(\lambda\boldsymbol{a})\cdot\boldsymbol{b}=\lambda(\boldsymbol{a}\cdot\boldsymbol{b})=\boldsymbol{a}\cdot(\lambda\boldsymbol{b})$;

(iv) 分配律: $(\boldsymbol{a}+\boldsymbol{b})\cdot\boldsymbol{c}=\boldsymbol{a}\cdot\boldsymbol{c}+\boldsymbol{b}\cdot\boldsymbol{c}$.

证明　(i) 和 (ii) 由数量积的定义得到. (iii), (iv) 的证明类似. 我们只证 (iv).

若 $\boldsymbol{a},\boldsymbol{b},\boldsymbol{c}$ 中有零向量, 则分配律自动成立. 下设 $\boldsymbol{a},\boldsymbol{b},\boldsymbol{c}$ 均为非零向量. 应用推论 2.14 及定理 2.15 可得.

$$(\boldsymbol{a}+\boldsymbol{b})\cdot\boldsymbol{c}=|\boldsymbol{c}|\mathrm{Proj}_{\boldsymbol{c}}(\boldsymbol{a}+\boldsymbol{b})=|\boldsymbol{c}|(\mathrm{Proj}_{\boldsymbol{c}}\boldsymbol{a}+\mathrm{Proj}_{\boldsymbol{c}}\boldsymbol{b})=\boldsymbol{a}\cdot\boldsymbol{c}+\boldsymbol{b}\cdot\boldsymbol{c}.$$

注 2.5　数量积一般不满足结合律, 即 $(\boldsymbol{a}\cdot\boldsymbol{b})\boldsymbol{c}\neq\boldsymbol{a}(\boldsymbol{b}\cdot\boldsymbol{c})$. 如对直角标架的坐标向量, $(\boldsymbol{i}\cdot\boldsymbol{i})\boldsymbol{j}=\boldsymbol{j}$, 但是 $\boldsymbol{i}(\boldsymbol{i}\cdot\boldsymbol{j})=\boldsymbol{0}$. 由此, 不能出现形如 $\boldsymbol{a}\cdot\boldsymbol{b}\cdot\boldsymbol{c}$ 的表达式.

2. 数量积的坐标表示

在直角标架 $\{O;\boldsymbol{i},\boldsymbol{j},\boldsymbol{k}\}$ 中, 设 $\boldsymbol{a}=(a_1,a_2,a_3)$, $\boldsymbol{b}=(b_1,b_2,b_3)$. 利用数量积的运算性质及式 (2.2) 不难验证

$$\boldsymbol{a}\cdot\boldsymbol{b}=a_1b_1+a_2b_2+a_3b_3.$$

简言之, 在直角标架下, 两向量的数量积是对应分量乘积的和.

注 2.6　在一般仿射标架下, 坐标向量的数量积不再具有式 (2.2) 那样简洁的结论. 因而, 两向量的数量积也不再是对应分量乘积的和.

3. 几何性质

从数量积的定义式 (2.1) 及数量积的坐标表示, 容易得到如下几个简单而又非常实用的结论. 我们把它理解为数量积在求向量的模长、两个向量的夹角以及判断两个向量垂直方面的反哺.

定理 2.17　在直角标架 $\{O;\boldsymbol{i},\boldsymbol{j},\boldsymbol{k}\}$ 中, 设 $\boldsymbol{a}=(a_1,a_2,a_3)$, $\boldsymbol{b}=(b_1,b_2,b_3)$. 则

(i) $|\boldsymbol{a}|^2=\boldsymbol{a}\cdot\boldsymbol{a}=a_1^2+a_2^2+a_3^2$;

(ii) $\boldsymbol{a}\perp\boldsymbol{b}\ \Leftrightarrow\ \boldsymbol{a}\cdot\boldsymbol{b}=0\Leftrightarrow\ a_1b_1+a_2b_2+a_3b_3=0$;

(iii) 向量 $\boldsymbol{a}$ 与 $\boldsymbol{b}$ 的夹角余弦为

$$\cos\angle(\boldsymbol{a},\boldsymbol{b})=\frac{\boldsymbol{a}\cdot\boldsymbol{b}}{|\boldsymbol{a}||\boldsymbol{b}|}=\frac{a_1b_1+a_2b_2+a_3b_3}{\sqrt{a_1^2+a_2^2+a_3^2}\sqrt{b_1^2+b_2^2+b_3^2}}.$$

在空间直角标架 $\{O;\boldsymbol{i},\boldsymbol{j},\boldsymbol{k}\}$ 中, 已知两点 $P_1(x_1,y_1,z_1)$ 和 $P_2(x_2,y_2,z_2)$, P_1 和 P_2 间的距离就是向量 $\overrightarrow{P_1P_2}$ 的模长. 由 $\overrightarrow{P_1P_2}=(x_2-x_1,y_2-y_1,z_2-z_1)$, 根据向量模长的坐标表示得

$$|\overrightarrow{P_1P_2}|=\sqrt{(x_2-x_1)^2+(y_2-y_1)^2+(z_2-z_1)^2}.$$

这就是空间两点的距离公式.

4. *方向角和方向余弦*

在直角标架 $\{O;\boldsymbol{i},\boldsymbol{j},\boldsymbol{k}\}$ 中, 非零向量 $\boldsymbol{a}=(a_1,a_2,a_3)$ 与三个坐标向量的夹角称为向量 $\boldsymbol{a}$ 的**方向角**, 分别记为 $\alpha=\angle(\boldsymbol{a},\boldsymbol{i})$, $\beta=\angle(\boldsymbol{a},\boldsymbol{j})$, $\gamma=\angle(\boldsymbol{a},\boldsymbol{k})$, 如图 2.17 所示. 它们的余弦 $\cos\alpha$, $\cos\beta$, $\cos\gamma$ 称为向量 $\boldsymbol{a}$ 的**方向余弦**.

由向量积的坐标表示及向量积的定义得

$$a_1=\boldsymbol{a}\cdot\boldsymbol{i}=|\boldsymbol{a}||\boldsymbol{i}|\cos\angle(\boldsymbol{a},\boldsymbol{i})=|\boldsymbol{a}|\cos\alpha,$$
$$a_2=\boldsymbol{a}\cdot\boldsymbol{j}=|\boldsymbol{a}||\boldsymbol{j}|\cos\angle(\boldsymbol{a},\boldsymbol{j})=|\boldsymbol{a}|\cos\beta,$$
$$a_3=\boldsymbol{a}\cdot\boldsymbol{k}=|\boldsymbol{a}||\boldsymbol{k}|\cos\angle(\boldsymbol{a},\boldsymbol{k})=|\boldsymbol{a}|\cos\gamma.$$

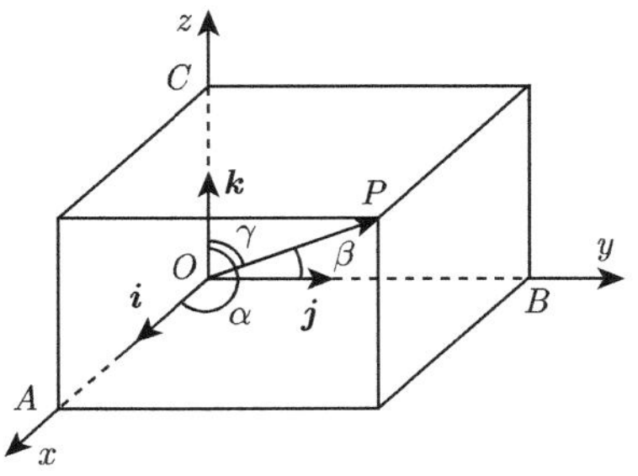

图 2.17 向量的方向角

于是

$$\cos\alpha=\frac{a_1}{|\boldsymbol{a}|},\quad \cos\beta=\frac{a_2}{|\boldsymbol{a}|},\quad \cos\gamma=\frac{a_3}{|\boldsymbol{a}|}.$$

由此显见

$$\cos^2\alpha+\cos^2\beta+\cos^2\gamma=1,\quad \boldsymbol{a}^0=\frac{\boldsymbol{a}}{|\boldsymbol{a}|}=(\cos\alpha,\cos\beta,\cos\gamma).$$

与方向余弦成比例的任一组数 (λ,μ,ν) 都称为向量 $\boldsymbol{a}$ 的一组**方向数**. 即若 $\lambda{:}\mu{:}\nu=\cos\alpha{:}\cos\beta{:}\cos\gamma$, 则 (λ,μ,ν) 为 $\boldsymbol{a}$ 的一组方向数. 一个向量的方向余弦是唯一的, 但方向数有无数多组.

例 2.7 证明三角形的三条高交于一点.

证明 如图 2.18 所示, 设 $\triangle ABC$ 中, BC,CA 两边上的高交于点 H, 再设

$$\overrightarrow{HA}=\boldsymbol{a},\quad \overrightarrow{HB}=\boldsymbol{b},\quad \overrightarrow{HC}=\boldsymbol{c}.$$

则 $\overrightarrow{AB}=\boldsymbol{b}-\boldsymbol{a}$, $\overrightarrow{BC}=\boldsymbol{c}-\boldsymbol{b}$, $\overrightarrow{CA}=\boldsymbol{a}-\boldsymbol{c}$. 进而,

$$\left.\begin{aligned}\overrightarrow{HA}\perp\overrightarrow{BC}\Rightarrow\boldsymbol{a}\cdot(\boldsymbol{c}-\boldsymbol{b})=0\Rightarrow\boldsymbol{a}\cdot\boldsymbol{b}=\boldsymbol{a}\cdot\boldsymbol{c}\\ \overrightarrow{HB}\perp\overrightarrow{CA}\Rightarrow\boldsymbol{b}\cdot(\boldsymbol{a}-\boldsymbol{c})=0\Rightarrow\boldsymbol{b}\cdot\boldsymbol{a}=\boldsymbol{b}\cdot\boldsymbol{c}\end{aligned}\right\}\Rightarrow\boldsymbol{c}\cdot(\boldsymbol{b}-\boldsymbol{a})=0.$$

即 $\overrightarrow{HC}\perp\overrightarrow{AB}$, 故结论成立.

例 2.8 证明: 如果一条直线垂直于某平面内的两条相交直线, 则它垂直于这平面内的任一条直线.

证明 如图 2.19 所示, 设 $\boldsymbol{a},\boldsymbol{b}$ 为平面 Π 内的任意两个线性无关向量, $\boldsymbol{n}\perp\boldsymbol{a}$, $\boldsymbol{n}\perp\boldsymbol{b}$. 则 $\boldsymbol{n}\cdot\boldsymbol{a}=0$, $\boldsymbol{n}\cdot\boldsymbol{b}=0$.

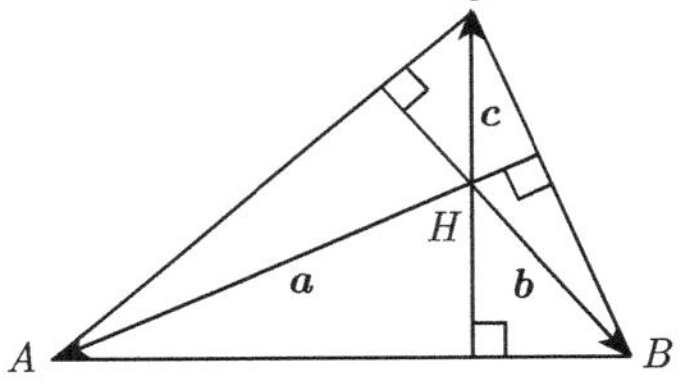

图 2.18 三角形三条高线交于一点

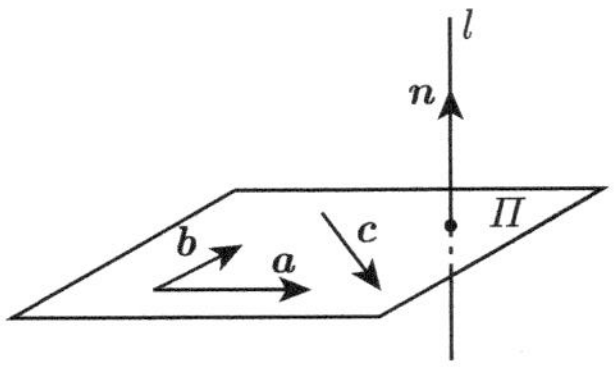

图 2.19 直线与平面平行的判定

设 $\boldsymbol{c}$ 为 Π 上任一向量, 则存在不全为零的实数 x, y, 使得 $\boldsymbol{c} = x\boldsymbol{a} + y\boldsymbol{b}$, 从而

$$\boldsymbol{n} \cdot \boldsymbol{c} = \boldsymbol{n} \cdot (x\boldsymbol{a} + y\boldsymbol{b}) = x(\boldsymbol{n} \cdot \boldsymbol{a}) + y(\boldsymbol{n} \cdot \boldsymbol{b}) = 0.$$

即 $\boldsymbol{n} \perp \boldsymbol{c}$, 故结论成立.

例 2.9　利用数量积证明柯西–施瓦茨 (Cauchy–Schwarz) 不等式:

$$\left(\sum_{i=1}^{3} a_i b_i\right)^2 \leqslant \sum_{i=1}^{3} a_i^2 \cdot \sum_{i=1}^{3} b_i^2.$$

证明　设 $\boldsymbol{a} = (a_1, a_2, a_3)$, $\boldsymbol{b} = (b_1, b_2, b_3)$. 因为 $|\cos\angle(\boldsymbol{a}, \boldsymbol{b})| \leqslant 1$, 所以

$$|\boldsymbol{a} \cdot \boldsymbol{b}| \leqslant |\boldsymbol{a}| \cdot |\boldsymbol{b}|.$$

从而得

$$\left|\sum_{i=1}^{3} a_i b_i\right| \leqslant \sqrt{\sum_{i=1}^{3} a_i^2} \cdot \sqrt{\sum_{i=1}^{3} b_i^2}.$$

两边平方即得结论.

例 2.10　设 $\boldsymbol{a}, \boldsymbol{b}, \boldsymbol{c}$ 不共面. 如果向量 $\boldsymbol{r}$ 满足 $\boldsymbol{r} \cdot \boldsymbol{a} = \boldsymbol{r} \cdot \boldsymbol{b} = \boldsymbol{r} \cdot \boldsymbol{c} = 0$, 证明 $\boldsymbol{r} = \boldsymbol{0}$.

证明　因 $\boldsymbol{a}, \boldsymbol{b}, \boldsymbol{c}$ 不共面, 可设 $\boldsymbol{r} = x\boldsymbol{a} + y\boldsymbol{b} + z\boldsymbol{c}$. 两边与 $\boldsymbol{r}$ 求数量积得到 $\boldsymbol{r}^2 = 0$, 即 $|\boldsymbol{r}| = 0$, 这等价于 $\boldsymbol{r} = \boldsymbol{0}$.

习　题　2.3

1. 将下列向量单位化:

(1) $\boldsymbol{a} = 5\boldsymbol{i} - 6\boldsymbol{j} + 3\boldsymbol{k}$;　　(2) $\boldsymbol{b} = \dfrac{1}{2}\boldsymbol{i} - \dfrac{1}{3}\boldsymbol{k}$.

2. 已知 $|\boldsymbol{a}| = 3$, $|\boldsymbol{b}| = 2$, $\angle(\boldsymbol{a}, \boldsymbol{b}) = \dfrac{\pi}{6}$. 求 $(3\boldsymbol{a} + 2\boldsymbol{b}) \cdot (2\boldsymbol{a} - 5\boldsymbol{b})$.

3. 已知向量 $\boldsymbol{a} = (4, -2, -4)$, $\boldsymbol{b} = (6, -3, 2)$. 求 $\boldsymbol{a} \cdot \boldsymbol{b}$, $|\boldsymbol{a}|$, $|\boldsymbol{b}|$, $2\boldsymbol{a} - 3\boldsymbol{b}$.

4. 设 $\boldsymbol{a} + \boldsymbol{b} + \boldsymbol{c} = \boldsymbol{0}$, $|\boldsymbol{a}| = 3$, $|\boldsymbol{b}| = 1$, $|\boldsymbol{c}| = 4$. 求 $\boldsymbol{a} \cdot \boldsymbol{b} + \boldsymbol{b} \cdot \boldsymbol{c} + \boldsymbol{c} \cdot \boldsymbol{a}$.

5. 已知 $\boldsymbol{a} + 3\boldsymbol{b}$ 与 $7\boldsymbol{a} - 5\boldsymbol{b}$ 垂直, $\boldsymbol{a} - 4\boldsymbol{b}$ 与 $7\boldsymbol{a} - 2\boldsymbol{b}$ 垂直. 求 $\angle(\boldsymbol{a}, \boldsymbol{b})$.

6. 在直角坐标系中, 求与向量 $\boldsymbol{a} = (16, -15, 12)$ 平行、方向相反, 且模长为 75 的向量.

7. 从点 $A(2, -1, 7)$ 沿向量 $\boldsymbol{a} = 8\boldsymbol{i} + 9\boldsymbol{j} - 12\boldsymbol{k}$ 方向取线段 AB 使其长度为 34, 求点 B 的坐标.

8. 证明对任何向量 $\boldsymbol{a}, \boldsymbol{b}$ 都有 $|\boldsymbol{a} + \boldsymbol{b}|^2 + |\boldsymbol{a} - \boldsymbol{b}|^2 = 2|\boldsymbol{a}|^2 + 2|\boldsymbol{b}|^2$. 当 $\boldsymbol{a}, \boldsymbol{b}$ 不共线时, 说明此式的几何意义.

9. 设向量 $\boldsymbol{a}$ 和单位向量 $\boldsymbol{e}$ 不共线. 另有一个与它们共面的向量 $\boldsymbol{p}$. 当向量 $\boldsymbol{a}, \boldsymbol{e}, \boldsymbol{p}$ 起点相同时, 向量 $\boldsymbol{p}$ 关于向量 $\boldsymbol{e}$ 与向量 $\boldsymbol{a}$ 对称. 试用向量 $\boldsymbol{a}$ 和 $\boldsymbol{e}$ 来表示向量 $\boldsymbol{p}$.

10. 设 $\boldsymbol{a}, \boldsymbol{b}, \boldsymbol{c}$ 是三个两两不共线的向量, 且满足 $\boldsymbol{a} \cdot \boldsymbol{c} = \boldsymbol{b} \cdot \boldsymbol{c}$. 证明: $\mathrm{Proj}_{\boldsymbol{c}}\boldsymbol{a} = \mathrm{Proj}_{\boldsymbol{c}}\boldsymbol{b}$. 并由此说明向量的数量积不满足消去律: 即由 $\boldsymbol{a} \cdot \boldsymbol{c} = \boldsymbol{b} \cdot \boldsymbol{c}$ 推不出 $\boldsymbol{a} = \boldsymbol{b}$.

11. 求向量的投影.

(1) 模长为 4 的向量 $\boldsymbol{a}$ 与单位向量 $\boldsymbol{e}$ 的夹角为 $\dfrac{2\pi}{3}$, 求 $\boldsymbol{a}$ 在 $\boldsymbol{e}$ 上的投影;

(2) 向量 $\boldsymbol{a} = (3, 3, 1)$ 在向量 $\boldsymbol{b} = (2, 5, -1)$ 上的投影;

(3) 向量 $\boldsymbol{a}$ 在方向角相等的轴上的投影.

12. 用向量证明下列结论.

(1) 等腰三角形底边上的中线垂直于底边;

(2) 直径上的圆周角是直角;

(3) 三角形三边的垂直平分线交于一点, 且交点到顶点的距离相等;

(4) 三角形余弦定理: $a^2 = b^2 + c^2 - 2bc\cos\angle A$.

13. 已知三角形 OAB 中, $\overrightarrow{OA} = \boldsymbol{e}_1, \overrightarrow{OB} = \boldsymbol{e}_2$, H 是 AB 上一点, 且满足下列条件之一. 求 H 分有向线段 $\overrightarrow{AB}$ 的分比.

(1) OH 是 AB 上的高;

(2) OH 是 $\angle AOB$ 的角平分线.

2.4 向量积与混合积

上一节我们学习了向量的一种乘法运算 —— 数量积. 本节我们定义向量的另一种乘法运算 —— 向量积. 然后结合这两种乘法, 定义向量的混合积运算.

2.4.1 向量积

1. 物理背景

先看物理学中的一个问题: 设刚体以匀角速度 $\boldsymbol{\omega}$ 绕轴 l 旋转, 求刚体上一点的线速度. 用在轴 l 上的一个向量 $\boldsymbol{\omega}$ 表示角速度, 它的大小等于角速度的大小, 它的方向由右手法则决定: 即以右手握住轴 l, 当右手的四个手指的转向与刚体的旋转方向一致时, 大拇指的指向就是 $\boldsymbol{\omega}$ 的方向 (图 2.20). 由物理学中线速度 $\boldsymbol{v}$ 与角速度 $\boldsymbol{\omega}$ 的关系可知, 刚体上点 M 处的线速度 $\boldsymbol{v}$ 的大小为

$$|\boldsymbol{v}| = |\boldsymbol{\omega}||\boldsymbol{r}|\sin\angle(\boldsymbol{\omega}, \boldsymbol{r}),$$

$\boldsymbol{v}$ 的方向垂直于通过点 M 与轴 l 的平面, 即垂直于 $\boldsymbol{\omega}$ 与 $\boldsymbol{r}$, 且 $\boldsymbol{v}$ 的指向是使 $\boldsymbol{\omega}, \boldsymbol{r}, \boldsymbol{v}$ 符合右手法则. 再如力作用在木棒一端使其绕支点转动产生的力矩, 还有带电量的点电荷在磁场内运动受到的磁力等等. 这些现象中有一个共同的特点就是由两个向量通过类似的方式确定另一个与之垂直的向量. 因此, 我们可以根据上例抽象出向量积的概念.

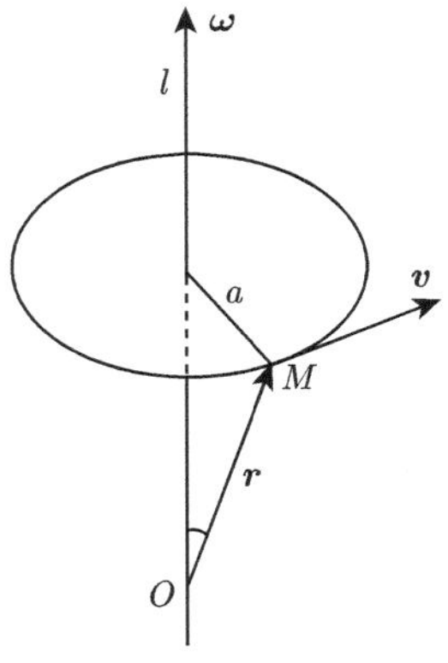

图 2.20 旋转体的线速度

2. 向量积的定义及基本运算性质

两个非零向量 $\boldsymbol{a}, \boldsymbol{b}$ 的**向量积**是一个向量, 记为 $\boldsymbol{a} \times \boldsymbol{b}$, 其模长定义为

$$|\boldsymbol{a} \times \boldsymbol{b}| = |\boldsymbol{a}| \cdot |\boldsymbol{b}| \sin\angle(\boldsymbol{a}, \boldsymbol{b}).$$

方向规定为与 $\boldsymbol{a}$, $\boldsymbol{b}$ 都垂直, 且按 $\boldsymbol{a}$, $\boldsymbol{b}$, $\boldsymbol{a} \times \boldsymbol{b}$ 的顺序构成右手标架, 如图 2.21 所示. 当 $\boldsymbol{a}, \boldsymbol{b}$ 中有零向量时, 定义 $\boldsymbol{a}, \boldsymbol{b}$ 的向量积 $\boldsymbol{a} \times \boldsymbol{b}$ 为零向量.

正如名称所言, 向量积是一个向量, 文献中也称向量积为**外积**或**叉积**.

例 2.11　设 $\{O;\boldsymbol{i},\boldsymbol{j},\boldsymbol{k}\}$ 是右手直角坐标系, 则坐标向量 $\boldsymbol{i},\boldsymbol{j},\boldsymbol{k}$ 的向量积满足下列关系 (请读者参照图 2.22 自己动手验证, 并寻找其中的规律熟记之):

$$
\begin{aligned}
&\boldsymbol{i}\times\boldsymbol{i}=\boldsymbol{0},\quad \boldsymbol{j}\times\boldsymbol{j}=\boldsymbol{0},\quad \boldsymbol{k}\times\boldsymbol{k}=\boldsymbol{0};\\
&\boldsymbol{i}\times\boldsymbol{j}=\boldsymbol{k},\quad \boldsymbol{j}\times\boldsymbol{k}=\boldsymbol{i},\quad \boldsymbol{k}\times\boldsymbol{i}=\boldsymbol{j};\\
&\boldsymbol{j}\times\boldsymbol{i}=-\boldsymbol{k},\quad \boldsymbol{k}\times\boldsymbol{j}=-\boldsymbol{i},\quad \boldsymbol{i}\times\boldsymbol{k}=-\boldsymbol{j}.
\end{aligned}
\tag{2.4}
$$

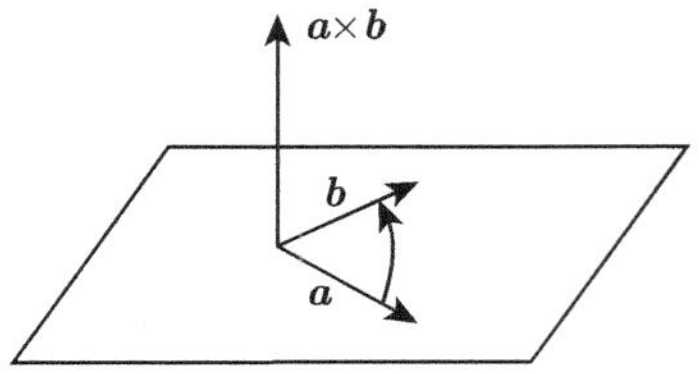

图 2.21　向量积的方向

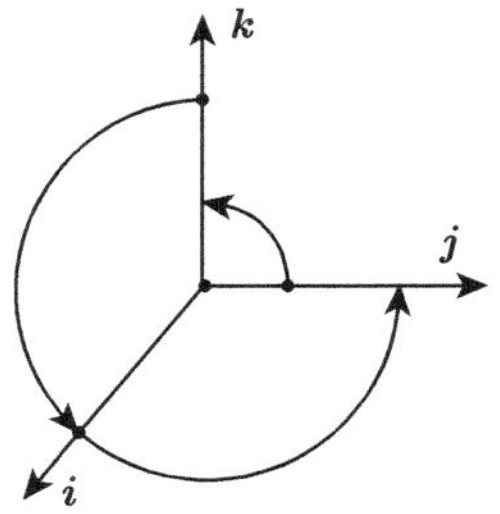

图 2.22　坐标向量的向量积

定理 2.18　对于任意向量 $\boldsymbol{a},\boldsymbol{b},\boldsymbol{c}$ 和任意实数 λ,μ, 向量积满足下列运算律.

(i) 反交换律: $\boldsymbol{a}\times\boldsymbol{b}=-\boldsymbol{b}\times\boldsymbol{a}$. 特别地, $\boldsymbol{a}\times\boldsymbol{a}=\boldsymbol{0}$;

(ii) 关于数因子的结合律:

$$
\begin{aligned}
&(\lambda\boldsymbol{a})\times\boldsymbol{b}=\boldsymbol{a}\times(\lambda\boldsymbol{b})=\lambda(\boldsymbol{a}\times\boldsymbol{b}),\\
&(\lambda\boldsymbol{a})\times(\mu\boldsymbol{b})=(\lambda\mu)(\boldsymbol{a}\times\boldsymbol{b});
\end{aligned}
$$

(iii) 左、右分配律:

$$
\begin{aligned}
&\boldsymbol{c}\times(\boldsymbol{a}+\boldsymbol{b})=\boldsymbol{c}\times\boldsymbol{a}+\boldsymbol{c}\times\boldsymbol{b},\\
&(\boldsymbol{a}+\boldsymbol{b})\times\boldsymbol{c}=\boldsymbol{a}\times\boldsymbol{c}+\boldsymbol{b}\times\boldsymbol{c}.
\end{aligned}
$$

证明　(i) 按向量积模长和方向的定义, 不难看出, $\boldsymbol{a}\times\boldsymbol{b}$ 与 $\boldsymbol{b}\times\boldsymbol{a}$ 模长相同, 而方向相反. 因此 $\boldsymbol{a}\times\boldsymbol{b}=-\boldsymbol{b}\times\boldsymbol{a}$.

(ii) 当 $\lambda\mu=0$ 或 $\boldsymbol{a},\boldsymbol{b}$ 中有零向量时, 结合律自动成立. 现设 $\lambda\mu\neq 0$, 且 $\boldsymbol{a},\boldsymbol{b}$ 均不为零向量. 由数乘及向量积模长的定义, 如下计算得到

$$
\begin{aligned}
|(\lambda\boldsymbol{a})\times\boldsymbol{b}|&=|\lambda\boldsymbol{a}|\cdot|\boldsymbol{b}|\sin\angle(\lambda\boldsymbol{a},\boldsymbol{b})=|\lambda|\cdot|\boldsymbol{a}|\cdot|\boldsymbol{b}|\sin\angle(\boldsymbol{a},\boldsymbol{b})\\
&=|\lambda|\cdot|\boldsymbol{a}\times\boldsymbol{b}|=|\lambda(\boldsymbol{a}\times\boldsymbol{b})|.
\end{aligned}
$$

$\lambda>0$ 时, $\lambda\boldsymbol{a}$ 与 $\boldsymbol{a}$ 同向, 所以 $(\lambda\boldsymbol{a})\times\boldsymbol{b}$ 与 $\lambda(\boldsymbol{a}\times\boldsymbol{b})$ 同向; $\lambda<0$ 时, $(\lambda\boldsymbol{a})\times\boldsymbol{b}$ 与 $\boldsymbol{a}\times\boldsymbol{b}$ 反向, 从而 $(\lambda\boldsymbol{a})\times\boldsymbol{b}$ 与 $\lambda(\boldsymbol{a}\times\boldsymbol{b})$ 同向. 因此有 $(\lambda\boldsymbol{a})\times\boldsymbol{b}=\lambda(\boldsymbol{a}\times\boldsymbol{b})$. 结合反交换律又可得到 $\boldsymbol{a}\times(\lambda\boldsymbol{b})=\lambda(\boldsymbol{a}\times\boldsymbol{b})$, 进而也容易证得 $(\lambda\boldsymbol{a})\times(\mu\boldsymbol{b})=(\lambda\mu)(\boldsymbol{a}\times\boldsymbol{b})$.

(iii) 由于反交换律, 我们只需证其中一个即可. 下面证明右分配律.

当 $\boldsymbol{a}$, $\boldsymbol{b}$, $\boldsymbol{c}$ 中有零向量时, 或 $\boldsymbol{a}+\boldsymbol{b}$ 为零向量时, 结论显然成立. 当 $\boldsymbol{a}$, $\boldsymbol{b}$, $\boldsymbol{c}$, $\boldsymbol{a}+\boldsymbol{b}$ 都不为零时, 由性质 (ii), 我们只需对 $\boldsymbol{c}$ 为单位向量时证明右分配律.

$\boldsymbol{a},\boldsymbol{b}$ 位于与 $\boldsymbol{c}$ 垂直的平面内时: 如图 2.23 (a) 所示, 过向量 $\boldsymbol{c}$ 的起点 O 作一个平面 $\varPi$, 垂直于向量 $\boldsymbol{c}$ 所在直线. 将向量 $\boldsymbol{a}$ 的起点平移到 O, $\boldsymbol{b}$ 的起点移到 $\boldsymbol{a}$ 的终点. 则在平面 $\varPi$

内, 有 $\triangle OAB$, $\overrightarrow{OA}=\boldsymbol{a}$, $\overrightarrow{AB}=\boldsymbol{b}$, $\overrightarrow{OB}=\boldsymbol{a}+\boldsymbol{b}$. 在平面 Π 内, 将 $\triangle OAB$ 绕 O 点顺时针旋转 $\dfrac{\pi}{2}$, 得到 $\triangle OA^*B^*$. 由向量积的定义, 有

$$\overrightarrow{OA^*}=\boldsymbol{a}\times\boldsymbol{c},\quad \overrightarrow{A^*B^*}=\boldsymbol{b}\times\boldsymbol{c},\quad \overrightarrow{OB^*}=\overrightarrow{OB}\times\boldsymbol{c}=(\boldsymbol{a}+\boldsymbol{b})\times\boldsymbol{c}.$$

由于 $\overrightarrow{OB^*}=\overrightarrow{OA^*}+\overrightarrow{A^*B^*}$, 所以, 当 $\boldsymbol{a},\boldsymbol{b}$ 位于与 $\boldsymbol{c}$ 垂直的平面内时, 右分配律是成立的.

一般情形: 如图 2.23 (b) 所示, 过向量 $\boldsymbol{c}$ 的起点 O 作一个与 $\boldsymbol{c}$ 垂直的平面 Π. 将向量 $\boldsymbol{a}$ 的起点移到 O, $\boldsymbol{b}$ 的起点移到 $\boldsymbol{a}$ 的终点, 并记 $\boldsymbol{a}$ 在平面 Π 上的投影向量为 $\boldsymbol{a}^*$, $\boldsymbol{b}$ 在平面 Π 上的投影向量为 $\boldsymbol{b}^*$. 则向量 $\boldsymbol{a}+\boldsymbol{b}$ 在平面 Π 上的投影向量为 $\overrightarrow{OB^*}$. 从向量积的定义不难看出 (比较下面等式两端的向量的方向和长度)

$$\boldsymbol{a}\times\boldsymbol{c}=\boldsymbol{a}^*\times\boldsymbol{c},\quad \boldsymbol{b}\times\boldsymbol{c}=\boldsymbol{b}^*\times\boldsymbol{c},\quad (\boldsymbol{a}+\boldsymbol{b})\times\boldsymbol{c}=(\boldsymbol{a}^*+\boldsymbol{b}^*)\times\boldsymbol{c}.$$

注意到 $\boldsymbol{a}^*,\boldsymbol{b}^*$ 位于与 $\boldsymbol{c}$ 垂直的平面内, 由特殊情形的结论得到 $(\boldsymbol{a}^*+\boldsymbol{b}^*)\times\boldsymbol{c}=\boldsymbol{a}^*\times\boldsymbol{c}+\boldsymbol{b}^*\times\boldsymbol{c}$. 结合上式便完成了向量积右分配律的证明.

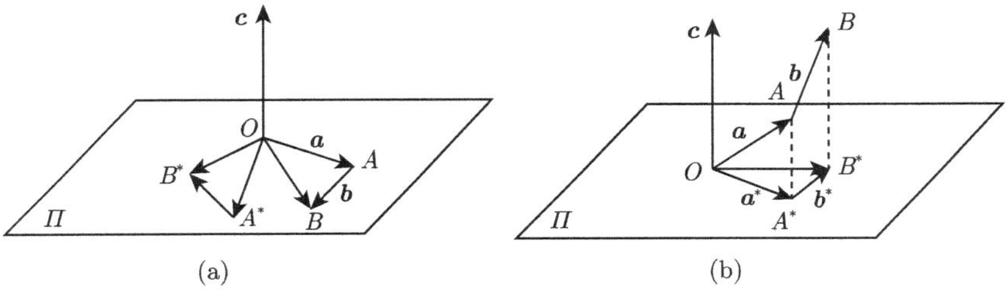

图 2.23 向量积的分配律

注 2.7 熟知实数的乘法运算是满足结合律的. 但三个向量的向量积不满足结合律, 即一般地 $(\boldsymbol{a}\times\boldsymbol{b})\times\boldsymbol{c}\neq\boldsymbol{a}\times(\boldsymbol{b}\times\boldsymbol{c})$. 例如对右手直角标架的坐标向量 $\boldsymbol{i},\boldsymbol{j},\boldsymbol{k}$, 计算得到

$$(\boldsymbol{i}\times\boldsymbol{j})\times(\boldsymbol{i}+\boldsymbol{j})=\boldsymbol{j}-\boldsymbol{i},\quad \boldsymbol{i}\times[\boldsymbol{j}\times(\boldsymbol{i}+\boldsymbol{j})]=\boldsymbol{j}.$$

显见 $\boldsymbol{j}-\boldsymbol{i}\neq\boldsymbol{j}$ (否则 $\boldsymbol{i}$ 为零向量, 这不可能). 由此, 不能出现形如 $\boldsymbol{a}\times\boldsymbol{b}\times\boldsymbol{c}$ 的表达式. 回忆上一节讲数量积时我们也曾注解过不能出现形如 $\boldsymbol{a}\cdot\boldsymbol{b}\cdot\boldsymbol{c}$ 的表达式.

3. 向量积的坐标表示

在直角标架 $\{O;\boldsymbol{i},\boldsymbol{j},\boldsymbol{k}\}$ 中, 设 $\boldsymbol{a}=(a_1,a_2,a_3)$, $\boldsymbol{b}=(b_1,b_2,b_3)$. 利用坐标向量的向量积 (2.4) 及向量积的运算性质直接计算不难验证

$$\boldsymbol{a}\times\boldsymbol{b}=\left(\begin{vmatrix}a_2&a_3\\b_2&b_3\end{vmatrix},\begin{vmatrix}a_3&a_1\\b_3&b_1\end{vmatrix},\begin{vmatrix}a_1&a_2\\b_1&b_2\end{vmatrix}\right).\tag{2.5}$$

为了便于记忆和口算, 可以在心中把两个向量的分量写成 $\begin{bmatrix}a_1&a_2&a_3\\b_1&b_2&b_3\end{bmatrix}$. 抹掉第一列, 剩下两列构成的二阶行列式作为向量积的第一分量; 抹掉第二列, 剩下两列交换次序构成的二阶行列式作为向量积的第二分量; 抹掉第三列, 剩下两列构成二阶行列式作为向量积的第三分量. 即计算第几个分量时就抹去第几列, 相邻两个二阶行列式中的相邻两列相同.

4. 向量积的几何意义

定理 2.19　两个向量 $\boldsymbol{a}$ 与 $\boldsymbol{b}$ 共线的充要条件是 $\boldsymbol{a}\times\boldsymbol{b}=\boldsymbol{0}$. 若 $\boldsymbol{a}$ 与 $\boldsymbol{b}$ 不共线, 则 $|\boldsymbol{a}\times\boldsymbol{b}|$ 表示以 $\boldsymbol{a}$, $\boldsymbol{b}$ 为邻边的平行四边形的面积.

证明　熟知零向量与任何向量共线. 又因若 $\boldsymbol{a}=\boldsymbol{0}$ 或 $\boldsymbol{b}=\boldsymbol{0}$, 则 $\boldsymbol{a}\times\boldsymbol{b}=\boldsymbol{0}$. 这说明当 $\boldsymbol{a},\boldsymbol{b}$ 中有零向量时, 结论自动成立. 现设 $\boldsymbol{a}\neq\boldsymbol{0}$, $\boldsymbol{b}\neq\boldsymbol{0}$. 则

$$\boldsymbol{a}\times\boldsymbol{b}=\boldsymbol{0}\Leftrightarrow|\boldsymbol{a}||\boldsymbol{b}|\sin\angle(\boldsymbol{a},\boldsymbol{b})=0\Leftrightarrow\sin\angle(\boldsymbol{a},\boldsymbol{b})=0\Leftrightarrow\boldsymbol{a}/\!/\boldsymbol{b}.$$

当 $\boldsymbol{a}$ 与 $\boldsymbol{b}$ 不共线时, 由 $|\boldsymbol{a}\times\boldsymbol{b}|=|\boldsymbol{a}||\boldsymbol{b}|\sin\angle(\boldsymbol{a},\boldsymbol{b})$ 立即可以看出它正是以 $\boldsymbol{a}$, $\boldsymbol{b}$ 为邻边的平行四边形的面积.

定理 2.19 给出了向量积的模 $|\boldsymbol{a}\times\boldsymbol{b}|$ 的几何意义, 由此可以得到平面上三角形面积甚至任意多边形面积的计算方法.

例 2.12　已知 $\boldsymbol{a},\boldsymbol{b}$ 是不共线向量. 证明:

$$(\boldsymbol{a}\times\boldsymbol{b})^2+(\boldsymbol{a}\cdot\boldsymbol{b})^2=\boldsymbol{a}^2\boldsymbol{b}^2.$$

并由此证明三角形面积的海伦 (Heron) 公式: $S_{\triangle ABC}=\sqrt{p(p-a)(p-b)(p-c)}$, 其中 a,b,c 是三角形三边的长, p 是它的周长之半.

证明　由数量积和向量积的定义有

$$\begin{aligned}(\boldsymbol{a}\times\boldsymbol{b})^2&=|\boldsymbol{a}|^2|\boldsymbol{b}|^2\sin^2\angle(\boldsymbol{a},\boldsymbol{b}),\\(\boldsymbol{a}\cdot\boldsymbol{b})^2&=|\boldsymbol{a}|^2|\boldsymbol{b}|^2\cos^2\angle(\boldsymbol{a},\boldsymbol{b}),\end{aligned}$$

两式相加得

$$(\boldsymbol{a}\times\boldsymbol{b})^2+(\boldsymbol{a}\cdot\boldsymbol{b})^2=|\boldsymbol{a}|^2|\boldsymbol{b}|^2=\boldsymbol{a}^2\boldsymbol{b}^2.$$

在 $\triangle ABC$ 中, 设 $\overrightarrow{AB}=\boldsymbol{c}$, $\overrightarrow{BC}=\boldsymbol{a}$, $\overrightarrow{CA}=\boldsymbol{b}$. 则有 $\boldsymbol{a}+\boldsymbol{b}+\boldsymbol{c}=\boldsymbol{0}$. 改写为 $\boldsymbol{a}+\boldsymbol{b}=-\boldsymbol{c}$, 两端平方得 $\boldsymbol{a}^2+2\boldsymbol{a}\cdot\boldsymbol{b}+\boldsymbol{b}^2=\boldsymbol{c}^2$. 从而得到 $\boldsymbol{a}\cdot\boldsymbol{b}=\dfrac{1}{2}(\boldsymbol{c}^2-\boldsymbol{a}^2-\boldsymbol{b}^2)$.

由向量积的几何意义知 $S_{\triangle ABC}=\dfrac{1}{2}|\boldsymbol{a}\times\boldsymbol{b}|$. 所以

$$\begin{aligned}(S_{\triangle ABC})^2&=\frac{1}{4}(\boldsymbol{a}\times\boldsymbol{b})^2=\frac{1}{4}[\boldsymbol{a}^2\boldsymbol{b}^2-(\boldsymbol{a}\cdot\boldsymbol{b})^2]\\&=\frac{1}{4}\left[\boldsymbol{a}^2\boldsymbol{b}^2-\frac{1}{4}(\boldsymbol{c}^2-\boldsymbol{a}^2-\boldsymbol{b}^2)^2\right].\end{aligned}$$

另外注意 $\boldsymbol{a}^2=|\boldsymbol{a}|^2=a^2$, $\boldsymbol{b}^2=|\boldsymbol{b}|^2=b^2$, $\boldsymbol{c}^2=|\boldsymbol{c}|^2=c^2$, $p=\dfrac{1}{2}(a+b+c)$. 将其代入上式化简整理即得 Heron 公式.

例 2.13　证明: $(\boldsymbol{a}-\boldsymbol{b})\times(\boldsymbol{a}+\boldsymbol{b})=2(\boldsymbol{a}\times\boldsymbol{b})$. 当 $\boldsymbol{a},\boldsymbol{b}$ 不共线时说明此式的几何意义.

证明　按照向量积乘法的左、右分配律如下计算得到

$$\begin{aligned}(\boldsymbol{a}-\boldsymbol{b})\times(\boldsymbol{a}+\boldsymbol{b})&=(\boldsymbol{a}-\boldsymbol{b})\times\boldsymbol{a}+(\boldsymbol{a}-\boldsymbol{b})\times\boldsymbol{b}\\&=\boldsymbol{a}\times\boldsymbol{a}-\boldsymbol{b}\times\boldsymbol{a}+\boldsymbol{a}\times\boldsymbol{b}-\boldsymbol{b}\times\boldsymbol{b}\\&=2(\boldsymbol{a}\times\boldsymbol{b}).\end{aligned}$$

当 $\boldsymbol{a},\boldsymbol{b}$ 不共线时, 由向量加法的平行四边形法则知 $\boldsymbol{a}-\boldsymbol{b}$ 与 $\boldsymbol{a}+\boldsymbol{b}$ 也不共线. 题设结论两端取模长即得其几何意义: 平行四边形面积的两倍等于以它的两条对角线为邻边的平行四边形的面积.

例 2.14 (1) 如图 2.24 所示, 已知单位向量 $\boldsymbol{e}$ 垂直于非零向量 $\boldsymbol{r}$. 将 $\boldsymbol{r}$ 绕 $\boldsymbol{e}$ 逆时针旋转角度 θ 得到向量 $\boldsymbol{r}_1$. 用 $\boldsymbol{e},\boldsymbol{r}$ 和 θ 表示 $\boldsymbol{r}_1$.

(2) 如图 2.25 所示, 给定不共线三点 O,P,A, 将点 P 绕向量 $\overrightarrow{OA}$ 逆时针旋转角度 θ 得到点 P_1. 用 $\overrightarrow{OA}, \overrightarrow{OP}$ 和 θ 表示 $\overrightarrow{OP_1}$.

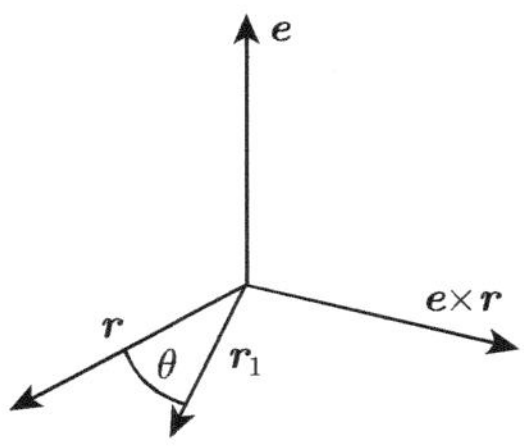

图 2.24 向量的旋转 a

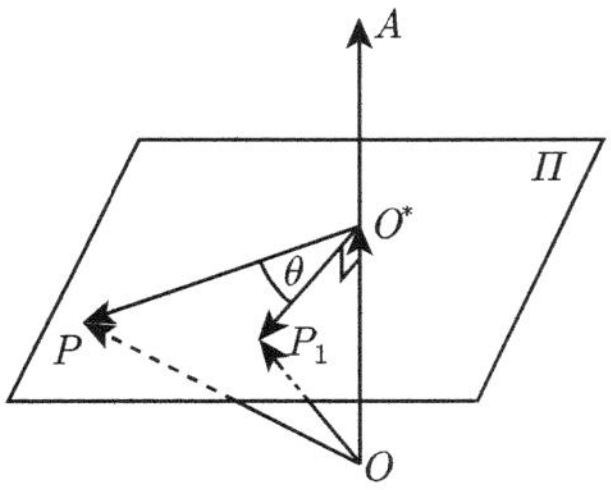

图 2.25 向量的旋转 b

解 (1) 因 $\boldsymbol{r}_1$ 由 $\boldsymbol{r}$ 旋转而得, 因此 $|\boldsymbol{r}_1|=|\boldsymbol{r}|$, 而且 $\boldsymbol{r},\boldsymbol{r}_1,\boldsymbol{e}\times\boldsymbol{r}$ 共面. 由于 $\boldsymbol{r}\perp\boldsymbol{e}\times\boldsymbol{r}$, 可设 $\boldsymbol{r}_1=\lambda\boldsymbol{r}+\mu(\boldsymbol{e}\times\boldsymbol{r})$. 两边分别与 $\boldsymbol{r}$ 和 $\boldsymbol{e}\times\boldsymbol{r}$ 求数量积, 得到 $\lambda=\cos\theta$, $\mu=\sin\theta$. 因此,

$$\boldsymbol{r}_1=\cos\theta\boldsymbol{r}+\sin\theta(\boldsymbol{e}\times\boldsymbol{r}).$$

(2) 过点 P 作一平面 Π 垂直于 OA, 交向量 $\overrightarrow{OA}$ 所在直线于点 O^*. 设 $\boldsymbol{e}=\dfrac{\overrightarrow{OA}}{|\overrightarrow{OA}|}$, $\boldsymbol{r}=\overrightarrow{O^*P}$. 由于 O,P,A 不共线, 则 P 与 O^* 不重合. 利用 (1) 的结果有

$$\overrightarrow{O^*P_1}=\cos\theta\boldsymbol{r}+\sin\theta(\boldsymbol{e}\times\boldsymbol{r}).$$

由作图知, $\boldsymbol{r}\perp\overrightarrow{O^*A}$, 所以向量 $\overrightarrow{OO^*}$ 是向量 $\overrightarrow{OP}$ 在向量 $\overrightarrow{OA}$ 上的投影向量. 故

$$\overrightarrow{OO^*}=\left(\mathrm{Proj}_{\overrightarrow{OA}}\overrightarrow{OP}\right)\boldsymbol{e}=\left(\overrightarrow{OP}\cdot\boldsymbol{e}\right)\boldsymbol{e}.$$

注意到 $\overrightarrow{OP_1}=\overrightarrow{OO^*}+\overrightarrow{O^*P_1}$, 且 $\boldsymbol{r}=\overrightarrow{OP}-\overrightarrow{OO^*}$. 因此

$$\begin{aligned}\overrightarrow{OP_1}=&\left(\overrightarrow{OP}\cdot\boldsymbol{e}\right)\boldsymbol{e}+\left[\overrightarrow{OP}-\left(\overrightarrow{OP}\cdot\boldsymbol{e}\right)\boldsymbol{e}\right]\cos\theta+\boldsymbol{e}\times(\overrightarrow{OP}-\overrightarrow{OO^*})\sin\theta\\=&(1-\cos\theta)\frac{\overrightarrow{OP}\cdot\overrightarrow{OA}}{|\overrightarrow{OA}|^2}\overrightarrow{OA}+\cos\theta\overrightarrow{OP}+\frac{\sin\theta}{|\overrightarrow{OA}|}(\overrightarrow{OA}\times\overrightarrow{OP}).\end{aligned}$$

2.4.2 混合积

前面介绍的数量积和向量积是两个向量的乘法运算. 对于三个向量 $\boldsymbol{a}$, $\boldsymbol{b}$, $\boldsymbol{c}$, 根据数量积和向量积的结合次序不同, 其中有两种运算: $(\boldsymbol{a}\times\boldsymbol{b})\times\boldsymbol{c}$ 和 $(\boldsymbol{a}\times\boldsymbol{b})\cdot\boldsymbol{c}$ (其他结合方式请读者自己思考). $(\boldsymbol{a}\times\boldsymbol{b})\times\boldsymbol{c}$ 实质上也是向量积, 称为**双重向量积**, 而 $(\boldsymbol{a}\times\boldsymbol{b})\cdot\boldsymbol{c}$ 表示 $\boldsymbol{a}$ 与 $\boldsymbol{b}$ 作向量积后得到的向量再与 $\boldsymbol{c}$ 作数量积, 称为**混合积**. 虽然混合积与双重向量积并非新的运算, 但它们都有很重要的应用. 下面分别介绍混合积与双重向量积.

1. 混合积的定义及几何意义

$(\boldsymbol{a}\times\boldsymbol{b})\cdot\boldsymbol{c}$ 称为三个向量 $\boldsymbol{a},\boldsymbol{b},\boldsymbol{c}$ 的**混合积**, 记为 $(\boldsymbol{a},\boldsymbol{b},\boldsymbol{c})$, 即

$$(\boldsymbol{a},\boldsymbol{b},\boldsymbol{c})=(\boldsymbol{a}\times\boldsymbol{b})\cdot\boldsymbol{c}.$$

如下面两个定理所述, 混合积为零或不为零分别有着明确的几何意义.

定理 2.20　三个向量 $\boldsymbol{a}$, $\boldsymbol{b}$, $\boldsymbol{c}$ 共面的充要条件是 $(\boldsymbol{a},\boldsymbol{b},\boldsymbol{c})=0$.

证明　$\Longrightarrow$ 若 $\boldsymbol{a}$, $\boldsymbol{b}$, $\boldsymbol{c}$ 共面, 当 $\boldsymbol{a}$, $\boldsymbol{b}$, $\boldsymbol{c}$ 中有零向量或有两个共线时, 显然有 $(\boldsymbol{a},\ \boldsymbol{b},\ \boldsymbol{c})=0$. 当 $\boldsymbol{a}$, $\boldsymbol{b}$, $\boldsymbol{c}$ 皆非零向量且无二者共线时, 由 $\boldsymbol{a}\times\boldsymbol{b}\perp\boldsymbol{a}$, $\boldsymbol{a}\times\boldsymbol{b}\perp\boldsymbol{b}$ 得到 $\boldsymbol{a}\times\boldsymbol{b}\perp\boldsymbol{c}$, 即 $(\boldsymbol{a},\ \boldsymbol{b},\ \boldsymbol{c})=0$.

$\Longleftarrow$ 若 $(\boldsymbol{a},\ \boldsymbol{b},\ \boldsymbol{c})=0$, 由定义知 $(\boldsymbol{a}\times\boldsymbol{b})\cdot\boldsymbol{c}=0$. 于是有: ① $\boldsymbol{a}\times\boldsymbol{b}=\boldsymbol{0}$; 或 ② $\boldsymbol{c}=\boldsymbol{0}$; 或 ③ $\boldsymbol{a}\times\boldsymbol{b}\perp\boldsymbol{c}$. 由 ① 可得 $\boldsymbol{a}=\boldsymbol{0}$ 或 $\boldsymbol{b}=\boldsymbol{0}$ 或非零向量 $\boldsymbol{a},\boldsymbol{b}$ 共线, 因此情形 ①, ② 都可推知 $\boldsymbol{a}$, $\boldsymbol{b}$, $\boldsymbol{c}$ 共面. 情形 ③ 时结合 $\boldsymbol{a}\times\boldsymbol{b}\perp\boldsymbol{a}$, $\boldsymbol{a}\times\boldsymbol{b}\perp\boldsymbol{b}$, 得知三个非零向量 $\boldsymbol{a}$, $\boldsymbol{b}$, $\boldsymbol{c}$ 同时垂直于另一个非零向量 $\boldsymbol{a}\times\boldsymbol{b}$, 所以 $\boldsymbol{a}$, $\boldsymbol{b}$, $\boldsymbol{c}$ 共面.

定理 2.21 (混合积的几何意义)　设 $\boldsymbol{a},\boldsymbol{b},\boldsymbol{c}$ 是三个不共面向量, 以 $\boldsymbol{a},\boldsymbol{b},\boldsymbol{c}$ 为邻边的平行六面体的体积记为 V. 则 $(\boldsymbol{a},\boldsymbol{b},\boldsymbol{c})=\pm V$, 其中 $\{\boldsymbol{a},\boldsymbol{b},\boldsymbol{c}\}$ 为右手系时取正号, 为左手系时取负号.

证明　当 $\{\boldsymbol{a},\boldsymbol{b},\boldsymbol{c}\}$ 为右手系时, $0\leqslant\angle(\boldsymbol{a}\times\boldsymbol{b},\boldsymbol{c})<\dfrac{\pi}{2}$ (图 2.26(a)). 以 $\boldsymbol{a},\boldsymbol{b}$ 为邻边的平行四边形的面积为 $S=|\boldsymbol{a}\times\boldsymbol{b}|$. 又平行六面体的高为 $h=|\boldsymbol{c}|\cos\angle(\boldsymbol{a}\times\boldsymbol{b},\boldsymbol{c})$, 所以

$$V=Sh=|\boldsymbol{a}\times\boldsymbol{b}|\cdot|\boldsymbol{c}|\cos\angle(\boldsymbol{a}\times\boldsymbol{b},\boldsymbol{c})=(\boldsymbol{a}\times\boldsymbol{b})\cdot\boldsymbol{c}.$$

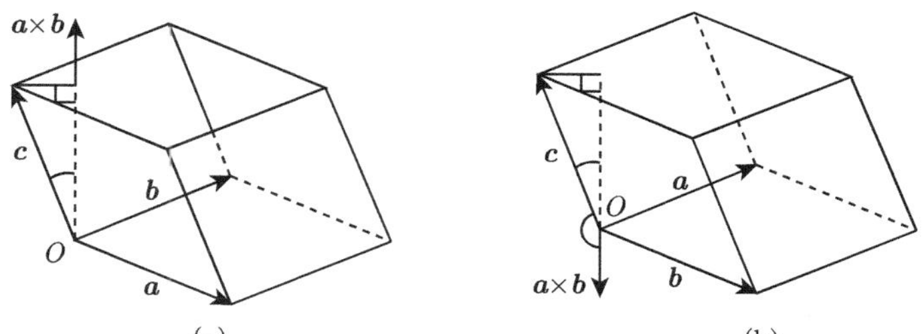

图 2.26　混合积的几何意义

当 $\{\boldsymbol{a},\boldsymbol{b},\boldsymbol{c}\}$ 为左手系时, $\dfrac{\pi}{2}<\angle(\boldsymbol{a}\times\boldsymbol{b},\boldsymbol{c})\leqslant\pi$ (图 2.26(b)). 这时, 平行六面体的高为

$$h=|\boldsymbol{c}|\cos(\pi-\angle(\boldsymbol{a}\times\boldsymbol{b},\boldsymbol{c}))=-|\boldsymbol{c}|\cos\angle(\boldsymbol{a}\times\boldsymbol{b},\boldsymbol{c}).$$

所以, $V=-(\boldsymbol{a}\times\boldsymbol{b})\cdot\boldsymbol{c}$. 故结论成立.

推论 2.22　设 $\boldsymbol{a},\boldsymbol{b},\boldsymbol{c}$ 是三个不共面向量. 则 $\{\boldsymbol{a},\boldsymbol{b},\boldsymbol{c}\}$ 为右手系当且仅当 $(\boldsymbol{a},\boldsymbol{b},\boldsymbol{c})>0$; $\{\boldsymbol{a},\boldsymbol{b},\boldsymbol{c}\}$ 为左手系当且仅当 $(\boldsymbol{a},\boldsymbol{b},\boldsymbol{c})<0$.

2. 混合积的运算性质

根据混合积的定义和它的几何意义可以得到混合积的下列运算性质.

定理 2.23 设 $\boldsymbol{a},\boldsymbol{b},\boldsymbol{c},\boldsymbol{d}$ 是任意向量, λ,μ 是任意实数. 则下列结论成立.

(i) 轮换不改变混合积, 即

$$(\boldsymbol{a},\ \boldsymbol{b},\ \boldsymbol{c})=(\boldsymbol{b},\ \boldsymbol{c},\ \boldsymbol{a})=(\boldsymbol{c},\ \boldsymbol{a},\ \boldsymbol{b});$$

(ii) 对调改变混合积符号, 即

$$(\boldsymbol{a},\boldsymbol{b},\boldsymbol{c})=-(\boldsymbol{b},\boldsymbol{a},\boldsymbol{c})=-(\boldsymbol{a},\boldsymbol{c},\boldsymbol{b})=-(\boldsymbol{c},\boldsymbol{b},\boldsymbol{a}),$$

特别地, 混合积中只要有两个因子相同, 混合积必为零;

(iii) $(\lambda\boldsymbol{a}+\mu\boldsymbol{b},\boldsymbol{c},\boldsymbol{d})=\lambda(\boldsymbol{a},\boldsymbol{c},\boldsymbol{d})+\mu(\boldsymbol{b},\boldsymbol{c},\boldsymbol{d})$.

证明 无论是轮换还是对调都不改变平行六面体的体积. 轮换把右 (或左) 手系仍然变成右 (或左) 手系, 而对调却把右 (或左) 手系变成左 (或右) 手系. 因此性质 (i), (ii) 成立. 至于性质 (iii) 只要结合数量积和向量积的相应性质是明显成立的.

上述性质 (i) 说明三向量的混合积是由三向量的循环顺序决定的, 与哪个向量排在第一个无关. 同时, 由 (i) 有 $(\boldsymbol{a},\boldsymbol{b},\boldsymbol{c})=(\boldsymbol{b},\boldsymbol{c},\boldsymbol{a})$, 即 $(\boldsymbol{a}\times\boldsymbol{b})\cdot\boldsymbol{c}=\boldsymbol{a}\cdot(\boldsymbol{b}\times\boldsymbol{c})$. 这说明计算三向量的混合积 $(\boldsymbol{a},\boldsymbol{b},\boldsymbol{c})$ 时, 可以先将前两个向量作向量积, 也可以先将后两个向量作向量积.

3. 混合积的坐标表示

在右手直角标架 $\{O;\boldsymbol{i},\boldsymbol{j},\boldsymbol{k}\}$ 下, 设 $\boldsymbol{a}=(a_1,a_2,a_3)$, $\boldsymbol{b}=(b_1,b_2,b_3)$, $\boldsymbol{c}=(c_1,c_2,c_3)$. 利用向量积的坐标计算公式 (2.5), 得到

$$\begin{aligned}(\boldsymbol{a},\boldsymbol{b},\boldsymbol{c})&=(\boldsymbol{a}\times\boldsymbol{b})\cdot\boldsymbol{c}\\&=c_1\begin{vmatrix}a_2&a_3\\b_2&b_3\end{vmatrix}-c_2\begin{vmatrix}a_1&a_3\\b_1&b_3\end{vmatrix}+c_3\begin{vmatrix}a_1&a_2\\b_1&b_2\end{vmatrix}\\&=\begin{vmatrix}a_1&a_2&a_3\\b_1&b_2&b_3\\c_1&c_2&c_3\end{vmatrix}.\end{aligned}$$

例 2.15 已知三个非零向量 $\boldsymbol{a},\boldsymbol{b},\boldsymbol{c}$. 证明 $|(\boldsymbol{a},\boldsymbol{b},\boldsymbol{c})|\leqslant|\boldsymbol{a}|\cdot|\boldsymbol{b}|\cdot|\boldsymbol{c}|$, 并分析等号成立的充要条件.

证明 按照数量积、向量积和混合积的定义, 有

$$\begin{aligned}|(\boldsymbol{a},\boldsymbol{b},\boldsymbol{c})|=|(\boldsymbol{a}\times\boldsymbol{b})\cdot\boldsymbol{c}|&=|\boldsymbol{a}\times\boldsymbol{b}|\cdot|\boldsymbol{c}|\cdot|\cos\angle(\boldsymbol{a}\times\boldsymbol{b},\boldsymbol{c})|\\&=|\boldsymbol{a}|\cdot|\boldsymbol{b}|\cdot|\boldsymbol{c}|\cdot\sin\angle(\boldsymbol{a},\boldsymbol{b})\cdot|\cos\angle(\boldsymbol{a}\times\boldsymbol{b},\boldsymbol{c})|\\&\leqslant|\boldsymbol{a}|\cdot|\boldsymbol{b}|\cdot|\boldsymbol{c}|.\end{aligned}$$

等号成立当且仅当

$$\begin{cases}\sin\angle(\boldsymbol{a},\boldsymbol{b})=1,\\\cos\angle(\boldsymbol{a}\times\boldsymbol{b},\boldsymbol{c})=\pm1\end{cases}\Leftrightarrow\begin{cases}\angle(\boldsymbol{a},\boldsymbol{b})=\dfrac{\pi}{2},\\\angle(\boldsymbol{a}\times\boldsymbol{b},\boldsymbol{c})=0\text{ 或 }\pi\end{cases}\Leftrightarrow\begin{cases}\boldsymbol{a}\perp\boldsymbol{b},\\\boldsymbol{a}\times\boldsymbol{b}/\!/\boldsymbol{c}.\end{cases}$$

即等号成立当且仅当 $\boldsymbol{a},\boldsymbol{b},\boldsymbol{c}$ 两两互相垂直. 不等式的几何意义是斜平行六面体的体积不会超过等棱长的直平行六面体的体积.

根据向量积和混合积的几何意义, 向量积与混合积可用于解决下列几何问题: ① 求平面上多边形的面积; ② 求空间中多面体的体积; ③ 证明三点共线或四点共面. 读者可通过做适量的练习以加深理解和熟练掌握这些方法.

2.4.3　向量的几何分解和表示

1. 仿射标架下的分解

给定空间仿射标架 $\{O;\boldsymbol{e}_1,\boldsymbol{e}_2,\boldsymbol{e}_3\}$ 及任一空间向量 $\boldsymbol{a}$, 根据空间向量的唯一分解定理 2.6, 唯一存在三个不全为零的实数 x,y,z, 使得

$$\boldsymbol{a}=x\boldsymbol{e}_1+y\boldsymbol{e}_2+z\boldsymbol{e}_3. \tag{2.6}$$

这一定性结论只告诉我们 x,y,z 的存在性和唯一性. 现在利用数量积和向量积 (或直接用混合积) 可以将这三个实数表示出来.

为了确定系数 x, 我们用向量 $\boldsymbol{e}_2,\boldsymbol{e}_3$ 与分解式 (2.6) 两端作混合积 (读者一定要想一想此处为什么选择 $\boldsymbol{e}_2,\boldsymbol{e}_3$) 得到

$$(\boldsymbol{a},\boldsymbol{e}_2,\boldsymbol{e}_3)=(x\boldsymbol{e}_1+y\boldsymbol{e}_2+z\boldsymbol{e}_3,\boldsymbol{e}_2,\boldsymbol{e}_3)=x(\boldsymbol{e}_1,\boldsymbol{e}_2,\boldsymbol{e}_3).$$

由于 $\boldsymbol{e}_1,\boldsymbol{e}_2,\boldsymbol{e}_3$ 不共面, 所以 $(\boldsymbol{e}_1,\boldsymbol{e}_2,\boldsymbol{e}_3)\neq 0$. 因此得

$$x=\frac{(\boldsymbol{a},\boldsymbol{e}_2,\boldsymbol{e}_3)}{(\boldsymbol{e}_1,\boldsymbol{e}_2,\boldsymbol{e}_3)}. \tag{2.7}$$

同理可得

$$y=\frac{(\boldsymbol{e}_1,\boldsymbol{a},\boldsymbol{e}_3)}{(\boldsymbol{e}_1,\boldsymbol{e}_2,\boldsymbol{e}_3)},\quad z=\frac{(\boldsymbol{e}_1,\boldsymbol{e}_2,\boldsymbol{a})}{(\boldsymbol{e}_1,\boldsymbol{e}_2,\boldsymbol{e}_3)}. \tag{2.8}$$

上述求分解系数的基本思路是通过数量积和向量积 (或混合积) 把向量代数式转化成数量代数式, 然后解方程即可确定系数. 这种做法通常称为**待定系数法**.

如果在空间直角坐标系中将上述向量运算用坐标表示, 则分解式 (2.6) 是一个以 x,y,z 为未知量的线性方程组, 其系数矩阵可逆. 此时, 式 (2.7), 式 (2.8) 正是该方程组的唯一解. 这个结果在代数中称为**克拉默法则**.

2. 正交标架下的分解

把仿射标架特殊地取成右手直角标架 $\{O;\boldsymbol{i},\boldsymbol{j},\boldsymbol{k}\}$, 由于 $(\boldsymbol{i},\boldsymbol{j},\boldsymbol{k})=1$, 再利用坐标向量的向量积公式 (2.4) 以及混合积关于轮换和调换的运算性质, 不难把上述分解系数简化成

$$x=\boldsymbol{a}\cdot\boldsymbol{i},\quad y=\boldsymbol{a}\cdot\boldsymbol{j},\quad z=\boldsymbol{a}\cdot\boldsymbol{k}.$$

当然, 在直角标架下, 完全可仿照仿射标架时的待定系数法, 只用数量积 (而不需用向量积或混合积) 就可得到上述分解系数. 事实上, 设 $\boldsymbol{a}=x\boldsymbol{i}+y\boldsymbol{j}+z\boldsymbol{k}$, 此式两边分别与 $\boldsymbol{i},\boldsymbol{j},\boldsymbol{k}$ 求数量积, 并应用坐标向量的数量积公式 (2.2) 便可得到分解系数. 从而, 空间任一向量 $\boldsymbol{a}$ 在直角标架 $\{O;\boldsymbol{i},\boldsymbol{j},\boldsymbol{k}\}$ 下可唯一分解成

$$\boldsymbol{a}=(\boldsymbol{a}\cdot\boldsymbol{i})\,\boldsymbol{i}+(\boldsymbol{a}\cdot\boldsymbol{j})\,\boldsymbol{j}+(\boldsymbol{a}\cdot\boldsymbol{k})\,\boldsymbol{k}.$$

下面我们更进一步解释上述分解的几何意义. 实际上, 将向量 $\boldsymbol{a}$ 的起点移到直角标架的原点 O, 那么求向量 $\boldsymbol{a}$ 在直角标架 $\{O;\boldsymbol{i},\boldsymbol{j},\boldsymbol{k}\}$ 下的分解系数也就是求点 P 的坐标. 为此, 过点 P 作三个平面分别与三个坐标面平行, 顺次交 x 轴、y 轴、z 轴于 A,B,C (图 2.27). 则 A,B,C 分别在 x 轴、y 轴、z 轴上的坐标 x,y,z 即为点 P 的坐标. 于是

$$x=\boldsymbol{a}\cdot\boldsymbol{i}=\mathrm{Proj}_{\boldsymbol{i}}\boldsymbol{a},$$

$$y=\boldsymbol{a}\cdot\boldsymbol{j}=\mathrm{Proj}_{\boldsymbol{j}}\boldsymbol{a},$$

$$z=\boldsymbol{a}\cdot\boldsymbol{k}=\mathrm{Proj}_{\boldsymbol{k}}\boldsymbol{a}.$$

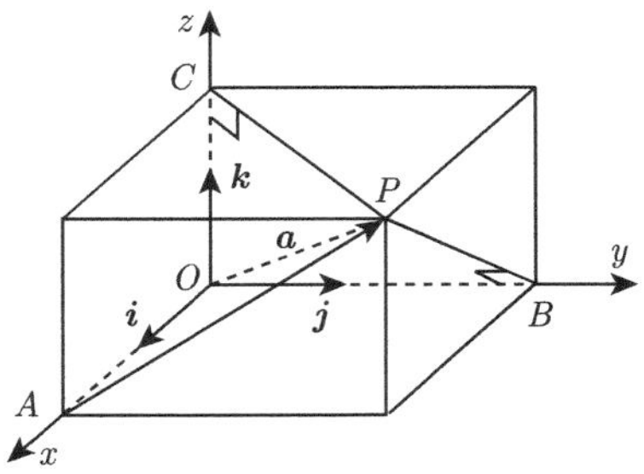

图 2.27 向量的投影法分解

代入到分解式即得

$$\boldsymbol{a}=(\mathrm{Proj}_{\boldsymbol{i}}\boldsymbol{a})\,\boldsymbol{i}+(\mathrm{Proj}_{\boldsymbol{j}}\boldsymbol{a})\,\boldsymbol{j}+(\mathrm{Proj}_{\boldsymbol{k}}\boldsymbol{a})\,\boldsymbol{k}.$$

上式右端三个向量恰好是向量 $\boldsymbol{a}$ 分别在三个坐标轴上的投影向量, 其分解系数恰好是 $\boldsymbol{a}$ 在三条坐标轴上的投影. 因此, 几何上称这种分解为**投影法**.

2.4.4 双重向量积

三个向量 $\boldsymbol{a},\boldsymbol{b},\boldsymbol{c}$ 的形如 $(\boldsymbol{a}\times\boldsymbol{b})\times\boldsymbol{c}$ 的运算称为**双重向量积**. 下面定理把双重向量积转化为数量积的计算.

定理 2.24 $(\boldsymbol{a}\times\boldsymbol{b})\times\boldsymbol{c}=(\boldsymbol{a}\cdot\boldsymbol{c})\boldsymbol{b}-(\boldsymbol{b}\cdot\boldsymbol{c})\boldsymbol{a}$.

利用直角标架下数量积和向量积的坐标表示, 通过代数运算证明该定理是不难的. 直接用向量法的证明在大多数的解析几何教材中都能找到. 下面我们给出一种应用正交化过程的证明方法. 很难说这种做法对证明该定理是简单的, 但方法的多样性也能体现向量代数的灵活性.

证明 若 $\boldsymbol{a},\boldsymbol{b}$ 是共线向量时, 结论自动成立.

对两个不共线向量 $\boldsymbol{a},\boldsymbol{b}$, 应用 2.3 节讲到的正交化过程, 令

$$\boldsymbol{e}_1=\frac{\boldsymbol{a}}{|\boldsymbol{a}|},\quad \boldsymbol{e}_2=\frac{\boldsymbol{b}_{\boldsymbol{a}}^{\perp}}{|\boldsymbol{b}_{\boldsymbol{a}}^{\perp}|}=\frac{\boldsymbol{b}-\dfrac{\boldsymbol{a}\cdot\boldsymbol{b}}{|\boldsymbol{a}|^2}\boldsymbol{a}}{\left|\boldsymbol{b}-\dfrac{\boldsymbol{a}\cdot\boldsymbol{b}}{|\boldsymbol{a}|^2}\boldsymbol{a}\right|}.$$

记 $\boldsymbol{e}_3=\boldsymbol{e}_1\times\boldsymbol{e}_2$, 我们就得到了一个右手直角标架 $\{O;\boldsymbol{e}_1,\boldsymbol{e}_2,\boldsymbol{e}_3\}$.

用 $\boldsymbol{e}_1,\boldsymbol{e}_2$ 的上述表达式直接计算得到

$$\boldsymbol{e}_3=\frac{\boldsymbol{a}\times\boldsymbol{b}}{\sqrt{|\boldsymbol{a}|^2|\boldsymbol{b}|^2-(\boldsymbol{a}\cdot\boldsymbol{b})^2}},$$

换种写法即

$$\boldsymbol{a}\times\boldsymbol{b}=\sqrt{|\boldsymbol{a}|^2|\boldsymbol{b}|^2-(\boldsymbol{a}\cdot\boldsymbol{b})^2}\,\boldsymbol{e}_3.$$

将 $\boldsymbol{c}$ 在正交标架 $\{O;\boldsymbol{e}_1,\boldsymbol{e}_2,\boldsymbol{e}_3\}$ 下分解得

$$\boldsymbol{c}=(\boldsymbol{c}\cdot\boldsymbol{e}_1)\boldsymbol{e}_1+(\boldsymbol{c}\cdot\boldsymbol{e}_2)\boldsymbol{e}_2+(\boldsymbol{c}\cdot\boldsymbol{e}_3)\boldsymbol{e}_3.$$

于是,

$$\begin{aligned}(\boldsymbol{a}\times\boldsymbol{b})\times\boldsymbol{c}&=\sqrt{|\boldsymbol{a}|^2|\boldsymbol{b}|^2-(\boldsymbol{a}\cdot\boldsymbol{b})^2}\boldsymbol{e}_3\times((\boldsymbol{c}\cdot\boldsymbol{e}_1)\boldsymbol{e}_1+(\boldsymbol{c}\cdot\boldsymbol{e}_2)\boldsymbol{e}_2+(\boldsymbol{c}\cdot\boldsymbol{e}_3)\boldsymbol{e}_3)\\&=\sqrt{|\boldsymbol{a}|^2|\boldsymbol{b}|^2-(\boldsymbol{a}\cdot\boldsymbol{b})^2}\boldsymbol{e}_3\times((\boldsymbol{c}\cdot\boldsymbol{e}_1)\boldsymbol{e}_1+(\boldsymbol{c}\cdot\boldsymbol{e}_2)\boldsymbol{e}_2)\\&=\sqrt{|\boldsymbol{a}|^2|\boldsymbol{b}|^2-(\boldsymbol{a}\cdot\boldsymbol{b})^2}((\boldsymbol{c}\cdot\boldsymbol{e}_1)\boldsymbol{e}_2-(\boldsymbol{c}\cdot\boldsymbol{e}_2)\boldsymbol{e}_1)\\&=\cdots=(\boldsymbol{a}\cdot\boldsymbol{c})\boldsymbol{b}-(\boldsymbol{b}\cdot\boldsymbol{c})\boldsymbol{a}.\end{aligned}$$

请读者补充中间的验证过程就完成了定理的证明.

例 2.16　由双重向量积公式, 我们可以得到下面两个恒等式.

(i) Jacobi 恒等式:

$$(\boldsymbol{a}\times\boldsymbol{b})\times\boldsymbol{c}+(\boldsymbol{b}\times\boldsymbol{c})\times\boldsymbol{a}+(\boldsymbol{c}\times\boldsymbol{a})\times\boldsymbol{b}=\boldsymbol{0};$$

(ii) Lagrange 恒等式:

$$(\boldsymbol{a}\times\boldsymbol{b})\cdot(\boldsymbol{c}\times\boldsymbol{d})=(\boldsymbol{a}\cdot\boldsymbol{c})(\boldsymbol{b}\cdot\boldsymbol{d})-(\boldsymbol{a}\cdot\boldsymbol{d})(\boldsymbol{b}\cdot\boldsymbol{c}).$$

证明　我们只证明 Lagrange 恒等式, Jacobi 恒等式留给读者练习. 利用混合积的定义及双重向量积的公式, 如下计算:

$$\begin{aligned}(\boldsymbol{a}\times\boldsymbol{b})\cdot(\boldsymbol{c}\times\boldsymbol{d})&=\boldsymbol{a}\cdot[\boldsymbol{b}\times(\boldsymbol{c}\times\boldsymbol{d})]\\&=\boldsymbol{a}\cdot[(\boldsymbol{b}\cdot\boldsymbol{d})\boldsymbol{c}-(\boldsymbol{b}\cdot\boldsymbol{c})\boldsymbol{d}]\\&=(\boldsymbol{a}\cdot\boldsymbol{c})(\boldsymbol{b}\cdot\boldsymbol{d})-(\boldsymbol{a}\cdot\boldsymbol{d})(\boldsymbol{b}\cdot\boldsymbol{c}).\end{aligned}$$

习　题　2.4

1. 设三角形 ABC 的三个顶点为 $A(5,1,-1)$, $B(0,-4,3)$ 和 $C(1,-3,7)$. 求 $\triangle ABC$ 的面积和 BC 边上的高.

2. 已知 $|\boldsymbol{a}|=1$, $|\boldsymbol{b}|=5$, $\boldsymbol{a}\cdot\boldsymbol{b}=-3$. 求

(1) $(\boldsymbol{a}\times\boldsymbol{b})^2$;　(2) $[(2\boldsymbol{a}+\boldsymbol{b})\times(\boldsymbol{a}+2\boldsymbol{b})]^2$;　(3) $|(\boldsymbol{a}+3\boldsymbol{b})\times(3\boldsymbol{a}-\boldsymbol{b})|$.

3. 已知 $\boldsymbol{a}=(2,-3,1)$, $\boldsymbol{b}=(1,-2,3)$. 求与 $\boldsymbol{a},\boldsymbol{b}$ 都垂直, 且满足下列条件之一的向量 $\boldsymbol{c}$:

(1) $\boldsymbol{c}$ 为单位向量;

(2) $\boldsymbol{c}\cdot\boldsymbol{d}=10$, 其中 $\boldsymbol{d}=(2,1,-7)$.

4. 设 $\boldsymbol{a},\boldsymbol{b}$ 不共线. 求实数 k 使得 $k\boldsymbol{a}+\boldsymbol{b}$ 与 $\boldsymbol{a}+k\boldsymbol{b}$ 共线.

5. 证明下列结论.

(1) 如果 $\boldsymbol{a}+\boldsymbol{b}+\boldsymbol{c}=\boldsymbol{0}$, 那么 $\boldsymbol{a}\times\boldsymbol{b}=\boldsymbol{b}\times\boldsymbol{c}=\boldsymbol{c}\times\boldsymbol{a}$, 并说明它的几何意义;

(2) 如果 $\boldsymbol{a}\times\boldsymbol{b}=\boldsymbol{c}\times\boldsymbol{d}$, $\boldsymbol{a}\times\boldsymbol{c}=\boldsymbol{b}\times\boldsymbol{d}$, 那么 $\boldsymbol{a}-\boldsymbol{d}$ 与 $\boldsymbol{b}-\boldsymbol{c}$ 共线;

(3) 如果非零向量 $\boldsymbol{r}_i$ $(i=1,2,3)$ 满足 $\boldsymbol{r}_1=\boldsymbol{r}_2\times\boldsymbol{r}_3$, $\boldsymbol{r}_2=\boldsymbol{r}_3\times\boldsymbol{r}_1$, $\boldsymbol{r}_3=\boldsymbol{r}_1\times\boldsymbol{r}_2$, 那么 $\boldsymbol{r}_1,\boldsymbol{r}_2,\boldsymbol{r}_3$ 是彼此垂直的单位向量, 且按这个顺序构成右手系.

6. 设四面体的顶点为 $A(1,2,0)$, $B(-1,3,4)$, $C(-1,-2,-3)$ 和 $D(0,-1,3)$. 求它的体积.

7. 用向量证明三角形的正弦定理: $\dfrac{a}{\sin A}=\dfrac{b}{\sin B}=\dfrac{c}{\sin C}$.

8. 若 $\boldsymbol{a},\boldsymbol{b}$ 不共线, 证明 $\boldsymbol{a}\times(\boldsymbol{a}\times\boldsymbol{b})$ 与 $\boldsymbol{b}\times(\boldsymbol{a}\times\boldsymbol{b})$ 不共线.

9. 设 $\boldsymbol{a},\boldsymbol{b},\boldsymbol{c}$ 不共面, 且 $\boldsymbol{r}$ 满足 $\boldsymbol{a}\cdot\boldsymbol{r}=\lambda$, $\boldsymbol{b}\cdot\boldsymbol{r}=\mu$, $\boldsymbol{c}\cdot\boldsymbol{r}=\nu$. 证明:

$$\boldsymbol{r}=\frac{1}{(\boldsymbol{a},\boldsymbol{b},\boldsymbol{c})}[\lambda(\boldsymbol{b}\times\boldsymbol{c})+\mu(\boldsymbol{c}\times\boldsymbol{a})+\nu(\boldsymbol{a}\times\boldsymbol{b})].$$

10. 按下列条件判断 $\boldsymbol{a},\boldsymbol{b}$ 的关系:

(1) $\boldsymbol{a}$ 与 $\boldsymbol{a}\times\boldsymbol{b}$ 共线; (2) $\boldsymbol{a},\boldsymbol{b},\boldsymbol{a}\times\boldsymbol{b}$ 共面.

11. 举例说明向量积不满足消去律, 即若 $\boldsymbol{a}\times\boldsymbol{c}=\boldsymbol{b}\times\boldsymbol{c}$, 且 $\boldsymbol{c}\neq\boldsymbol{0}$, 则未必有 $\boldsymbol{a}=\boldsymbol{b}$.

12. 设 $(\boldsymbol{a},\boldsymbol{b},\boldsymbol{c})\neq 0$. 求向量方程组 $\boldsymbol{a}\cdot\boldsymbol{x}=l$, $\boldsymbol{b}\cdot\boldsymbol{x}=m$, $\boldsymbol{c}\cdot\boldsymbol{x}=n$ 的解 $\boldsymbol{x}$.

13. 在直角标架 $\{O;\boldsymbol{i},\boldsymbol{j},\boldsymbol{k}\}$ 中:

(1) 求 $\boldsymbol{j}$ 绕 z 轴逆时针旋转 30° 角所得的向量;

(2) 设 $\boldsymbol{a}=(1,-2,3)$, 求 $\boldsymbol{a}$ 绕 z 轴逆时针旋转 45° 角所得的向量.

14. 用待定系数法证明定理 2.24.(提示: 先证明 $\boldsymbol{c}=\boldsymbol{b}$ 时的情形)

第 3 章　平面与空间直线

通过空间中线性无关的向量组建立仿射标架后，空间中的点可以用它的坐标表出. 也就是说, 几何中最基本的研究对象 —— 点已经被代数化了. 自然地, 由点组成的集合 —— 直线和平面也与坐标有着密切的关系. 本章我们的主要目的是将直线和平面代数化, 即给出直线和平面的方程, 并研究直线和平面的各种位置关系及相应的度量问题. 在这些工作中, 我们将充分利用空间向量这一有力工具. 如此选择既为了简单明了, 同时也突显几何直观, 旨在培养空间想象能力.

通常在建立平面和直线的方程以及讨论它们之间的结合关系、位置关系时, 无论是采用更具一般性的仿射标架还是特殊地选取直角标架, 其结论都是一样的. 鉴于此, 本章全部在直角标架下进行讨论, 这样做便于初学者理解和记忆.

3.1　平　　面

首先回顾初等几何中已学过的确定平面的基本公理:

不共线的三点确定一张平面;

直线和直线外一点确定一张平面;

两条相交直线确定一张平面;

两条平行直线确定一张平面.

以上这些都是确定平面的定性化公理. 为了便于定量化地建立平面的方程, 我们选用 “点” 和 “向量” 作为基本要素或出发点, 同时也将利用 “点” 和 “向量” 这些基本要素讨论平面的基本性质.

3.1.1　平面方程

以 “点” 和 “向量” 作为出发点确定平面方程的基本原理有两个: 其一是给定一点和一个非零向量唯一确定一张平面; 其二是给定一点和两个不共线向量唯一确定一张平面. 前者是指过给定点, 且与给定非零向量垂直的平面被唯一确定, 相应的方程称为点法式; 而后者是指过给定点, 且与两个不共线向量都平行的平面被唯一确定, 相应的方程称为点位式.

1. *点法式*

给定点 M_0 (相应的位置向量记为 $\boldsymbol{r}_0$) 及一个非零向量 $\boldsymbol{n}$, 我们来建立过点 M_0 且与 $\boldsymbol{n}$ 垂直的平面 Π 的方程. 为此, 设 M 是所求平面 Π 上任一动点, 其位置向量记为 $\boldsymbol{r}$. 则 $M \in \Pi$ 当且仅当 $\overrightarrow{M_0M} \perp \boldsymbol{n}$ (图 3.1). 换种写法即

$$\boldsymbol{n} \cdot (\boldsymbol{r} - \boldsymbol{r}_0) = 0. \tag{3.1}$$

方程 (3.1) 称为**平面的向量形式的点法式方程**. 与平面 Π 垂直的非零向量 $\boldsymbol{n}$ 称为平面 Π 的**法向量** (取法不唯一, 与 $\boldsymbol{n}$ 共线的任一非零向量都可作为平面 Π 的法向量).

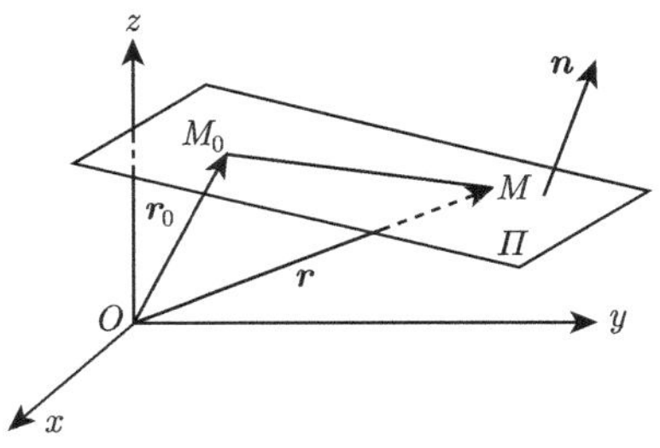

图 3.1　点法式建立平面方程

在直角标架下, 设

$$\boldsymbol{n}=(A,B,C),\quad \boldsymbol{r}_0=(x_0,y_0,z_0),\quad \boldsymbol{r}=(x,y,z).$$

于是 $\boldsymbol{r}-\boldsymbol{r}_0=(x-x_0,y-y_0,z-z_0)$. 代入方程 (3.1) 得

$$A(x-x_0)+B(y-y_0)+C(z-z_0)=0. \tag{3.2}$$

方程 (3.2) 称为**平面的坐标形式的点法式方程**, 与方程 (3.1) 一起统称为**平面的点法式方程**.

2. 点位式和参数式

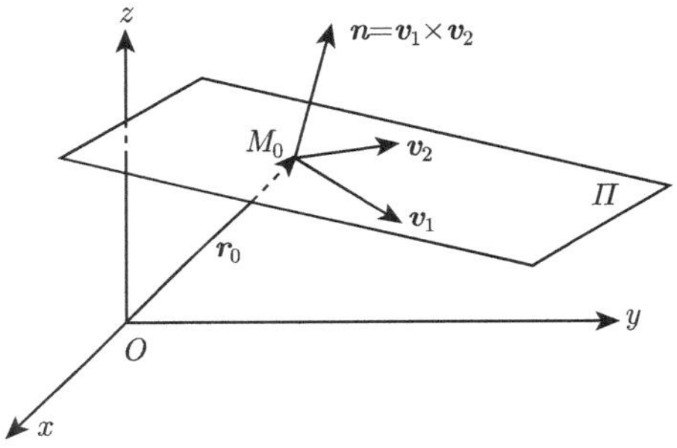

图 3.2　点位式建立平面方程

给定点 M_0 和两个不共线的向量 $\boldsymbol{v}_1$, $\boldsymbol{v}_2$. 求平面 Π 使其过点 M_0, 且与 $\boldsymbol{v}_1$ 和 $\boldsymbol{v}_2$ 都平行. 记 $\boldsymbol{n}=\boldsymbol{v}_1\times\boldsymbol{v}_2$, 依照向量积的定义, $\boldsymbol{n}\perp\boldsymbol{v}_1$, 且 $\boldsymbol{n}\perp\boldsymbol{v}_2$. 从而 $\boldsymbol{n}$ 垂直于平面 Π. 由此可见 $\boldsymbol{n}$ 便是所求平面 Π 的一个法向量 (图 3.2). 将 $\boldsymbol{n}=\boldsymbol{v}_1\times\boldsymbol{v}_2$ 代入方程 (3.1), 并利用混合积的定义将其改写为

$$(\boldsymbol{r}-\boldsymbol{r}_0,\boldsymbol{v}_1,\boldsymbol{v}_2)=0. \tag{3.3}$$

方程 (3.3) 称为**平面的向量形式的点位式方程**, 其中 $\boldsymbol{v}_1$, $\boldsymbol{v}_2$ 习惯上称为方位向量.

在直角标架下, 再设 $\boldsymbol{v}_i=(X_i,Y_i,Z_i)$, $i=1,2$. 代入方程 (3.3) 得

$$\begin{vmatrix} x-x_0 & y-y_0 & z-z_0 \\ X_1 & Y_1 & Z_1 \\ X_2 & Y_2 & Z_2 \end{vmatrix}=0. \tag{3.4}$$

方程 (3.4) 称为**平面的坐标形式的点位式方程**, 与方程 (3.3) 一起统称为**平面的点位式方程**.

另外, 方程 (3.3) 等价于三向量 $\boldsymbol{r}-\boldsymbol{r}_0$, $\boldsymbol{v}_1$, $\boldsymbol{v}_2$ 共面. 而 $\boldsymbol{v}_1$, $\boldsymbol{v}_2$ 不共线, 因此, 存在唯一实数对 u,v, 使得 $\boldsymbol{r}-\boldsymbol{r}_0=u\boldsymbol{v}_1+v\boldsymbol{v}_2$. 即

$$\boldsymbol{r}=\boldsymbol{r}_0+u\boldsymbol{v}_1+v\boldsymbol{v}_2. \tag{3.5}$$

用坐标表示即

$$\begin{cases} x=x_0+uX_1+vX_2, \\ y=y_0+uY_1+vY_2, \\ z=z_0+uZ_1+vZ_2. \end{cases} \tag{3.6}$$

方程 (3.5) 称为**平面的向量形式的参数方程**, 方程 (3.6) 称为**平面的坐标形式的参数方程**, 其中 u,v 称为**参数**. 方程 (3.5) 与方程 (3.6) 一起统称为**平面的参数方程**.

3. 一般方程

方程 (3.2) 即 $Ax+By+Cz-(Ax_0+By_0+Cz_0)=0$. 令 $D=-(Ax_0+By_0+Cz_0)$, 则方程 (3.2) 可以化为

$$Ax+By+Cz+D=0 \quad (A^2+B^2+C^2\neq 0). \tag{3.7}$$

因此, 平面方程是三元一次方程.

反过来, 我们来证明任何一个三元一次方程 $A_1x+B_1y+C_1z+D_1=0$ (其中系数 A_1,B_1,C_1 不全为零) 都是某个平面的方程. 不妨设 $A_1\neq 0$, 则三元一次方程 $A_1x+B_1y+C_1z+D_1=0$ 可以改写为

$$A_1\left(x-\left(-\frac{D_1}{A_1}\right)\right)+B_1(y-0)+C_1(z-0)=0.$$

这是形如 (3.2) 的方程, 表示以 $\boldsymbol{n}=(A_1,B_1,C_1)$ 为法向量, 且过点 $\left(-\dfrac{D_1}{A_1},0,0\right)$ 的平面. 类似地, $A_1x+B_1y+C_1z+D_1=0$ 可改写成形如 (3.4) 的方程, 请读者自己完成, 同样可以说明方程 $A_1x+B_1y+C_1z+D_1=0$ 表示一平面.

结合两方面, 我们得到如下定理.

定理 3.1 *平面的方程是三元一次方程, 反之, 任一三元一次方程表示一平面.*

方程 (3.7) 称为**平面的一般方程**, 也称为**平面的普通方程**. 从定理 3.1 的证明过程不难看出, 在直角标架下, 平面的一般方程 (3.7) 中的一次项系数 A,B,C 具有简明的几何意义: 就是这个平面的法向量的分量. 这一点请读者务必理解, 并在今后的学习中能熟练应用.

例 3.1 *已知不共线三点 $P_0(x_0,y_0,z_0)$, $P_1(x_1,y_1,z_1)$, $P_2(x_2,y_2,z_2)$. 求它们确定的平面方程.*

解 显然两个向量

$$\boldsymbol{v}_1=\overrightarrow{P_0P_1}=(x_1-x_0,y_1-y_0,z_1-z_0),$$
$$\boldsymbol{v}_2=\overrightarrow{P_0P_2}=(x_2-x_0,y_2-y_0,z_2-z_0)$$

是与所求平面平行的向量, 且它们彼此不平行 (否则 P_0,P_1,P_2 三点共线). 因此按式 (3.4) 写出所求平面方程为

$$\begin{vmatrix} x-x_0 & y-y_0 & z-z_0 \\ x_1-x_0 & y_1-y_0 & z_1-z_0 \\ x_2-x_0 & y_2-y_0 & z_2-z_0 \end{vmatrix}=0.$$

这是由不共线三点确定的平面方程, 通常称为**平面的三点式方程**.

例 3.2 *若平面的一般方程 (3.7) 中 A,B,C,D 都不为零, 则方程 (3.7) 可改写为*

$$\frac{x}{a}+\frac{y}{b}+\frac{z}{c}=1. \tag{3.8}$$

*此平面与 x 轴、y 轴、z 轴分别交于 $(a,0,0)$, $(0,b,0)$, $(0,0,c)$, 其中 a,b,c 分别叫做平面在 x 轴、y 轴、z 轴上的***截距***. 方程 (3.8) 称为***平面的截距式方程***.*

当然要注意, 一个平面不一定在三个坐标轴上都有截距. 例如, 平面 $\frac{x}{a}+\frac{y}{b}=1$ 在 z 轴上就没有截距. 截距式方程有它的优越性, 至少对作图来说是方便的.

例 3.3 设平面 Π: $Ax+By+Cz+D=0$, 其中 A, B, C 不全为零.

(1) $D=0$ 当且仅当平面 Π 过原点.

(2) A,B,C 中有一个为 0 时, 如

$$A=0 \Leftrightarrow \text{平面 } \Pi \text{ 平行于 } x \text{ 轴};$$

$$B=0 \Leftrightarrow \text{平面 } \Pi \text{ 平行于 } y \text{ 轴};$$

$$C=0 \Leftrightarrow \text{平面 } \Pi \text{ 平行于 } z \text{ 轴}.$$

(3) A,B,C 中有两个为 0 时, 如

$$A=B=0 \Leftrightarrow \text{平面 } \Pi \text{ 平行于 } xOy \text{ 面};$$

$$B=C=0 \Leftrightarrow \text{平面 } \Pi \text{ 平行于 } yOz \text{ 面};$$

$$A=C=0 \Leftrightarrow \text{平面 } \Pi \text{ 平行于 } xOz \text{ 面}.$$

由此可见, 平面的一般方程 $Ax+By+Cz+D=0$ 中: ① 若一次项系数有一个为零, 则平面平行于与所缺变量同名的坐标轴. 若还有 $D=0$, 则平面过该坐标轴. 反之亦然. ② 若一次项系数中有两个为零, 则平面平行于与所缺变量同名的坐标面. 若还有 $D=0$, 则平面即为该坐标面. 反之亦然.

3.1.2 点与平面的位置关系

直观上, 点和平面的位置关系有两种情形: 点在平面内或点在平面外. 由于平面已被代数化成 (系数不全为零的) 三元一次方程, 只需将点的坐标代入方程便知晓点和平面的位置关系. 若点的坐标不满足平面方程, 说明该点在平面外. 由于平面将空间 (除该平面上的点外) 划分为两部分, 这时一个自然的问题是如何判定点在平面的哪一侧. 为此, 我们先引入点到定向平面的离差的概念. 它不仅能给出点到平面的距离, 同时又可以用来判定两点是在某平面的同侧还是异侧, 由此便引出了三元一次不等式的几何意义. 最后我们选取平面的一个特殊定向, 给出具有这种特殊定向的平面的法式方程.

1. 点到定向平面的离差

若给平面 Π 指定了其法向量 $\boldsymbol{n}$ 的正向, 此时的平面 Π 称为**定向平面**. 例如, 可指定自原点向平面 Π 投影的方向为其法向量的正向, 也可以指定相反的方向为法向量的正向. 对定向平面 Π, 习惯上规定 $\boldsymbol{n}$ 的正向所指向的一侧为平面 Π 的**正侧**, 另一侧称为平面 Π 的**负侧**. 值得提醒读者, 在空间中说平面的 "上面" "下面" "左面" "右面" 等, 其含义是不清楚的. 比较严谨的做法是先给平面定向, 然后规定其正侧和负侧. 如此一来, 无论观测者的方位如何, 对正侧和负侧的指向就都是一致的.

对定向平面 Π, 记其法向量 $\boldsymbol{n}$ 的单位向量为 $\boldsymbol{n}^0$. 设 M_0 是 Π 外一点. 自 M_0 作平面 Π 的垂线, 垂足为 M_1. 我们把向量 $\overrightarrow{M_1M_0}$ 在 $\boldsymbol{n}^0$ 上的投影称为点 M_0 到定向平面 Π 的**离差**, 记作

$$\delta(M_0,\Pi)=\mathrm{Proj}_{\boldsymbol{n}^0}\overrightarrow{M_1M_0}. \tag{3.9}$$

Π 内的点到 Π 的离差规定为零. 由投影的定义, 即有

$$\delta(M_0,\Pi)=|\overrightarrow{M_1M_0}|\cos\angle(\boldsymbol{n}^0,\overrightarrow{M_1M_0})=\pm|\overrightarrow{M_1M_0}|. \tag{3.10}$$

当 $\overrightarrow{M_1M_0}$ 与 $\boldsymbol{n}^0$ 同向时, $|\overrightarrow{M_1M_0}|$ 前取正号, $\overrightarrow{M_1M_0}$ 与 $\boldsymbol{n}^0$ 反向时, $|\overrightarrow{M_1M_0}|$ 前取负号 (图 3.3). 据此, 我们有下面的定理.

定理 3.2　设 Π 是定向平面, P,Q 是 Π 外两点.

(1) 若 P 到 Π 的离差为正 (或为负), 则 P 在 Π 的正侧 (或负侧).

(2) 若 P,Q 到 Π 的离差同号, 则 P,Q 在 Π 的同侧. 否则, P,Q 在 Π 的异侧.

(3) 若改变平面 Π 的定向, 则点到 Π 的离差也随之变号.

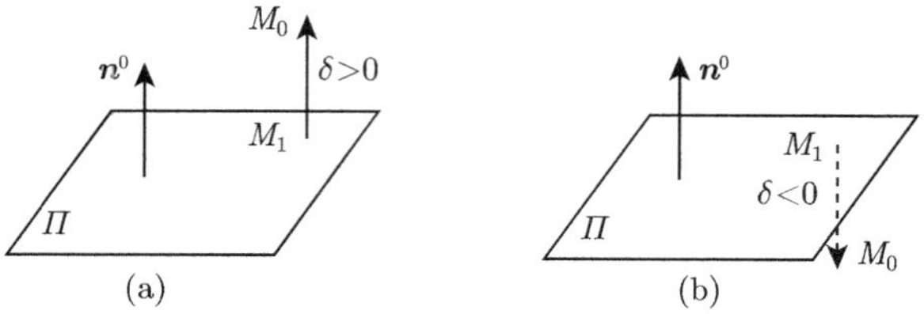

图 3.3　点到定向平面离差的正负号

在直角标架中, 设平面 Π 的一般方程为 $Ax+By+Cz+D=0$. 取 $\boldsymbol{n}=(A,B,C)$ 作为 Π 的法向量的正向 (今后, 若无特殊声明, 凡提到平面正侧或负侧均按 $\boldsymbol{n}$ 的这一正向约定理解). 则

$$\boldsymbol{n}^0=\frac{1}{\sqrt{A^2+B^2+C^2}}(A,B,C).$$

再设 $M_0(x_0,y_0,z_0)$ 是 Π 外任一点, 它在 Π 上的投影点为 $M_1(x_1,y_1,z_1)$. 则 $Ax_1+By_1+Cz_1=-D$. 由离差的定义式 (3.9) 我们如下计算得到

$$\begin{aligned}\delta(M_0,\Pi)&=\boldsymbol{n}^0\cdot\overrightarrow{M_1M_0}=\boldsymbol{n}^0\cdot(\overrightarrow{OM_0}-\overrightarrow{OM_1})\\&=\frac{(Ax_0+By_0+Cz_0)-(Ax_1+By_1+Cz_1)}{\sqrt{A^2+B^2+C^2}}\\&=\frac{Ax_0+By_0+Cz_0+D}{\sqrt{A^2+B^2+C^2}}.\end{aligned}$$

例 3.4　给定平面 $\Pi: Ax+By+Cz+D=0$ 及 Π 外的两点 $P_1(x_1,y_1,z_1)$, $P_2(x_2,y_2,z_2)$. 若 P_1,P_2 在平面 Π 的同侧, 证明线段 P_1P_2 在 Π 的同侧.

证明　首先, 点 P_1,P_2 到平面 Π 的离差分别为

$$\delta(P_1,\Pi)=\frac{Ax_1+By_1+Cz_1+D}{\sqrt{A^2+B^2+C^2}},$$
$$\delta(P_2,\Pi)=\frac{Ax_2+By_2+Cz_2+D}{\sqrt{A^2+B^2+C^2}}.$$

对线段 P_1P_2 内任一点 $P(x,y,z)$, 由定比分点公式知

$$x=\frac{x_1+\lambda x_2}{1+\lambda},\quad y=\frac{y_1+\lambda y_2}{1+\lambda},\quad z=\frac{z_1+\lambda z_2}{1+\lambda}\quad(0<\lambda<+\infty).$$

那么点 P 到平面 Π 的离差为

$$\delta(P,\Pi)=\frac{\delta(P_1,\Pi)+\lambda\delta(P_2,\Pi)}{1+\lambda}.$$

由于点 P_1,P_2 在平面 Π 的同侧，据定理 3.2 知 $\delta(P_1,\Pi)$ 与 $\delta(P_2,\Pi)$ 同号. 于是 $\delta(P,\Pi)$ 也与 $\delta(P_1,\Pi)$ 和 $\delta(P_2,\Pi)$ 同号. 因此点 P 与点 P_1,P_2 在平面 Π 的同一侧，即整个线段 P_1P_2 在平面 Π 的同一侧.

2. 点到平面的距离

点到平面的距离即点到平面的垂直距离，与平面的定向无关. 从式 (3.10) 不难看出，离差的绝对值 $|\delta|$ 恰好是 M_0 到平面 Π 的距离. 在直角标架中，点 $M_0(x_0,y_0,z_0)$ 到平面 Π 的距离为

$$d(M_0,\Pi)=|\delta(M_0,\Pi)|=\frac{|Ax_0+By_0+Cz_0+D|}{\sqrt{A^2+B^2+C^2}}. \tag{3.11}$$

3. 三元一次不等式的几何意义

定向平面 $\Pi: Ax+By+Cz+D=0$ 把空间中不在平面 Π 内的点分成两部分，一部分在平面 Π 的正侧，另一部分在平面 Π 的负侧. 根据定理 3.2 并结合式 (3.11) 不难发现：点 $M_0(x_0,y_0,z_0)$ 在平面 Π 的正侧 (或负侧) 当且仅当点 M_0 到平面 Π 的离差为正 (或负)，或等价地，$Ax_0+By_0+Cz_0+D>0$ (或 <0). 由此可见，在空间，三元一次不等式 $Ax+By+Cz+D>0$ 表示位于平面 Π 正侧的点集，而 $Ax+By+Cz+D<0$ 表示位于平面 Π 负侧的点集.

由三元一次不等式的几何意义容易推知，如果点 $M_i(x_i,y_i,z_i)$ $(i=1,2)$ 不在平面 Π 内，那么点 M_1，M_2 位于平面 $\Pi: Ax+By+Cz+D=0$ 的同侧 (或异侧) 当且仅当 $Ax_i+By_i+Cz_i+D$ $(i=1,2)$ 同号 (或异号).

4. 法式方程

给定点 M_0 (不取坐标原点)，我们来建立一个特殊的平面方程：即过点 M_0，且以 $\overrightarrow{OM_0}$ 为法向量的平面. 如图 3.4 所示，取 $\overrightarrow{OM_0}$ 的单位向量记为 $\boldsymbol{n}^0$. 则 $\boldsymbol{r}_0=\overrightarrow{OM_0}=p\boldsymbol{n}^0$，其中 $p=|\overrightarrow{OM_0}|$，即 p 为原点到平面 Π 的距离. 根据平面的点法式方程 (3.1) 得

$$\boldsymbol{n}^0\cdot\boldsymbol{r}-p=0. \tag{3.12}$$

设 $\boldsymbol{n}^0=(\cos\alpha,\cos\beta,\cos\gamma)$，其中 α，β，γ 为单位向量 $\boldsymbol{n}^0$ 的方向角. 则

$$x\cos\alpha+y\cos\beta+z\cos\gamma-p=0. \tag{3.13}$$

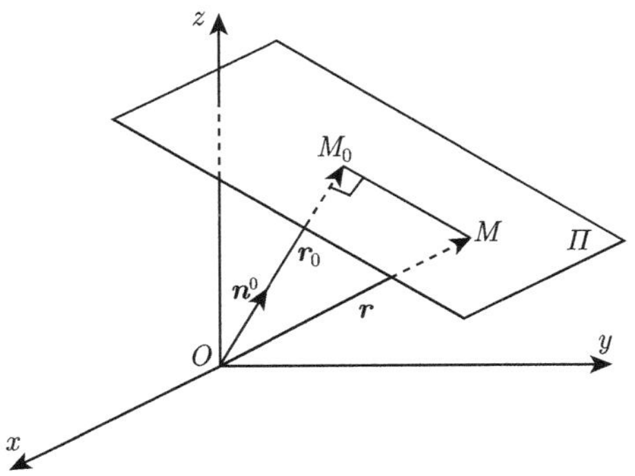

图 3.4　建立平面的法线式方程

对于过原点的平面，可任意选取其两个反向单位法向量之一为 $\boldsymbol{n}^0$，此时 $p=0$. 方程 (3.12) 和 (3.13) 统称为平面的**法线式方程**，简称为**法式方程**.

注 3.1 从法式方程的建立过程不难窥见, 方程 (3.12) 或 (3.13) 所表示的平面实际上是一个已定向平面, 原点所在的一侧是该平面的负侧, 而另一侧是该平面的正侧. 该平面外任意一点 M_1 (位置向量记为 $\boldsymbol{r}_1$) 到它的离差恰为 $\boldsymbol{n}^0\cdot\boldsymbol{r}_1-p$. 请读者自己动手验证.

注 3.2 从方程 (3.13) 中不难发现平面的法式方程具有如下两个特征: ① 一次项系数是单位向量的坐标, 它们的平方和等于 1; ② 因为 p 为原点到平面的距离, 所以 $p\geqslant 0$, 从而常数项 $-p\leqslant 0$.

根据平面法式方程的两个特点, 我们很容易将平面的一般方程 (3.7) 化为法式方程. 为此, 取 $\lambda=\pm\dfrac{1}{\sqrt{A^2+B^2+C^2}}$, 则平面方程 $\lambda Ax+\lambda By+\lambda Cz+\lambda D=0$ 的一次项系数满足 $(\lambda A)^2+(\lambda B)^2+(\lambda C)^2=1$. 再取 λ 的符号使得 $\lambda D<0$, 由此可得平面一般方程到法式方程的转化, 这个过程称为**法式化**. 而确定了符号的 λ 称为**法式化因子**. 于是, 法式化即是将平面的一般方程乘上一个法式化因子, 得到的便是平面的法式方程.

例 3.5 已知两点 $M_1(1,-2,3)$, $M_2(3,0,-1)$, 求线段 M_1M_2 的垂直平分面 Π 的方程, 并将其化为法式方程. 然后根据法式方程, 直接说出原点指向平面 Π 的单位法向量 $\boldsymbol{n}^0$、方向余弦及原点到平面 Π 的距离.

解 容易想象所求平面 Π 即是过线段 M_1M_2 的中点 M_0, 且以 $\overrightarrow{M_1M_2}$ 为法向量的平面. 由中点坐标公式得 $M_0(2,-1,1)$. 又 $\overrightarrow{M_1M_2}=(2,2,-4)$, 所以平面 Π 的点法式方程为

$$2(x-2)+2(y+1)-4(z-1)=0.$$

整理得 $x+y-2z+1=0$, 即为所求平面 Π 的一般方程.

在平面 Π 的一般方程中, 常数项 $1>0$, 因此法化因子 λ 取负号, 即

$$\lambda=-\frac{1}{\sqrt{1^1+1^2+(-2)^2}}=-\frac{1}{\sqrt{6}}.$$

于是法式方程为

$$-\frac{1}{\sqrt{6}}x-\frac{1}{\sqrt{6}}y+\frac{2}{\sqrt{6}}z-\frac{1}{\sqrt{6}}=0.$$

从而, 原点到平面 Π 的距离 $p=\dfrac{1}{\sqrt{6}}$. 自原点指向平面 Π 的单位法向量

$$\boldsymbol{n}^0=\Big(-\frac{1}{\sqrt{6}},-\frac{1}{\sqrt{6}},\frac{2}{\sqrt{6}}\Big),$$

方向余弦为 $\cos\alpha=-\dfrac{1}{\sqrt{6}}$, $\cos\beta=-\dfrac{1}{\sqrt{6}}$, $\cos\gamma=\dfrac{2}{\sqrt{6}}$.

例 3.6 求点 $A_0(x_0,y_0,z_0)$ 关于平面 $x\cos\alpha+y\cos\beta+z\cos\gamma-p=0$ 的对称点 A_1 的坐标, 这里 $\cos^2\alpha+\cos^2\beta+\cos^2\gamma=1$, $p\geqslant 0$.

解 不难看出, 题设平面方程是法式方程. 因此, 原点指向该平面的单位法向量为 $\boldsymbol{n}^0=(\cos\alpha,\cos\beta,\cos\gamma)$, 原点到该平面的距离为 p. $A_0(x_0,y_0,z_0)$ 到平面的离差为 $\delta=x_0\cos\alpha+y_0\cos\beta+z_0\cos\gamma-p$.

设 A_0 关于平面的对称点为 $A_1(x_1,y_1,z_1)$. 由对称点的性质, 若 A_0 与原点在平面的同侧, 则 $\delta<0$, 此时 $\overrightarrow{A_0A_1}=-2\delta\boldsymbol{n}^0$; 若 A_0 与原点在平面的异侧, 则 $\delta>0$, 此时同样有

$\overrightarrow{A_0A_1}=-2\delta\boldsymbol{n}^0$. 即

$$(x_1-x_0,y_1-y_0,z_1-z_0)=-2\delta(\cos\alpha,\cos\beta,\cos\gamma).$$

所以

$$x_1=x_0-2\delta\cos\alpha,\quad y_1=y_0-2\delta\cos\beta,\quad z_1=z_0-2\delta\cos\gamma.$$

3.1.3 两平面间的位置关系和度量关系

设两平面 Π_1,Π_2 的方程为

$$\Pi_i:\ A_ix+B_iy+C_iz+D_i=0,\quad \boldsymbol{n}_i=(A_i,B_i,C_i),\quad i=1,2.$$

1. 位置关系

由几何直观, Π_1 与 Π_2 的位置关系有三种可能情形, 即相交、平行与重合. 利用两平面的法向量 $\boldsymbol{n}_1,\boldsymbol{n}_2$ 的线性关系, 借助图 3.5 容易理解下面的判定定理.

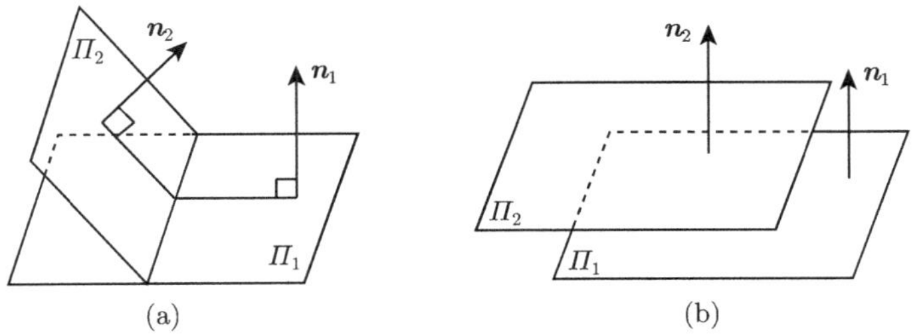

图 3.5 两平面相交、平行

定理 3.3 平面 Π_1 与 Π_2 的方程如上所述.

(1) Π_1 与 Π_2 相交 $\Longleftrightarrow$ $A_1{:}B_1{:}C_1\neq A_2{:}B_2{:}C_2$;

(2) Π_1 与 Π_2 平行 $\Longleftrightarrow$ $\dfrac{A_1}{A_2}=\dfrac{B_1}{B_2}=\dfrac{C_1}{C_2}\neq\dfrac{D_1}{D_2}$;

(3) Π_1 与 Π_2 重合 $\Longleftrightarrow$ $\dfrac{A_1}{A_2}=\dfrac{B_1}{B_2}=\dfrac{C_1}{C_2}=\dfrac{D_1}{D_2}$.

2. 度量关系

当 Π_1 与 Π_2 平行时, Π_1 和 Π_2 之间有距离, 而且自然被理解成点到平面的距离. 由于两平行平面的法向量也平行. 因此, 在直角标架下, 可设两平行平面的方程为 $Ax+By+Cz+D_i=0$, $i=1,2$. 若设 $M_1(x_1,y_1,z_1)\in\Pi_1$, 即有 $Ax_1+By_1+Cz_1=-D_1$. 则 Π_1 和 Π_2 之间的距离为

$$\begin{aligned}d(\Pi_1,\Pi_2)&=d(M_1,\Pi_2)\\&=\frac{|Ax_1+By_1+Cz_1+D_2|}{\sqrt{A^2+B^2+C^2}}\\&=\frac{|D_1-D_2|}{\sqrt{A^2+B^2+C^2}}.\end{aligned}$$

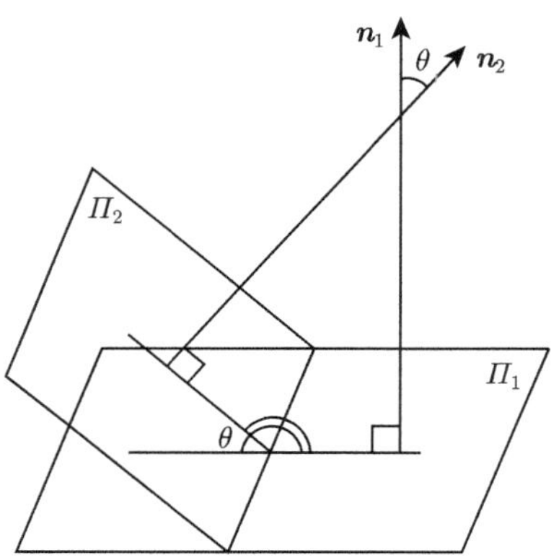

图 3.6　两相交平面间的夹角

如图 3.6 所示, 当 Π_1 与 Π_2 相交时, 它们之间的夹角 (二面角) 为

$$\angle(\Pi_1,\ \Pi_2)=\angle(\boldsymbol{n}_1,\boldsymbol{n}_2)\quad \text{或}\quad \pi-\angle(\boldsymbol{n}_1,\boldsymbol{n}_2).$$

因而,

$$\cos\angle(\Pi_1,\ \Pi_2)=\pm\frac{\boldsymbol{n}_1\cdot\boldsymbol{n}_2}{|\boldsymbol{n}_1|\cdot|\boldsymbol{n}_2|}.$$

例 3.7　求下列平面方程.

(1) 过点 $M_1(0,0,1)$ 和 $M_2(3,0,0)$ 且与 xOy 面成 60° 角的平面;

(2) 过 z 轴与平面 $2x+y-\sqrt{5}z-7=0$ 成 60° 角的平面.

解　(1) 用待定系数法. 设所求平面 Π 的方程为 $Ax+By+Cz+D=0$, 其中 A,B,C,D 待定.

$$\begin{aligned}&M_1(0,0,1)\in\Pi \implies C+D=0 \implies C{:}D=1{:}(-1);\\&M_2(3,0,0)\in\Pi \implies 3A+D=0 \implies A{:}D=1{:}(-3);\\&\angle(\Pi,xOy)=60^\circ \implies \frac{\pm C}{\sqrt{A^2+B^2+C^2}}=\frac{1}{2} \implies 3C^2=A^2+B^2.\end{aligned}$$

从前两式可得 $C=3A$, 代入第三式得 $A{:}B=1{:}(\pm\sqrt{26})$, 从而

$$A{:}B{:}C{:}D=1{:}(\pm\sqrt{26}){:}3{:}(-3).$$

于是所求平面方程为 $x+\sqrt{26}y+3z-3=0$ 或 $x-\sqrt{26}y+3z-3=0$.

(2) 因所求平面 Π 过 z 轴, 其方程可设为 $Ax+By=0$, 其中 A,B 待定. 而 Π 与平面 $2x+y-\sqrt{5}z-7=0$ 成 60° 角, 故

$$\cos 60^\circ=\frac{\pm(2A+B)}{\sqrt{A^2+B^2}\cdot\sqrt{10}}.$$

由此可得 $3A^2+8AB-3B^2=0$, 即 $A{:}B=1{:}3$ 或 $A{:}B=(-3){:}1$. 于是所求平面方程为 $x+3y=0$ 或 $3x-y=0$.

习　题　3.1

1. 求下列平面的方程.

(1) 已知两点 $M_1(1,-2,3)$ 和 $M_2(3,0,-1)$, 求线段 M_1M_2 的垂直平分面 Π 的方程;

(2) 求通过点 $M_1(1,-1,-5)$ 和 $M_2(2,3,-1)$, 且垂直于 xOz 面的平面方程;

(3) 求过点 $P(2,-1,1)$, 且分别平行于三个坐标面的平面方程;

(4) 求过点 $P_0(x_0,y_0,z_0)$, 且垂直于两相交平面 $A_1x+B_1y+C_1z+D_1=0$ 和 $A_2x+B_2y+C_2z+D_2=0$ 的平面方程;

(5) 求与原点相距 6 个单位, 且在三坐标轴 Ox, Oy, Oz 上的截距之比为 $a{:}b{:}c=-1{:}3{:}2$ 的平面方程;

(6) 求与平面 $5x+y-2z+3=0$ 垂直且分别通过三条坐标轴的平面方程;

(7) 原点在所求平面上的正投影为 $P(2,9,-6)$, 求该平面的方程.

2. 化平面方程 $x+2y-z+4=0$ 为截距式. 设该平面分别与三个坐标轴交于 A,B,C. 求 $\triangle ABC$ 的面积.

3. 化平面的一般方程为法式方程:

(1) $x-2y+5z-3=0$; (2) $x+2=0$; (3) $4x-4y+7z=0$.

4. 判断下列各对平面的相关位置:

(1) $x+3y+6z+2=0$ 与 $\frac{1}{3}x+y+2z+1=0$; (2) $2x-2y+z-5=0$ 与 $x-y+z-1=0$.

5. 求平面 $x+y-10=0$ 与 $x+1=0$ 的夹角.

6. 求平行平面 $3x+6y-2z+7=0$ 与 $3x+6y-2z+14=0$ 间的距离.

7. 分别求原点和点 $M_1(1,1,1)$ 关于平面 $6x+2y-9z+121=0$ 的对称点的坐标.

8. 设从原点到平面 $\frac{x}{a}+\frac{y}{b}+\frac{z}{c}=1$ 的距离为 p. 证明

$$\frac{1}{a^2}+\frac{1}{b^2}+\frac{1}{c^2}=\frac{1}{p^2}.$$

9. 证明原点到三个平面 $-x+y+z=a$, $x-y+z=a$, $x+y-z=a\ (a>0)$ 的距离相等.

10. 给定平面 $\Pi:\ 2x-y-2z+9=0$. 求点 $M_1(1,2,-3)$ 到 Π 的距离, 并判断 M_1 和原点 O 在 Π 的同侧还是异侧?

11. 证明四面体的四个顶点到任意一个平面的离差之和等于四面体的重心到这个平面的离差的四倍.

12. 已知平面 $\Pi:\ Ax+By+Cz+D=0$, 设它与过点 $M_i(x_i,y_i,z_i)$, $i=1,2$ 的直线交于 M, 且 $\overrightarrow{M_1M}=\lambda\overrightarrow{MM_2}$, 求证: $\lambda=-\dfrac{Ax_1+By_1+Cz_1+D}{Ax_2+By_2+Cz_2+D}$.

13. 设有两个平行平面 $\Pi_1:\ 3x-4z+10=0$ 和 $\Pi_2:\ 3x-4z-15=0$. 试求介于它们之间, 与它们平行并且把它们的距离三等分的两个平面的方程.

14. 试求由平面 $\Pi_1:\ 2x-y+2z-3=0$ 与 $\Pi_2:\ 3x+2y-6z-1=0$ 所构成的二面角角平分面的方程, 已知在此二面角内有点 $M(1,2,-3)$.

15. 设三平行平面 $\Pi_i:\ Ax+By+Cz+D_i=0\ (i=1,2,3)$, L,M,N 是分别属于三平面 Π_1, Π_2, Π_3 的任意一点, 求 $\triangle LMN$ 的重心的轨迹.

3.2 空 间 直 线

由初等几何, 确定空间直线有如下两条基本公理:

两点确定一条直线;

两相交平面确定一条直线.

如同建立平面方程的做法, 为了定量化地建立空间直线的方程, 我们仍然选用 “点” 和 “向量” 作为基本要素.

3.2.1 直线方程

以 “点” 和 “向量” 作为出发点确定空间直线方程的基本原理是: 一点和一个非零向量唯一确定一条直线. 换言之, 过给定点且与非零向量平行的直线存在且唯一.

1. *参数方程*

给定点 M_0 (位置向量记为 $\boldsymbol{r}_0$) 及非零向量 $\boldsymbol{v}$, 我们来建立过 M_0 且平行于 $\boldsymbol{v}$ 的直线 l 的方程. 为此, 设 M 是 l 上任一动点, 其位置向量记为 $\boldsymbol{r}$. 由图 3.7 显见,

$$\begin{aligned} M\in l &\iff \overrightarrow{M_0M}/\!/\boldsymbol{v}\\ &\iff \text{存在唯一实数 } t, \text{使得 } \overrightarrow{M_0M}=t\boldsymbol{v}. \end{aligned}$$

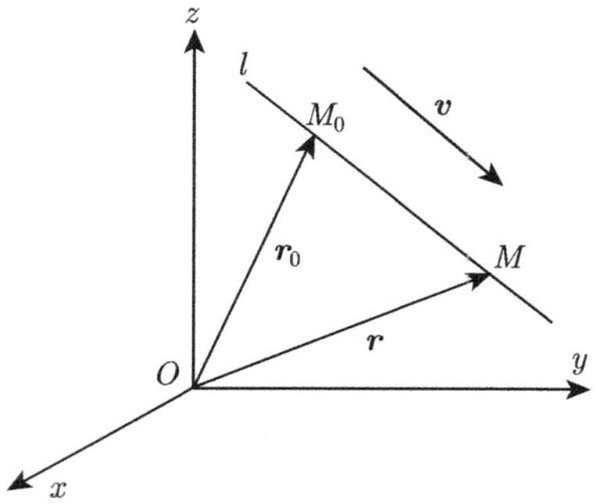

图 3.7 点向式建立直线方程

用这一条件将直线 l 上动点 M 的位置向量 $\boldsymbol{r}$ 表示出来即

$$\boldsymbol{r}=\boldsymbol{r}_0+t\boldsymbol{v}. \tag{3.14}$$

式 (3.14) 称为**直线的向量式参数方程**, 其中 $\boldsymbol{v}$ 称为**直线的方向向量**(取法不唯一, 与 $\boldsymbol{v}$ 共线的任一非零向量都可作为直线 l 的方向向量). t 为**参数**, 其几何意义是点 M 在直线 l 上的标架 $\{M_0;\ \boldsymbol{v}\}$ 下的坐标. 特别地, 若方向向量 $\boldsymbol{v}$ 为单位向量, 则 $|t|$ 恰为动点 M 到定点 M_0 的距离.

在直角标架下, 若已知 $M_0(x_0,y_0,z_0)$, $\boldsymbol{v}=(X,Y,Z)$, 设动点 $M(x,y,z)$. 将方程 (3.14) 用坐标写出即

$$\begin{cases} x=x_0+tX,\\ y=y_0+tY, \qquad -\infty<t<+\infty.\\ z=z_0+tZ, \end{cases} \tag{3.15}$$

方程 (3.15) 称为**直线的坐标式参数方程**, 与方程 (3.14) 一起统称为**直线的参数方程**.

2. *标准方程*

从方程 (3.15) 中消去参数 t, 得到

$$\frac{x-x_0}{X}=\frac{y-y_0}{Y}=\frac{z-z_0}{Z}, \tag{3.16}$$

方程 (3.16) 称为**直线的标准方程**或**对称式方程**. 若方程 (3.16) 中出现分母为零, 由方程 (3.15), 可理解为分子也为零. 详见下面的注 3.3.

直线的方向向量 $\boldsymbol{v}$ 的方向角 α,β,γ 与方向余弦 $\cos\alpha,\cos\beta,\cos\gamma$ 分别称为**直线的方向角与方向余弦**; 直线的方向向量 $\boldsymbol{v}$ 的分量 X,Y,Z 或与它成比例的任一组数称为**直线 l 的方向数**, 且

$$\cos\alpha=\pm\frac{X}{\sqrt{X^2+Y^2+Z^2}},\quad \cos\beta=\pm\frac{Y}{\sqrt{X^2+Y^2+Z^2}},$$

$$\cos\gamma=\pm\frac{Z}{\sqrt{X^2+Y^2+Z^2}}.$$

据此, 我们在表示直线的标准方程时总使用比值最简的一组数作为方向数.

3. 一般方程

设 $\Pi_i: A_ix+B_iy+C_iz+D_i=0,\ i=1,2$ 为两个相交 (但不重合) 平面, 则 Π_1 与 Π_2 的交线是一条直线 (图 3.8), 其方程可表示为

$$\begin{cases} A_1x+B_1y+C_1z+D_1=0, \\ A_2x+B_2y+C_2z+D_2=0. \end{cases} \tag{3.17}$$

方程 (3.17) 称为**直线的一般方程**.

由于直线的一般方程所能直接提供的有关直线的信息量比较少, 我们常常需要将其转化为标准方程. 首先, 从直线的一般方程 (3.17) 中不难求出其方向向量. 事实上, 记平面 Π_1 和 Π_2 的法向量为 $\boldsymbol{n}_1$, $\boldsymbol{n}_2$. 则 $\boldsymbol{n}_1\times\boldsymbol{n}_2$ 便是直线 l 的一个方向向量. 这样一来, 只要求出方程组 (3.17) 的任意一个解就可以将直线的一般方程改写为标准方程. 请读者熟练掌握这一思想方法. 此外, 如果用消元法从方程组 (3.17) 中分别消去一个变量, 可以得到两个过该直线且平行于坐标轴的平面方程, 例如分别消去 y, z 得到

$$\begin{cases} \tilde{A}_1x+\tilde{B}_1y+\tilde{D}_1=0, \\ \tilde{A}_2x+\tilde{C}_2z+\tilde{D}_2=0. \end{cases} \tag{3.18}$$

这是一个特殊形式的一般方程, 也称为**直线的射影式方程**. 显然, 由直线的射影式方程稍加变形很容易得到其标准方程.

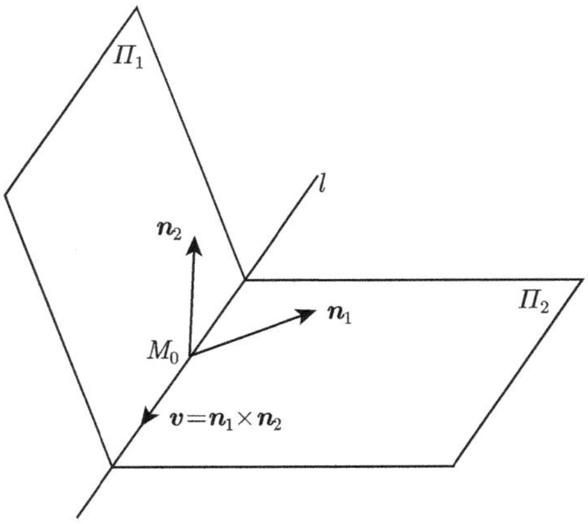

图 3.8 两相交平面确定直线

注 3.3 在直线的标准方程 (3.16) 中, 方向向量的分量 X, Y, Z 有可能为零 (但不能全为零). 于是出现了零在分母上的无意义的情形. 为此我们约定: 方程 (3.16) 中某分式的分母为零就意味着分子为零. 如若 $Z=0$, 则方程 (3.16) 应理解为

$$\begin{cases} \dfrac{x-x_0}{X}=\dfrac{y-y_0}{Y}, \\ z-z_0=0. \end{cases}$$

再如 $Y=Z=0$, 方程 (3.16) 就表示 $\begin{cases} y-y_0=0, \\ z-z_0=0. \end{cases}$ 也就是说, 当直线的标准方程中分母出现零时, 其方程可自然表示为射影式方程.

例 3.8 求过点 $M_1(x_1,y_1,z_1)$ 和 $M_2(x_2,y_2,z_2)$ 的直线方程.

解 取所求直线的方向向量为 $\boldsymbol{v}=\overrightarrow{M_1M_2}=(x_2-x_1,y_2-y_1,z_2-z_1)$. 则所求直线的标准方程为

$$\frac{x-x_1}{x_2-x_1}=\frac{y-y_1}{y_2-y_1}=\frac{z-z_1}{z_2-z_1}. \tag{3.19}$$

方程 (3.19) 称为**直线的两点式方程**.

例 3.9 化直线 l 的一般方程 $\begin{cases}2x+y+z-5=0,\\2x+y-3z-1=0\end{cases}$ 为标准方程, 并求该直线的方向余弦.

解法一 直线 l 的方向数为

$$X{:}Y{:}Z=\begin{vmatrix}1&1\\1&-3\end{vmatrix}:\begin{vmatrix}1&2\\-3&2\end{vmatrix}:\begin{vmatrix}2&1\\2&1\end{vmatrix}=(-4){:}8{:}0=1{:}(-2){:}0.$$

又 y,z 的系数行列式 $\begin{vmatrix}1&1\\1&-3\end{vmatrix}\neq 0$, 令 $x=0$, 解得 $y=4,z=1$, 即 $(0,4,1)$ 为直线 l 上的点. 于是直线 l 的标准方程为

$$\frac{x}{1}=\frac{y-4}{-2}=\frac{z-1}{0}.$$

因为 $\boldsymbol{v}=(1,-2,0)$, $|\boldsymbol{v}|=\sqrt{5}$, 所以直线 l 的方向余弦为

$$\cos\alpha=\pm\frac{1}{\sqrt{5}},\quad \cos\beta=\mp\frac{2}{\sqrt{5}},\quad \cos\gamma=0.$$

解法二 从 l 的一般方程 $\begin{cases}2x+y+z-5=0,\\2x+y-3z-1=0\end{cases}$ 中分别消去 x 和 z 得

$$\begin{cases}z-1=0,\\2x+y-4=0.\end{cases}$$

因此, 同样可以得到上面的标准方程.

3.2.2 点和直线的位置关系

直线被代数化后, 将点的坐标代入直线的方程便可判断点是否在直线上. 若点不在直线上, 我们需要度量点到直线的距离.

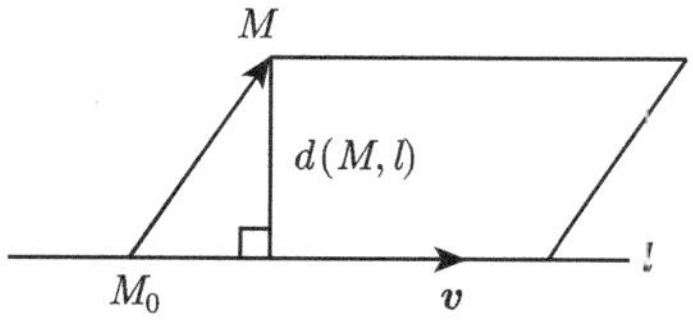

图 3.9 点到直线的距离

设直线 l 过点 M_0, 方向向量为 $\boldsymbol{v}$, M 是直线 l 外一点. 由图 3.9 可以看出, 点 M 到直线 l 的距离 $d(M,l)$ 是以 $\overrightarrow{M_0M}$, $\boldsymbol{v}$ 为邻边的平行四边形的底边 $\boldsymbol{v}$ 上的高. 由向量积的几何意义知, $|\overrightarrow{M_0M}\times\boldsymbol{v}|$ 是上述平行四边形的面积, 而 $|\boldsymbol{v}|$ 为底边的长. 因此有

$$d(M,l)=\frac{|\overrightarrow{M_0M}\times\boldsymbol{v}|}{|\boldsymbol{v}|}. \tag{3.20}$$

点到直线距离的另一种理解是: 先求出向量 $\overrightarrow{M_0M}$ 在向量 $\boldsymbol{v}$ 上的射影, 然后由勾股定理得到

$$d(M,l)=\sqrt{|\overrightarrow{M_0M}|^2-\frac{(\boldsymbol{v}\cdot\overrightarrow{M_0M})^2}{|\boldsymbol{v}|^2}}. \tag{3.21}$$

请读者验证公式 (3.20) 和 (3.21) 是一样的.

3.2.3 直线与平面的位置关系

给定直线 l 和平面 Π:

$$l:\frac{x-x_0}{X}=\frac{y-y_0}{Y}=\frac{z-z_0}{Z},\quad M_0(x_0,y_0,z_0),\quad \boldsymbol{v}=(X,Y,Z).$$

$$\Pi: Ax+By+Cz+D=0,\quad \boldsymbol{n}=(A,B,C).$$

1. 位置关系

从几何直观易见, 直线 l 和平面 Π 的位置关系有三种情形, 即平行、相交和直线在平面上. 参照图 3.10, 不难理解下面的判定定理.

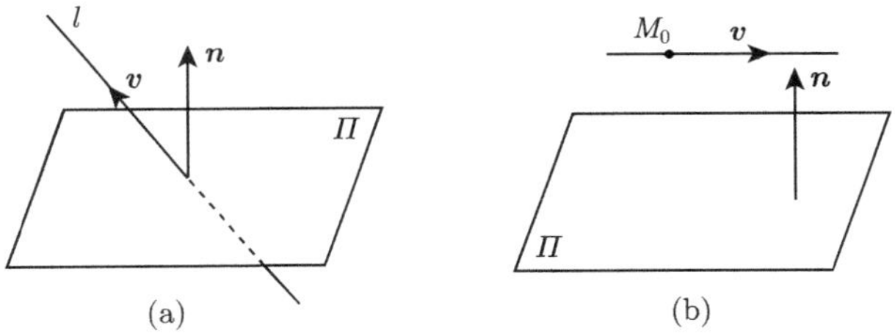

图 3.10 直线和平面相交、平行

定理 3.4 直线 l 和平面 Π 的方程如上所述.

(1) l 与 Π 相交 $\Longleftrightarrow$ $\boldsymbol{n}$ 与 $\boldsymbol{v}$ 不垂直 $\Longleftrightarrow AX+BY+CZ\neq 0$;

(2) l 与 Π 平行 $\Longleftrightarrow \boldsymbol{n}\perp\boldsymbol{v}$, 且 $M_0\notin\Pi \Longleftrightarrow \begin{cases}AX+BY+CZ=0,\\ Ax_0+By_0+Cz_0+D\neq 0;\end{cases}$

(3) l 在 Π 上 $\Longleftrightarrow \boldsymbol{n}\perp\boldsymbol{v}$, 且 $M_0\in\Pi \Longleftrightarrow \begin{cases}AX+BY+CZ=0,\\ Ax_0+By_0+Cz_0+D=0.\end{cases}$

2. 度量关系

直线和平面平行时, 直线到平面的距离理解为点到平面的距离.

当直线和平面相交但不垂直时, 直线 l 与平面 Π 的**夹角**定义为 l 与它在 Π 上的垂直投影直线所夹的锐角 α, 当 l 与 Π 垂直时, l 与 Π 的夹角规定为 $\frac{\pi}{2}$. 如图 3.11 所示, 易见

$$\alpha=\frac{\pi}{2}-\angle(\boldsymbol{n},\boldsymbol{v}) \text{ 或 } \angle(\boldsymbol{n},\boldsymbol{v})-\frac{\pi}{2}.$$

因此,

$$\sin\alpha=|\cos\angle(\boldsymbol{n},\boldsymbol{v})|=\frac{|\boldsymbol{n}\cdot\boldsymbol{v}|}{|\boldsymbol{n}|\cdot|\boldsymbol{v}|}.$$

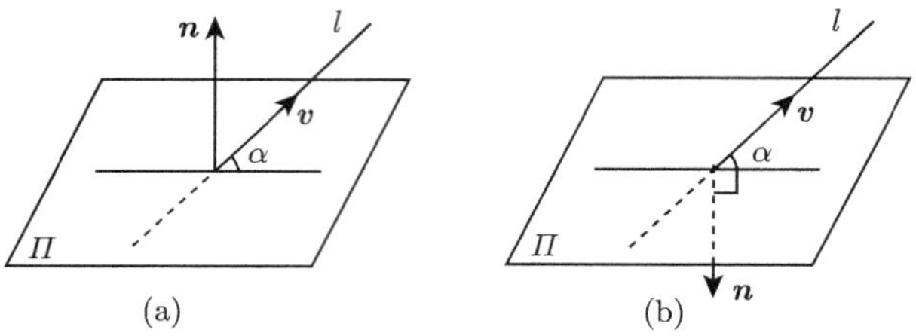

图 3.11　直线与平面的夹角

例 3.10　证明直线 $l: \dfrac{x}{-1} = \dfrac{y-1}{1} = \dfrac{z-1}{2}$ 与平面 $\Pi: 2x+y-z+3=0$ 相交, 并求出它们的交点和夹角.

证明　因为 $\boldsymbol{v}\cdot\boldsymbol{n} = (-1,1,2)\cdot(2,1,-1) = -3 \neq 0$, 所以 l 与 Π 相交.

将直线 l 的方程化为参数式: $x=-t$, $y=t+1$, $z=2t+1$, 代入平面 Π 的方程解得 $t=1$. 从而得交点为 $(-1,2,3)$. 因为

$$\sin\alpha = \frac{|\boldsymbol{v}\cdot\boldsymbol{n}|}{|\boldsymbol{v}|\cdot|\boldsymbol{n}|} = \frac{1}{2},$$

所以直线与平面的夹角为 $\dfrac{\pi}{6}$.

3.2.4　直线与直线的位置关系

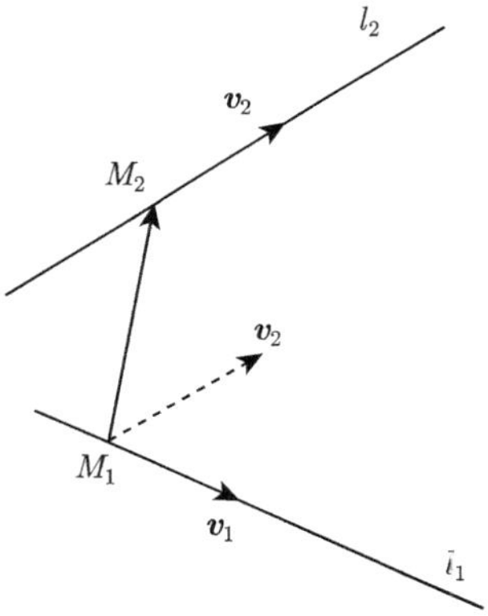

图 3.12　两直线的位置关系

给定空间两条直线:

$$l_1: \frac{x-x_1}{X_1} = \frac{y-y_1}{Y_1} = \frac{z-z_1}{Z_1},$$
$$M_1(x_1,y_1,z_1), \quad \boldsymbol{v}_1 = (X_1,Y_1,Z_1),$$
$$l_2: \frac{x-x_2}{X_2} = \frac{y-y_2}{Y_2} = \frac{z-z_2}{Z_2},$$
$$M_2(x_2,y_2,z_2), \quad \boldsymbol{v}_2 = (X_2,Y_2,Z_2).$$

1. 位置关系

从图 3.12 易见, 两直线 l_1 与 l_2 的相关位置取决于三个向量 $\overrightarrow{M_1M_2}, \boldsymbol{v}_1, \boldsymbol{v}_2$ 的相互关系. 显然, l_1 与 l_2 异面 $\Longleftrightarrow$ 三向量 $\overrightarrow{M_1M_2}, \boldsymbol{v}_1, \boldsymbol{v}_2$ 不共面. 于是我们有下面的判定定理.

定理 3.5　直线 l_1 和 l_2 如上所述.

(1) l_1 与 l_2 异面 $\Longleftrightarrow$ $(\overrightarrow{M_1M_2}, \boldsymbol{v}_1, \boldsymbol{v}_2) \neq 0$;

(2) l_1 与 l_2 相交 $\Longleftrightarrow$ $(\overrightarrow{M_1M_2}, \boldsymbol{v}_1, \boldsymbol{v}_2) = 0$, 且 $\boldsymbol{v}_1 \nparallel \boldsymbol{v}_2$;

(3) l_1 与 l_2 平行 $\Longleftrightarrow$ $\boldsymbol{v}_1 // \boldsymbol{v}_2 \nparallel \overrightarrow{M_1M_2}$;

(4) l_1 与 l_2 重合 $\Longleftrightarrow$ $\boldsymbol{v}_1 // \boldsymbol{v}_2 // \overrightarrow{M_1M_2}$.

例 3.11　求通过点 $M_0(1,1,1)$ 与两条直线

$$l_1: \frac{x}{1} = \frac{y}{2} = \frac{z}{3}, \quad l_2: \frac{x-1}{2} = \frac{y-2}{1} = \frac{z-3}{4}$$

都相交的直线方程.

解 设所求直线 l 的方向向量 $\boldsymbol{v}=(X,Y,Z)$, 并记 l_1 的方向向量 $\boldsymbol{v}_1=(1,2,3)$, l_2 的方向向量 $\boldsymbol{v}_2=(2,1,4)$. 显见直线 l_1 过点 $M_1(0,0,0)$, l_2 过点 $M_2(1,2,3)$.

由所求直线 l 与直线 l_1, l_2 分别相交得

$$(\overrightarrow{M_0M_1},\boldsymbol{v}_1,\boldsymbol{v})=\begin{vmatrix}-1&-1&-1\\1&2&3\\X&Y&Z\end{vmatrix}=0\Rightarrow X-2Y+Z=0,$$

$$(\overrightarrow{M_0M_2},\boldsymbol{v}_2,\boldsymbol{v})=\begin{vmatrix}0&1&2\\2&1&4\\X&Y&Z\end{vmatrix}=0\Rightarrow X+2Y-Z=0.$$

由联立方程组 $\begin{cases}X-2Y+Z=0,\\X+2Y-Z=0\end{cases}$ 解得 $X{:}Y{:}Z=0{:}2{:}4=0{:}1{:}2$. 从而所求直线方程为

$$\frac{x-1}{0}=\frac{y-1}{1}=\frac{z-1}{2}.$$

例 3.12 求通过点 $M(1,0,-2)$ 且与平面 $3x-y+2z-1=0$ 平行, 与直线 $\dfrac{x-1}{4}=\dfrac{y-3}{-2}=\dfrac{z}{1}$ 相交的直线方程.

解 设所求直线方程为 $\dfrac{x-1}{X}=\dfrac{y}{Y}=\dfrac{z+2}{Z}$. 由它与题设平面平行得

$$3X-Y+2Z=0.$$

由它与题设直线相交得

$$\begin{vmatrix}1-1&3-0&0+2\\4&-2&1\\X&Y&Z\end{vmatrix}=0,\quad 即\quad 7X+8Y-12Z=0.$$

联立上述两方程并解得 $X:Y:Z=(-4):50:31$. 于是所求直线方程为

$$\frac{x-1}{-4}=\frac{y}{50}=\frac{z+2}{31}.$$

2. *度量关系*

若两直线 l_1, l_2 相交或异面, 则 l_1 与 l_2 的夹角 $\angle(l_1,l_2)$ 为 $\angle(\boldsymbol{v}_1,\boldsymbol{v}_2)$, 或为 $\pi-\angle(\boldsymbol{v}_1,\boldsymbol{v}_2)$. 由两向量的夹角余弦公式得

$$\cos\angle(l_1,l_2)=\cos\angle(\boldsymbol{v}_1,\boldsymbol{v}_2)=\pm\frac{\boldsymbol{v}_1\cdot\boldsymbol{v}_2}{|\boldsymbol{v}_1|\cdot|\boldsymbol{v}_2|}.$$

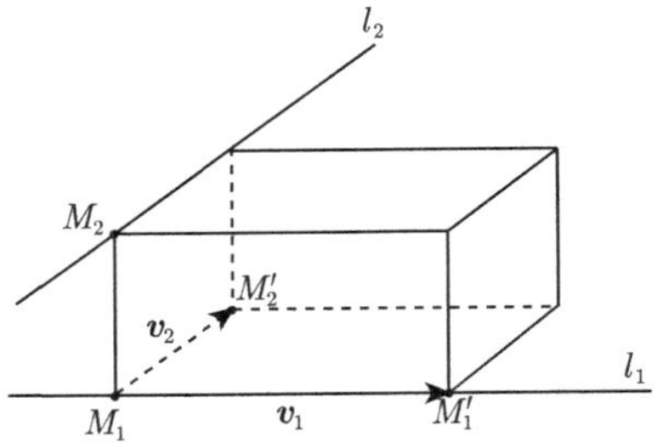

图 3.13 异面直线间的距离

若 l_1,l_2 平行, 二者之间的距离理解为点到直线的距离. 下设 l_1 与 l_2 异面. 如图 3.13 所示, 以 M_1 为始点作

$\overrightarrow{M_1M_1'}=\boldsymbol{v}_1$, $\overrightarrow{M_1M_2'}=\boldsymbol{v}_2$. 以 $\overrightarrow{M_1M_1'}$, $\overrightarrow{M_1M_2'}$, $\overrightarrow{M_1M_2}$ 为棱的平行六面体的体积为 $V=|(\overrightarrow{M_1M_2},\boldsymbol{v}_1,\boldsymbol{v}_2)|$; 以 $\boldsymbol{v}_1$, $\boldsymbol{v}_2$ 为邻边的平行四边形的面积为 $S=|\boldsymbol{v}_1\times\boldsymbol{v}_2|$, 于是平行六面体的高即为 l_1, l_2 间的距离, 也就是说

$$d(l_1,l_2)=\frac{|(\overrightarrow{M_1M_2},\ \boldsymbol{v}_1,\ \boldsymbol{v}_2)|}{|\boldsymbol{v}_1\times\boldsymbol{v}_2|}.$$

3. 异面直线的公垂线

和两条异面直线都垂直相交的直线称为两条异面直线的**公垂线**. 可以证明, 两条异面直线的公垂线存在而且唯一. 公垂线夹在两条异面直线之间的线段的长就是两条异面直线间的距离. 下面我们讨论如何求异面直线公垂线的方程.

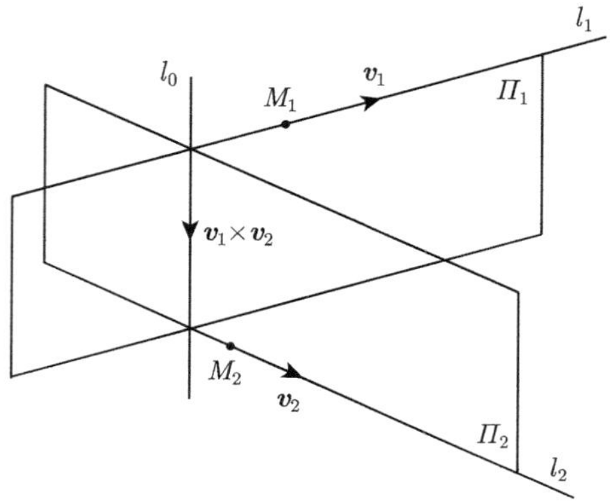

图 3.14　异面直线的公垂线

设两条异面直线 l_1, l_2 的公垂线为 l_0, 则 l_0 的方向向量可以取作 $\boldsymbol{v}_1\times\boldsymbol{v}_2$. 显然 $\boldsymbol{v}_1\times\boldsymbol{v}_2\neq\boldsymbol{0}$, 因为 $\boldsymbol{v}_1$ 与 $\boldsymbol{v}_2$ 不共线. 于是, 公垂线 l_0 可以看作由过 l_1 上点 M_1, 以 $\boldsymbol{v}_1$, $\boldsymbol{v}_1\times\boldsymbol{v}_2$ 为方位向量的平面与过 l_2 上点 M_2, 以 $\boldsymbol{v}_2$, $\boldsymbol{v}_1\times\boldsymbol{v}_2$ 为方位向量的平面的交线 (图 3.14). 因此, 公垂线 l_0 的方程为

$$\begin{cases}(\boldsymbol{r}-\boldsymbol{r}_1,\boldsymbol{v}_1,\boldsymbol{v}_1\times\boldsymbol{v}_2)=0,\\(\boldsymbol{r}-\boldsymbol{r}_2,\boldsymbol{v}_2,\boldsymbol{v}_1\times\boldsymbol{v}_2)=0,\end{cases}$$

其中 $\boldsymbol{r}$ 是公垂线 l_0 上动点的位置向量, $\boldsymbol{r}_1=\overrightarrow{OM_1}$, $\boldsymbol{r}_2=\overrightarrow{OM_2}$.

例 3.13　已知两直线

$$l_1:\ \frac{x}{1}=\frac{y}{-1}=\frac{z+1}{0},\quad l_2:\ \frac{x-1}{1}=\frac{y-1}{1}=\frac{z-1}{0}.$$

证明 l_1,l_2 为异面直线, 并求其距离与公垂线的方程.

证明　直线 l_1 过点 $M_1(0,0,-1)$, 直线 l_2 过点 $M_2(1,1,1)$. l_1 与 l_2 的方向向量分别为 $\boldsymbol{v}_1=(1,-1,0)$, $\boldsymbol{v}_2=(1,1,0)$. 因为

$$(\overrightarrow{M_1M_2},\boldsymbol{v}_1,\boldsymbol{v}_2)=\begin{vmatrix}1&1&2\\1&-1&0\\1&1&0\end{vmatrix}=4\neq0,$$

所以, l_1, l_2 为异面直线.

设公垂线为 l_0, 因为公垂线的方向向量

$$\boldsymbol{v}=\boldsymbol{v}_1\times\boldsymbol{v}_2=(0,0,2),$$

所以两异面直线间的距离为

$$d(l_1,l_2)=\frac{|(\overrightarrow{M_1M_2},\boldsymbol{v}_1,\boldsymbol{v}_2)|}{|\boldsymbol{v}_1\times\boldsymbol{v}_2|}=2.$$

公垂线为 l_0 看成是过 M_1 以 $\boldsymbol{v}_1, \boldsymbol{v}_1\times\boldsymbol{v}_2$ 为方位向量的平面与过 M_2 以 $\boldsymbol{v}_2, \boldsymbol{v}_1\times\boldsymbol{v}_2$ 为方位向量的平面的交线, 即

$$\begin{cases}\begin{vmatrix} x & y & z+1 \\ 1 & -1 & 0 \\ 0 & 0 & 2 \end{vmatrix}=0, \\ \begin{vmatrix} x-1 & y-1 & z-1 \\ 1 & 1 & 0 \\ 0 & 0 & 2 \end{vmatrix}=0, \end{cases}$$

化简即得公垂线 l_0 的方程为 $\begin{cases} x+y=0, \\ x-y=0, \end{cases}$ 也可以表示为 $\begin{cases} x=0, \\ y=0, \end{cases}$ 即 z 轴.

习 题 3.2

1. 求下列各直线的方程.

(1) 通过点 $M_0(x_0, y_0, z_0)$ 且平行于两相交平面 Π_i : $A_ix+B_iy+C_iz+D_i=0\ (i=1,2)$;

(2) 通过点 $M(1,-5,3)$ 且与 x 轴、y 轴、z 轴分别成 60°, 45°, 120° 角;

(3) 通过点 $M(1,0,-2)$ 且与两直线 $\dfrac{x-1}{1}=\dfrac{y}{1}=\dfrac{z+1}{-1}$ 和 $\dfrac{x}{1}=\dfrac{y-1}{-1}=\dfrac{z+1}{0}$ 垂直;

(4) 通过点 $M(2,-3,-5)$ 且与平面 $6x-3y-5z+2=0$ 垂直的直线.

2. 求在直线 $\dfrac{x-1}{2}=\dfrac{y-8}{1}=\dfrac{z-8}{3}$ 上与原点相距 25 个单位的点的坐标.

3. 求关于直线 l : $\begin{cases} x-y-4z+12=0, \\ 2x+y-2z+3=0 \end{cases}$ 与点 $P(2,0,-1)$ 对称的点的坐标.

4. 化直线 l 的一般方程 $\begin{cases} 2x+y+z-5=0, \\ 2x+y-3z-1=0 \end{cases}$ 为标准方程.

5. 一直线与三坐标轴间的夹角分别为 α, β, γ, 证明:

$$\sin^2\alpha+\sin^2\beta+\sin^2\gamma=2.$$

6. 决定直线 l : $\begin{cases} A_1x+B_1y+C_1z=0, \\ A_2x+B_2y+C_2z=0 \end{cases}$ 和平面 Π : $(A_1+A_2)x+(B_1+B_2)y+(C_1+C_2)z=0$ 的相互位置.

7. 判定直线和平面的相关位置. 若平行, 求直线到平面的距离; 若相交, 求出交点及夹角.

(1) $\dfrac{x-3}{-2}=\dfrac{y+4}{-7}=\dfrac{z}{3}$ 与 $4x-2y-2z=3$;

(2) $\begin{cases} 5x-3y+2z-5=0, \\ 2x-y-z-1=0 \end{cases}$ 与 $4x-3y+7z-7=0$;

(3) $\begin{cases} x=t, \\ y=-2t+9 \\ z=9t-4. \end{cases}$ 与 $3x-4y+7z-10=0$,

8. 判断下列各对直线的相关位置, 如果是相交的或平行的, 求它们所在的平面; 如果是异面直线, 求出它们之间的距离和公垂线的方程.

(1) $\begin{cases} x-2y+2z=0, \\ 3x+2y-6=0 \end{cases}$ 与 $\begin{cases} x+2y-z-11=0, \\ 3x+z-14=0; \end{cases}$

(2) $\dfrac{x-3}{3}=\dfrac{y-8}{-1}=\dfrac{z-3}{1}$ 与 $\dfrac{x+3}{-3}=\dfrac{y+7}{2}=\dfrac{z-6}{4}$;

(3) $\begin{cases} x=t, \\ y=2t-1, \\ z=-t-2 \end{cases}$ 与 $\dfrac{x-1}{4}=\dfrac{y-7}{7}=\dfrac{z+2}{-5}$.

9. 确定 λ, μ 的值, 使

(1) 直线 $\dfrac{x-1}{4}=\dfrac{y+2}{3}=\dfrac{z}{1}$ 与平面 $\lambda x+3y-5z+1=0$ 平行;

(2) 直线 $\begin{cases} x=2t+2, \\ y=-4t-5, \\ z=3t-1 \end{cases}$ 与平面 $\lambda x+\mu y+6z-7=0$ 垂直.

10. 求过点 $P(2,1,0)$, 且与直线 $l_0:\dfrac{x-5}{3}=\dfrac{y}{2}=\dfrac{z+25}{-2}$ 垂直相交的直线 l 的方程.

11. 求两相交直线 $l_1:\dfrac{x}{0}=\dfrac{y}{1}=\dfrac{z}{1}$ 与 $l_2:\dfrac{x}{1}=\dfrac{y}{0}=\dfrac{z}{1}$ 的交角平分线方程.

12. 求点 $P(2,3,-1)$ 到直线 $l:\begin{cases} 2x-2y+z+3=0, \\ 3x-2y+2z+17=0 \end{cases}$ 的距离.

13. 直线方程

$$\begin{cases} A_1x+B_1y+C_1z+D_1=0, \\ A_2x+B_2y+C_2z+D_2=0 \end{cases}$$

的系数满足什么条件才能使该直线在 xOz 面内.

14. 一直线通过点 $(1,2,3)$, 且与 z 轴相交, 垂直于直线 $x=y=z$, 求这条直线的方程.

15. 设一直线通过点 $M_0(1,3,5)$, 且与 z 轴相交, 又与平面 $3x+2y+z+1=0$ 平行, 求这条直线的方程.

3.3 平 面 束

空间中经过一条直线的平面有无穷多个. 同样, 平行于某一平面的平面也有无穷多个. 我们把通过同一空间直线 l 的所有平面称为以 l 为轴的**有轴平面束**. 把平行于同一平面的所有平面称为**平行平面束**.

有了这样的概念, 为寻求经过直线 l 且满足某种属性的平面方程, 我们只需将目标锁定在以 l 为轴的有轴平面束中. 类似地, 为寻求平行于某一平面 Π 且满足某种属性的平面方程, 只需将目标锁定在平面 Π 的平行平面束中. 由此可见, 给出有轴平面束和平行平面束的特征对应用来说就显得尤为必要. 下面两个定理正是为此目的.

3.3.1 有轴平面束的特征

定理 3.6 在仿射坐标系 $O\text{-}xyz$ 中, 以两个相交平面 Π_i: $A_ix+B_iy+C_iz+D_i=0$, $i=1,2$ 的交线 l 为轴的有轴平面束的方程是

$$\sum_{i=1}^{2}\lambda_i(A_ix+B_iy+C_iz+D_i)=0, \tag{3.22}$$

其中 λ_1, λ_2 是不全为零的任意实数.

证明 首先证明方程 (3.22) 表示一平面, 而且直线 l 过该平面. 为此, 将方程 (3.22) 改写成

$$(\lambda_1 A_1+\lambda_2 A_2)x+(\lambda_1 B_1+\lambda_2 B_2)y+(\lambda_1 C_1+\lambda_2 C_2)z+(\lambda_1 D_1+\lambda_2 D_2)=0,$$

其中 $\lambda_1 A_1+\lambda_2 A_2$, $\lambda_1 B_1+\lambda_2 B_2$, $\lambda_1 C_1+\lambda_2 C_2$ 不全为零. 否则有 $\dfrac{A_1}{A_2}=\dfrac{B_1}{B_2}=\dfrac{C_1}{C_2}$, 这与 Π_1 和 Π_2 是相交平面相矛盾. 因此式 (3.22) 为三元一次方程, 表示一平面. 因为 Π_1 与 Π_2 的交点坐标都满足 Π_1, Π_2 的方程, 从而必满足方程 (3.22). 故方程 (3.22) 总表示过 l 的平面.

其次证明通过 l 的平面 Π 的方程一定是式 (3.22) 的形式.

设 Π 是通过 l 的任一平面, 取 $M_0(x_0,y_0,z_0)\in\Pi$, 但 $M_0\notin l$, 使得 $\Pi\bigcap\Pi_2=l$, 于是, $M_0\notin\Pi_1$ 或 $M_0\notin\Pi_2$, 所以, $A_i x_0+B_i y_0+C_i z_0+D_i$ 至少有一个不为零. 令 $\lambda_1=A_2x_0+B_2y_0+C_2z_0+D_2$, $\lambda_2=A_1x_0+B_1y_0+C_1z_0+D_1$, 并设平面

$$\Pi':\ \lambda_2(A_1x+B_1y+C_1z+D_1)-\lambda_1(A_2x+B_2y+C_2z+D_2)=0.$$

则显然有

$$l\subset\Pi,\quad l\subset\Pi',$$
$$M_0\in\Pi,\quad M_0\in\Pi',\quad 而\ M_0\notin l,$$

即 Π 与 Π' 都是由直线 l 及其外一点 M_0 决定, 由唯一性知, Π 与 Π' 重合.

3.3.2 平行平面束的特征

定理 3.7 *在仿射坐标系 O-xyz 中, 由平面 Π_0 : $Ax+By+Cz+D=0$ 决定的平行平面束方程为*

$$Ax+By+Cz+\lambda=0,\quad \forall\lambda\in\mathbb{R}. \tag{3.23}$$

证明 对 $\forall\ \lambda\in\mathbb{R}$, 显然可见平面 $Ax+By+Cz+\lambda=0$ 与 Π_0 平行. 只需证明与 Π_0 平行的平面的方程都具有 $Ax+By+Cz+\lambda=0$ 的形式, 对某个 $\lambda\in\mathbb{R}$.

事实上, 设平面 Π : $A'x+B'y+C'z+D'=0$ 与 Π_0 平行, 则 $A'{:}B'{:}C'=A{:}B{:}C=t$ (t 为非零常数), 即有 $A'=At$, $B'=Bt$, $C'=Ct$, 于是 Π 的方程可表示为 $Ax+By+Cz+\dfrac{D'}{t}=0$. 令 $\lambda=\dfrac{D'}{t}$, 那么 Π : $Ax+By+Cz+\lambda=0$.

从上述两个定理不难发现, 在有轴平面束或平行平面束中寻找满足某种属性的平面, 只需以这种属性作为条件去确定方程 (3.22) 中 λ_1 和 λ_2 的比值, 或去确定方程 (3.23) 中 λ 的值. 平面束方法是解决有关平面问题的一个强有力的工具, 请读者一定要花力气去理解、掌握并能灵活运用它.

例 3.14 *求通过平面 $4x-y+3z-1=0$ 与 $x+5y-z+2=0$ 的交线, 且与平面 $2x-y+5z-3=0$ 垂直的平面方程.*

解 设所求平面方程为 $\lambda(4x-y+3z-1)+\mu(x+5y-z+2)=0$. 该平面的法向量为 $\boldsymbol{n}=(4\lambda+\mu,-\lambda+5\mu,3\lambda-\mu)$. 由题意知向量 $\boldsymbol{n}$ 与向量 $(2,-1,5)$ 互相垂直, 因而有

$$2(4\lambda+\mu)-(-\lambda+5\mu)+5(3\lambda-\mu)=0.$$

解得 $\lambda{:}\mu=1{:}3$. 取 $\lambda=1$, 则 $\mu=3$. 于是所求平面方程为 $7x+14y+5=0$.

例 3.15 求经过平面 $x+5y+z=0$ 与 $x-z+2=0$ 的交线且与平面 $x-4y-8z+12=0$ 成 $\dfrac{\pi}{4}$ 角的平面方程.

解 设所求平面方程是 $\lambda(x+5y+z)+\mu(x-z+2)=0$, 这里 λ,μ 是两个不全为零的待定实数. 上述平面方程改写为

$$(\lambda+\mu)x+5\lambda y+(\lambda-\mu)z+2\mu=0.$$

其法向量为 $\boldsymbol{n}=(\lambda+\mu,5\lambda,\lambda-\mu)$.

设 $\boldsymbol{n}^*=(1,-4,-8)$, 由题设条件有 $\angle(\boldsymbol{n},\boldsymbol{n}^*)=\dfrac{\pi}{4}$ 或 $\dfrac{3\pi}{4}$. 于是, 利用 $\cos^2\dfrac{\pi}{4}=\cos^2\dfrac{3\pi}{4}$, 有

$$|\boldsymbol{n}\cdot\boldsymbol{n}^*|^2=|\boldsymbol{n}|^2|\boldsymbol{n}^*|^2\cos^2\frac{\pi}{4}=\frac{1}{2}|\boldsymbol{n}|^2|\boldsymbol{n}^*|^2.$$

由于

$$\boldsymbol{n}\cdot\boldsymbol{n}^*=9\mu-27\lambda,\quad |\boldsymbol{n}|^2=27\lambda^2+2\mu^2,\quad |\boldsymbol{n}^*|^2=81,$$

从而有

$$2(9\mu-27\lambda)^2=81(27\lambda^2+2\mu^2),$$

化简得 $3\lambda^2+4\lambda\mu=0$. 解得 $\lambda=0$ 或 $\lambda=-\dfrac{4}{3}\mu$.

当 $\lambda=0$ 时, 取 $\mu=1$, 所求的平面方程为 $x-z+2=0$. 当 $\lambda=-\dfrac{4}{3}\mu$ 时, 取 $\mu=-3$, 则 $\lambda=4$, 所求的另一平面的方程为 $x+20y+7z-6=0$.

例 3.16 求与平面 $3x+y-z+4=0$ 平行, 且在 z 轴上截距为 -2 的平面方程.

解 设所求平面方程为 $3x+y-z+\lambda=0$. 将其改写成截距式得

$$\frac{x}{\frac{-\lambda}{3}}+\frac{y}{-\lambda}+\frac{z}{\lambda}=1.$$

由题意得 $\lambda=-2$. 因此所求平面方程为 $3x+y-z-2=0$.

习 题 3.3

1. (1) 直线方程 $\begin{cases}A_1x+B_1y+C_1z+D_1=0,\\ A_2x+B_2y+C_2z+D_2=0\end{cases}$ 的系数满足什么条件才能使该直线在 xOz 面内.

(2) 当 l,m 为何值时, 直线 $\begin{cases}x-2y+z-9=0,\\ 3x+ly+z+m=0\end{cases}$ 在 xOy 面内.

2. 求通过直线 $l:\begin{cases}2x-y-2z+1=0,\\ x+y+4z-2=0\end{cases}$ 且在 y 轴和 z 轴上有相同非零截距的平面方程.

3. 求与平面 $3x+6y-9z+5=0$ 平行, 且在三个坐标轴上的截距之和为 7 的平面方程.

4. 求过点 $(0,0,1)$ 和直线 $\dfrac{x-1}{3}=\dfrac{y-1}{2}=z$ 的平面方程.

5. 在由平面 $2x+y-3z+2=0$ 与 $5x+5y-4z+3=0$ 决定的平面束内, 求两个互相垂直的平面, 且使其中一个平面通过点 $P(4,-3,1)$.

6. 求通过点 $(2,0,-8)$ 且垂直于平面 $x-2y+4z-7=0$ 与 $3x+5y-2z+1=0$ 的平面方程.

7. 已知三个平面 $\Pi_1: 2x+3y-4z+5=0$, $\Pi_2: 2x-z+7=0$, $\Pi_3: x+y-z=0$. 求含 Π_1, Π_2 的交线 l 的平面 Π, 使得 Π 与 Π_3 的交线 l_1 垂直于 l.

8. 设三平面的方程为

$$\Pi_1:\ 2x-3y+z-1=0,$$

$$\Pi_2:\ x-5y+2z-3=0,$$

$$\Pi_3:\ 3x-y+\lambda z+\mu=0.$$

试求满足下列条件的 λ, μ 的值,

(1) 三平面交于一点;

(2) 三平面通过同一直线;

(3) 三平面无公共点.

9. 证明三平面 $\Pi_1:\ 2x-y+5=0$, $\Pi_2:\ x-2y+z+2=0$, $\Pi_3:\ 4x-5y+2z+9=0$ 在同一平面束中.

第 4 章　直纹面与旋转曲面

本章首先介绍三类特殊曲面: 柱面、锥面和旋转曲面, 它们都是由一族特殊曲线 (直线或圆) 构成的曲面. 通常, 可以将曲面看成空间动点的轨迹来建立它的方程. 除此之外, 按照“线动成面” 的说法, 曲面还可以看成空间动曲线的轨迹来建立方程. 我们将根据这些特殊曲面的几何特征, 从直线或圆的方程出发来建立它们的方程. 最后根据柱面和锥面的共同特征给出直纹面的定义, 为第 5 章学习直纹二次曲面做准备.

4.1　柱面和锥面

柱面和锥面直观上可以理解成由一条直线沿着一条曲线按一定的方式运动所产生的. 本节将直线的运动方式直观地表述出来, 从而给出柱面和锥面动态生成的定义, 以分别建立它们的方程, 并由此引出二次柱面和二次锥面的概念.

4.1.1　柱面

1. *柱面方程的建立*

在空间, 由平行于一定方向 $\boldsymbol{v}$ 的动直线 l, 沿着一条空间定曲线 C 平行移动所产生的曲面称为**柱面**(图 4.1), 其中定方向 $\boldsymbol{v}$、定曲线 C 分别称为柱面的**方向**和**准线**. 那族平行直线中每条直线都称为柱面的**直母线**.

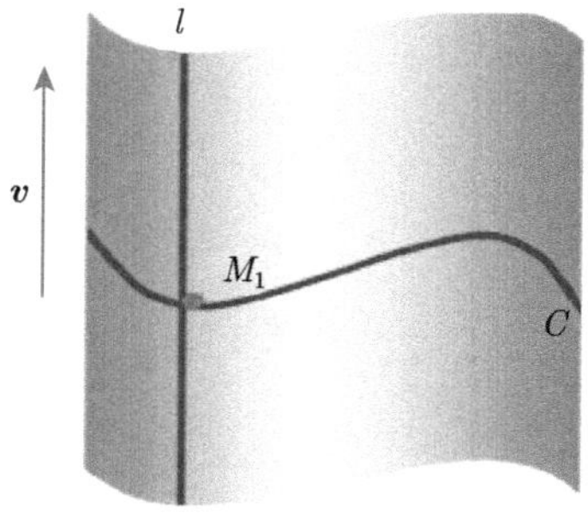

图 4.1　柱面

显然, 柱面由它的方向和准线唯一确定. 但对于一个柱面, 它的准线并非唯一, 任何一条与所有直母线都相交的曲线均可作为准线, 它可为平面曲线亦可为空间曲线.

下面建立以 C 为准线, 方向为 $\boldsymbol{v}$ 的柱面的参数方程和一般方程.

若 C 的参数方程为 $\boldsymbol{\rho}(t)=(f(t),g(t),h(t))$, $a\leqslant t\leqslant b$. 并设 $\boldsymbol{v}=(X,Y,Z)$. 则过准线上每一点 M_1 (参数记为 t_1) 以 $\boldsymbol{v}$ 为方向的直母线为 $\boldsymbol{\rho}(t_1)+s\boldsymbol{v}$. 当 M_1 跑遍准线时, 所得直母线就形成了柱面. 因此将直母线方程中 t_1 (记作 t) 和 s 同样作为参数, 即得柱面的向量式参

数方程为

$$\boldsymbol{r}(t,s)=\boldsymbol{\rho}(t)+s\boldsymbol{v},\quad a\leqslant t\leqslant b,\ \ -\infty<s<+\infty.$$

写成坐标式参数方程即

$$\begin{cases}x=f(t)+sX,\\ y=g(t)+sY,\\ z=h(t)+sZ\end{cases}\quad \big(a\leqslant t\leqslant b,-\infty<s<+\infty\big).$$

消去参数 t,s 便得到柱面的一般方程.

如果不方便将准线表示成参数方程, 讨论由一般方程出发建立柱面方程的方法是必要的. 为此, 设准线 C 的一般方程为

$$\begin{cases}F(x,y,z)=0,\\ G(x,y,z)=0.\end{cases}$$

点 $M(x,y,z)$ 在所求柱面上当且仅当 M 在某一条直母线 l 上, 即准线 C 上有一点 $M_1(x_1,y_1,z_1)$, 使 M 在过 M_1 且以 $\boldsymbol{v}$ 为方向的直线 $l:\dfrac{x-x_1}{X}=\dfrac{y-y_1}{Y}=\dfrac{z-z_1}{Z}$ 上. 因此, 令 $\dfrac{x-x_1}{X}=\dfrac{y-y_1}{Y}=\dfrac{z-z_1}{Z}=\lambda$, 则

$$\begin{cases}F(x_1,y_1,z_1)=0,\\ G(x_1,y_1,z_1)=0,\\ x=x_1+\lambda X,\\ y=y_1+\lambda Y,\\ z=z_1+\lambda Z\end{cases}\xrightarrow{\text{消去 } x_1,y_1,z_1}\begin{cases}F(x-\lambda X,y-\lambda Y,z-\lambda Z)=0,\\ G(x-\lambda X,y-\lambda Y,z-\lambda Z)=0.\end{cases}$$

再消去参数 λ, 得到 x,y,z 的一个方程, 就是所求柱面的一般方程.

例 4.1 求以曲线 $C:\begin{cases}x^2+y^2+z^2=1,\\ 2x^2+2y^2+z^2=2\end{cases}$ 为准线、母线方向为 $\boldsymbol{v}=(-1,0,1)$ 的柱面方程.

解 由恒等变形, 准线的方程为

$$C:\begin{cases}x^2+y^2=1,\\ z=0.\end{cases}$$

显见, 它是 xOy 面上圆心在原点的单位圆. 熟知它的参数方程为 $\boldsymbol{\rho}(t)=(\cos t,\sin t,0)$. 于是所求柱面的向量式参数方程为

$$\begin{aligned}\boldsymbol{r}(t,s)&=\boldsymbol{\rho}(t)+s\boldsymbol{v}\\ &=(\cos t,\sin t,0)+s(-1,0,1)\\ &=(\cos t-s,\sin t,s).\end{aligned}$$

消去参数 t, s 得到柱面的一般方程为

$$(x+z)^2+y^2=1.$$

请读者直接由 C 的一般方程推导柱面的方程.

2. 母线平行于坐标轴的柱面

对母线平行于坐标轴的柱面, 其方程有简单的构成, 这就是下面的定理.

定理 4.1　在空间直角坐标系中, 柱面是母线平行于 x 轴 (或 y 轴, 或 z 轴) 的当且仅当柱面的方程中不含 x (或不含 y, 或不含 z).

证明　设柱面的母线平行于 z 轴, 则柱面与 xOy 面的交线 C 可以作为准线. 设准线 C 的方程为

$$\begin{cases} f(x,y)=0, \\ z=0. \end{cases}$$

动点 $M(x,y,z)$ 在此柱面上当且仅当 C 上有一点 $M_1(x_1,y_1,z_1)$, 使 M 在过 M_1 且以 $\boldsymbol{v}=(0,0,1)$ 为方向的直母线 $l: \dfrac{x-x_1}{0}=\dfrac{y-y_1}{0}=\dfrac{z-z_1}{1}$ 上. 即

$$\begin{cases} f(x_1,y_1)=0, \quad z_1=0, \\ \dfrac{x-x_1}{0}=\dfrac{y-y_1}{0}=\dfrac{z-z_1}{1}. \end{cases}$$

消去 x_1, y_1, z_1 得到

$$\begin{cases} f(x,y)=0, \\ z=\lambda. \end{cases}$$

由于参数 λ 可取任意值, 所以, 柱面方程为 $f(x,y)=0$.

反之, 任给一个不含 z 的方程 $g(x,y)=0$, 我们考虑以曲线

$$C': \begin{cases} g(x,y)=0, \\ z=0 \end{cases}$$

为准线, 以 $\boldsymbol{v}=(0,0,1)$ 为直母线方向的柱面. 由上述必要性的证明知道, 这个柱面的方程为 $g(x,y)=0$. 因此, 方程 $g(x,y)=0$ 表示一个母线平行于 z 轴的柱面.

母线平行于 x 轴, y 轴的情形可类似地证明.

根据定理 4.1, 在空间直角坐标系中, 方程

$$\frac{x^2}{a^2}+\frac{y^2}{b^2}=1, \quad \frac{x^2}{a^2}-\frac{y^2}{b^2}=1, \quad y^2=2px$$

都表示母线平行于 z 轴的柱面. 由于这些柱面与 xOy 面的交线分别是椭圆、双曲线和抛物线, 因此, 相应的柱面分别称为**椭圆柱面**、**双曲柱面**和**抛物柱面**. 这三种类型的柱面方程都是二次的, 因此统称为**二次柱面**(图 4.2). 注意, 不是每个柱面的方程都是二次的, 例如平面作为特殊的柱面, 其方程就是一次的.

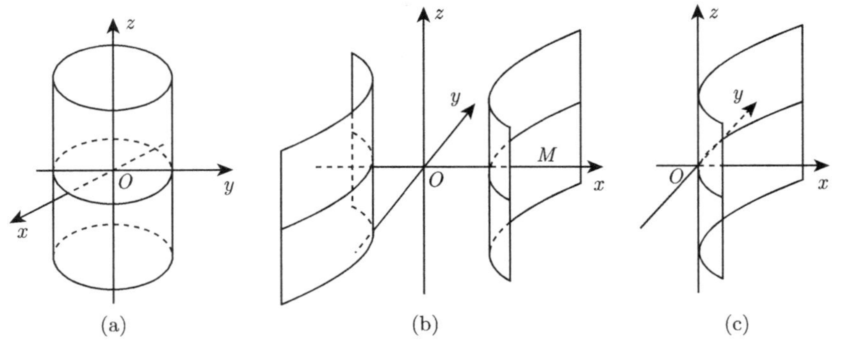

图 4.2　二次柱面

综上, 任意一个在平面直角坐标系中表示曲线的二次方程 $f(x,y)=0$, 在空间直角坐标系中就表示母线平行于 z 轴的柱面了. 若要在空间直角坐标系中表示该曲线的方程, 则还要与该曲线所在坐标平面的方程联立, 即

$$\begin{cases} f(x,y)=0, \\ z=0. \end{cases}$$

这也警示读者, 方程 $f(x,y)=0$ 表示的图形在平面直角坐标系和空间直角坐标系中是要认真区分的.

3. 圆柱面

圆柱面是一个特殊的柱面, 它有两种生成方式: 其一是作为到定直线距离等于定长的动点的轨迹; 其二是作为动直线的运动轨迹, 这些动直线处处平行, 且沿着与这族直线垂直的平面上的一个圆周平行移动. 第 1 章我们将其看成动点的轨迹, 用坐标法建立了以坐标轴为对称轴、半径为 R 的圆柱面的一般方程和参数方程. 如以 z 轴为对称轴、半径为 R 的圆柱面的一般方程和参数方程分别为

$$x^2+y^2=R^2; \quad \begin{cases} x=R\cos\theta, \\ y=R\sin\theta, \\ z=t. \end{cases}$$

现在我们继续讨论以任一直线为对称轴的圆柱面的方程. 设轴 l 的方程为

$$l:\ \frac{x-x_0}{X}=\frac{y-y_0}{Y}=\frac{z-z_0}{Z}, \quad M_0(x_0,y_0,z_0)\in l, \quad \boldsymbol{v}=(X,Y,Z).$$

以 l 为对称轴、半径为 R 的圆柱面记为 S.

作为动点的轨迹考虑时, 动点 $M(x,y,z)\in S$ 当且仅当点 M 到轴 l 的距离为 R, 即

$$\frac{|\overrightarrow{M_0M}\times\boldsymbol{v}|}{|\boldsymbol{v}|}=R.$$

由此出发可求得圆柱面的方程. 特别地, 以 z 轴为对称轴时, 取 $\boldsymbol{v}=(0,0,1)$, M_0 为坐标原点, 直接计算得到圆柱面的方程为 $x^2+y^2=R^2$, 与第 1 章用坐标法得到的方程一致.

作为动直线的轨迹考虑时, 圆柱面的准线可取为与轴垂直的平面上的圆, 按照一般柱面方程的建立过程, 只要设法求得准线的方程便可得到圆柱面的方程. 当然, 求圆柱面的方程时, 不必拘泥于某一种方法, 可以充分利用圆柱面的几何特点, 根据不同的问题选择合适的方法. 下面再举一例启发读者.

例 4.2 求过三条平行直线 $l_1: \dfrac{x}{0} = \dfrac{y-1}{1} = \dfrac{z+1}{1}$, $l_2: \dfrac{x}{0} = \dfrac{y}{1} = \dfrac{z-2}{1}$, $l_3: \dfrac{x-\sqrt{2}}{0} = \dfrac{y-1}{1} = \dfrac{z-1}{1}$ 的圆柱面的方程.

解 本题若先求准线, 利用求一般柱面方程的方法, 计算将非常烦琐. 这里我们采用求轴和半径, 然后求圆柱面方程的方法.

设点 $M(x,y,z)$ 是所求圆柱面轴 l 上任一点, 则点 M 到三条已知直线的距离相等. 由点到直线的距离公式可得方程组

$$\begin{aligned}\frac{|(x,y-1,z+1)\times(0,1,1)|}{|(0,1,1)|} &= \frac{|(x,y,z-2)\times(0,1,1)|}{|(0,1,1)|}\\ &= \frac{|(x-\sqrt{2},y-1,z-1)\times(0,1,1)|}{|(0,1,1)|}.\end{aligned}$$

整理得 $\begin{cases} y-z=0, \\ \sqrt{2}x+y-z=0, \end{cases}$ 再化成对称式即得圆柱面的轴为 $l: \dfrac{x}{0} = \dfrac{y}{1} = \dfrac{z}{1}$.

直线 l_1 上点 $M_1(0,1,-1)$ 到轴 l 的距离就是圆柱面的半径 R, 由点到直线的距离公式求得 $R=\sqrt{2}$. 知道了圆柱面的轴 l 的方程和半径 R, 就不难求出所求圆柱面的方程为

$$2x^2+y^2+z^2-2yz-4=0.$$

4. 空间曲线对坐标面的投影柱面

从曲线 C 的每一点向平面 Π 作垂线, 由所有垂足组成的曲线称为曲线 C 在平面 Π 上的**投影曲线**, 所有垂线组成的曲面是一个柱面, 称为曲线 C 对平面 Π 的**投影柱面**(图 4.3). 于是一条空间曲线 C 在一平面 Π 上的投影曲线就是曲线 C 对平面 Π 的投影柱面与平面 Π 的交线, 而投影柱面就是以曲线 C 为准线、母线方向与平面 Π 垂直的柱面.

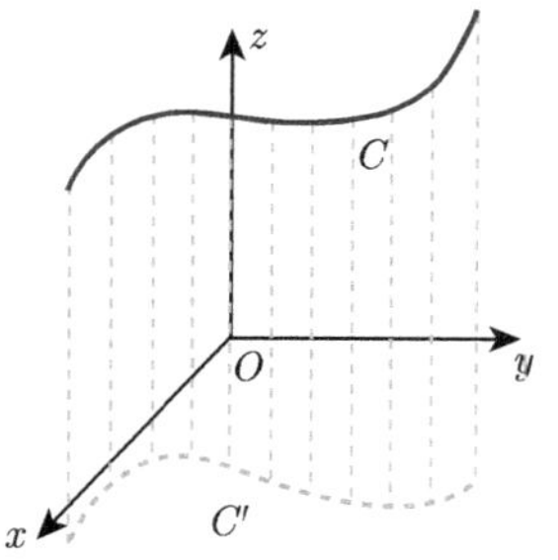

图 4.3　投影柱面

特别地, 如果是求空间曲线对坐标面的投影柱面, 有两种方法可供选择使用. 例如, 为求空间曲线

$$C: \begin{cases} F(x,y,z)=0, \\ G(x,y,z)=0 \end{cases}$$

对 xOy 面的投影柱面, 一种方法是忠实地重复柱面方程的建立过程, 求以 C 为准线、母线平行于 z 轴的柱面. 另一种思路是: 不必重复柱面方程的建立过程, 直接从曲线 C 的方程中消去 z 后得到与之等价的方程组

$$\begin{cases} f(x,y)=0, \\ G(x,y,z)=0. \end{cases}$$

由定理 4.1, $f(x,y)=0$ 表示母线平行于 z 轴的柱面, 此柱面正是空间曲线 C 对 xOy 面的投影柱面, 而曲线

$$\begin{cases} f(x,y)=0, \\ z=0 \end{cases}$$

即为空间曲线 C 在 xOy 面上的投影曲线. 类似的方法可得到 C 在其他两个坐标平面上的投影柱面和投影曲线.

若曲线 C 由参数方程给出, 求其在坐标平面上的投影曲线和投影柱面就更容易了. 例如, 设曲线 C 的参数方程为 C: $\boldsymbol{\rho}(t)=(f(t),g(t),h(t))$, $a\leqslant t\leqslant b$. 则 C 在 xOy 面上的投影曲线和投影柱面的参数方程分别为

$$\begin{cases} x=f(t), \\ y=g(t), \quad (a\leqslant t\leqslant b); \\ z=0 \end{cases} \quad \begin{cases} x=f(t), \\ y=g(t), \quad \Big(a\leqslant t\leqslant b,-\infty<s<\infty\Big). \\ z=s \end{cases}$$

例 4.3 求曲线 C: $x^2+y^2+z^2=1$, $x^2+y^2-x=0$ 在各个坐标面上的投影曲线.

解 曲线 C 是一个球面和一个母线平行于 z 轴的圆柱面的交线. 由于圆柱面的方程本身不含 z, 因此它就是曲线 C 对 xOy 面的投影柱面. 于是曲线 C 在 xOy 面上的投影曲线方程为

$$\begin{cases} x^2+y^2-x=0, \\ z=0. \end{cases}$$

从曲线 C 的方程中分别消去 x,y, 便得到曲线 C 分别对 yOz 面和 xOz 面的投影柱面方程为

$$z^4-z^2+y^2=0; \quad z^2+x-1=0.$$

从而, 曲线 C 在 yOz 面和 xOz 面上的投影曲线方程分别为

$$\begin{cases} z^4-z^2+y^2=0, \\ x=0; \end{cases} \quad \begin{cases} z^2+x-1=0, \\ y=0. \end{cases}$$

4.1.2 锥面

1. 锥面方程的建立

过空间一定点 M_0 的动直线 l, 沿着一条 (不经过 M_0 的) 空间定曲线 C 连续移动产生的曲面称为**锥面**(图 4.4). 定点 M_0 称为锥面的**顶点**, 定曲线 C 称为锥面的**准线**, 构成锥面的直线称为锥面的**直母线**.

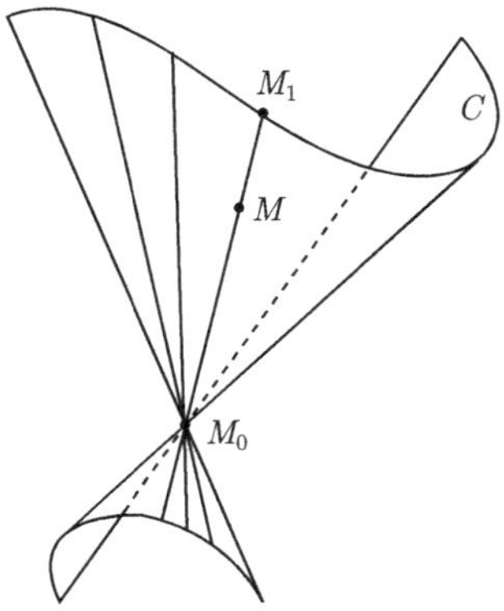

图 4.4 锥面

圆锥面是锥面. 平面是一种特殊的锥面, 它上面的每一点都可作为锥面的顶点. 显然, 锥面由它的顶点和准线所确定. 对于锥面, 它的顶点是唯一的, 但准线不唯一. 任何一条与所有直母线相交的曲线都可作为准线. 另外, 顶点与锥面上任何其他点的连线均在锥面上.

下面建立以 C 为准线, 顶点为 $M_0(x_0,y_0,z_0)$ 的锥面的参数方程和一般方程.

若 C 的参数方程为 $\boldsymbol{\rho}(t)=(f(t),g(t),h(t))$, $a\leqslant t\leqslant b$. 并记 M_0 的位置向量为 $\boldsymbol{r}_0$. 类似于柱面时的作法, 不难理解锥面的向量式参数方程为

$$\boldsymbol{r}(t,s)=\boldsymbol{r}_0+s(\boldsymbol{\rho}(t)-\boldsymbol{r}_0),$$

其中参数 $a\leqslant t\leqslant b$, $-\infty<s<+\infty$. 写成坐标式即

$$\begin{cases}x=x_0+s(f(t)-x_0),\\ y=y_0+s(g(t)-y_0),\\ z=z_0+s(h(t)-z_0)\end{cases}\quad\Big(a\leqslant t\leqslant b,-\infty<s<+\infty\Big).$$

消去参数 t,s 便得到锥面的一般方程.

如果已知准线 C 的一般方程

$$\begin{cases}F(x,y,z)=0,\\ G(x,y,z)=0,\end{cases}$$

则点 $M(x,y,z)$ 在此锥面上当且仅当 M 在某一条直母线上, 即准线 C 上有一点 $M_1(x_1,y_1,z_1)$, 使 M 在由点 M_0,M_1 确定的直母线 l 上. 因此, 有

$$\begin{cases}F(x_1,y_1,z_1)=0,\\ G(x_1,y_1,z_1)=0\end{cases}\quad(\ M_1\in C\ ),$$
$$\frac{x-x_0}{x_1-x_0}=\frac{y-y_0}{y_1-y_0}=\frac{z-z_0}{z_1-z_0}\quad(\ M\in l\ ).$$

类似于柱面方程的建立过程, 消去 x_1,y_1,z_1 便得到 x,y,z 的一个方程, 就是所求锥面的方程.

例 4.4　*求顶点在原点, 准线为平面曲线 $C:f(x,y)=0,\ z=h$ 的锥面方程.*

解　设 $M(x,y,z)$ 为锥面上任一动点. 则存在唯一一点 $M_1(x_1,y_1,z_1)\in C$, 使得点 M 在由 M_1, O 确定的直母线 l 上. 于是

$$\begin{cases}f(x_1,y_1)=0,\ z_1=h & (\ M_1\in C\ ),\\ \dfrac{x}{x_1}=\dfrac{y}{y_1}=\dfrac{z}{z_1}\overset{令}{=}\dfrac{1}{\lambda} & (\ M\in l\ )\end{cases}\xrightarrow{消去\ x_1,y_1,z_1}\begin{cases}f(\lambda x,\lambda y)=0,\\ \lambda z=h\end{cases}$$

$$\xrightarrow{消去\ \lambda} f\Big(\frac{hx}{z},\frac{hy}{z}\Big)=0.$$

即以 C 为准线、顶点在原点的锥面方程为 $f\Big(\dfrac{hx}{z},\dfrac{hy}{z}\Big)=0$.

类似地, 顶点为原点, 准线为 $g(x,z)=0$, $y=k$ 的锥面方程为 $g\Big(\dfrac{kx}{y},\dfrac{kz}{y}\Big)=0$; 准线为 $h(y,z)=0$, $x=m$ 的锥面方程为 $h\Big(\dfrac{my}{x},\dfrac{mz}{x}\Big)=0$.

特别地, 顶点在原点, 准线为椭圆 $\dfrac{x^2}{a^2}+\dfrac{y^2}{b^2}=1$, $z=c$ 的锥面方程为

$$\frac{x^2}{a^2}+\frac{y^2}{b^2}=\frac{z^2}{c^2}.\tag{4.1}$$

方程 (4.1) 是关于 x, y, z 的二次方程, 由该方程表示的锥面称为**二次锥面**.

二次锥面有良好的对称性. 由于它的方程 (4.1) 中各坐标仅以平方项出现, 所以二次锥面关于各坐标平面、坐标轴和坐标原点都是对称的.

注 4.1 细心的读者也许会发现顶点在原点, 准线为双曲线 $\dfrac{z^2}{c^2} - \dfrac{x^2}{a^2} = 1$, $y = b$ 的锥面方程也是 (4.1). 这是由于用不同的平面去截同一个二次锥面所得到的截口可能是椭圆, 也可能是双曲线或者是抛物线.

2. 圆锥面

如果锥面有一对称轴, 它的每条直母线与对称轴所夹的锐角都相等, 则称此锥面为**圆锥面**. 母线与对称轴所夹的锐角称为圆锥面的**半顶角**. 与轴垂直的平面截圆锥面所得交线为圆. 如果已知准线圆方程和顶点的坐标, 利用本节开始的方法就可建立圆锥面的方程. 如果已知顶点 M_0 的坐标和轴 l 的方向向量 $\boldsymbol{v}$ 以及半顶角 θ, 则点 $M(x, y, z)$ 在圆锥面上的充要条件是

$$\angle(\overrightarrow{M_0M}, \boldsymbol{v}) = \theta \text{ 或 } \pi - \theta.$$

因此有

$$|\cos\angle(\overrightarrow{M_0M}, \boldsymbol{v})| = \cos\theta.$$

从上式也可求得圆锥面的方程.

特别地, 选取圆锥面的顶点 O 为坐标原点、对称轴为 z 轴建立右手直角坐标系. 则得到半顶角为 θ 的圆锥面的方程为

$$x^2 + y^2 - (\tan^2\theta)z^2 = 0. \tag{4.2}$$

3. 锥面方程的特点

对三元函数 $F(x, y, z)$, 如果存在实数 λ, 使得对任何实数 t, 都有

$$F(tx, ty, tz) = t^{\lambda}F(x, y, z),$$

则称 $F(x, y, z)$ 为 λ **次齐次函数**. 此时方程 $F(x, y, z) = 0$ 称为 λ **次齐次方程**.

例如 $F(x, y, z) = x^2 + 5xy + z^2$ 是二次齐次函数, 而 $G(x, y, z) = x^2 + 5xy + z^2 + 1$ 不是齐次函数.

不难发现, 前面得到的二次锥面方程 (4.1) 和圆锥面方程 (4.2) 都是二次齐次方程. 更一般地, 我们有如下定理.

定理 4.2 关于 x, y, z 的齐次方程表示以坐标原点为顶点的锥面方程. 反之, 以原点为顶点的锥面方程局部可表示为关于 x, y, z 的齐次方程.

证明 设 $F(x, y, z) = 0$ 是关于 x, y, z 的 λ 次齐次方程. 由齐次性易见曲面过原点 O. 其次, 设点 $M_1(x_1, y_1, z_1)$ 是齐次方程 $F(x, y, z) = 0$ 所表示的曲面 S 上的任意点 (但不是原点), 那么 $F(x_1, y_1, z_1) = 0$. 任取直线 OM_1 上一点 $M'(x', y', z')$, 因为 $\overrightarrow{OM'} = t\overrightarrow{OM_1}$, 故有

$$x' = tx_1, \quad y' = ty_1, \quad z' = tz_1,$$

所以

$$F(x',y',z')=F(tx_1,ty_1,tz_1)=t^{\lambda}F(x_1,y_1,z_1)=0.$$

即 $M'\in S$, 从而 OM_1 整个在曲面 S 上. 这说明 S 是由过原点的动直线构成, 换句话说 S 是以原点为顶点的锥面.

反过来, 设 S 表示以原点为顶点的锥面. 作不过顶点的平面 Π, 使得 Π 与锥面 S 的所有直母线都相交 (局部上总可以找到). 选择一个空间直角坐标系, 使原点在顶点, xOy 面与 Π 平行. 于是, 锥面 S 的准线可取为平面曲线 C: $f(x,y)=0,\ z=k$. 由例 4.4 知, 顶点在原点、准线为 C 的锥面方程为

$$f\left(\frac{kx}{z},\frac{ky}{z}\right)=0.$$

此即 x,y,z 的零次齐次方程. 由于坐标变换为一次齐次变换, 则该方程在任何以顶点为原点的坐标系中均为齐次方程. 这就证明了锥面 S 的方程局部地可表示为齐次方程.

推论 4.3 *关于 $x-x_0,y-y_0,z-z_0$ 的齐次方程表示以 (x_0,y_0,z_0) 为顶点的锥面.*

证明 平移坐标轴. 以 (x_0,y_0,z_0) 为新原点, 利用定理 4.2 即得证明.

习 题 4.1

1. 求以曲线

$$C:\begin{cases}x^2+y^2-z+1=0,\\2x^2+2y^2+z-4=0\end{cases}$$

为准线、母线方向为 $(-1,1,1)$ 的柱面的参数方程和一般方程.

2. 下列方程是否表示柱面? 若是, 指出其母线方向及一条准线的方程.

(1) $(x-3)^2+(y+5)^2=16$; (2) $9x^2-4y^2=36$; (3) $4y^2-z=0$;

(4) $x^2+2xy-3y^2=1$; (5) $y^2=4$.

3. 求下列圆柱面的方程.

(1) 半径为 2, 对称轴为 l: $\dfrac{x}{2}=\dfrac{y}{3}=\dfrac{z}{4}$ 的圆柱面;

(2) 对称轴为 $l: x=t,\ y=2+3t,\ z=-3+4t$, 且过点 $(1,2,1)$ 的圆柱面;

(3) 准线是过点 $A(1,0,0),B(0,1,0),C(0,0,1)$ 的圆, 母线垂直于这三点所在平面的圆柱面.

4. 求下列曲线在各坐标平面上的投影曲线, 并说明它的形状.

(1) $x^2+y^2+z^2=1,\ z^2=2xy$;

(2) $x^2+y^2=4a^2,\ x^2+2y^2+2z^2=5a^2$.

5. 求直线 $\begin{cases}5x+8y-3z+9=0,\\2x-4y+z-1=0\end{cases}$ 在三个坐标平面上的投影平面和投影直线方程.

6. 已知椭圆柱面 $\dfrac{x^2}{a^2}+\dfrac{y^2}{b^2}=1(a>b)$, 试求过 x 轴且与椭圆柱面的交线是圆的平面方程.

7. 求下列锥面的方程.

(1) 顶点在原点, 准线为 $\begin{cases}x^2-2z+1=0,\\y-z+1=0;\end{cases}$

(2) 顶点为 $(3,-1,-2)$, 准线为 $\begin{cases}x^2+y^2-z^2=1;\\x-y+z=1.\end{cases}$

8. 下列方程是否表示锥面? 若是, 指出其顶点及一条准线的方程.

(1) $2x^2+y^2-z^2=0$; (2) $3x^2=2yz$;

(3) $x^2+2xy-3y^2+z^2=0$; (4) $x^2-2y^2+3z^2-2x+8y-7=0$.

9. 求下列圆锥面的方程.

(1) 顶点在 $(1,2,3)$、轴与平面 $2x+2y-z+1=0$ 垂直、母线与轴的夹角为 $\frac{\pi}{6}$ 的圆锥面;

(2) 顶点在 $(1,2,4)$、轴与平面 $2x+2y+z=0$ 垂直、且经过点 $(3,2,1)$ 的圆锥面;

(3) 顶点在原点, 且过三条坐标轴的圆锥面.

4.2 旋转曲面、旋转二次曲面

回忆柱面和锥面, 它们都是由动直线按照某种特定的方式运动所产生的. 继续循着“线动成面”的思想, 还有一种运动也值得关注, 那就是绕着一条直线旋转. 譬如半圆绕直径旋转生成球面; 直线绕与它平行的直线旋转生成圆柱, 绕与它相交的直线旋转生成圆锥. 据此, 本节讨论由曲线绕一条直线旋转而生成的旋转曲面.

4.2.1 旋转曲面

空间曲线 C 绕一条定直线 l 旋转而产生的曲面称为**旋转曲面**(简称**旋转面**), 其中 C 称为旋转曲面的**母线**, l 称为**旋转轴**(简称**轴**).

在旋转面中, 过轴 l 的半平面与旋转面的交线称为**经线**或**子午线**. 显然所有的经线形状完全相同, 它们在旋转中能彼此重合. 与轴 l 垂直的平面与旋转面的交线是一个圆心在轴 l 上的圆, 称为旋转面的**纬线**或**纬圆**. 它是由母线上一点绕轴旋转时所形成的 (图 4.5). 照此理解, 旋转曲面可以看成是由一族纬圆组成的曲面. 这类似于柱面和锥面都是由一族直线构成的曲面.

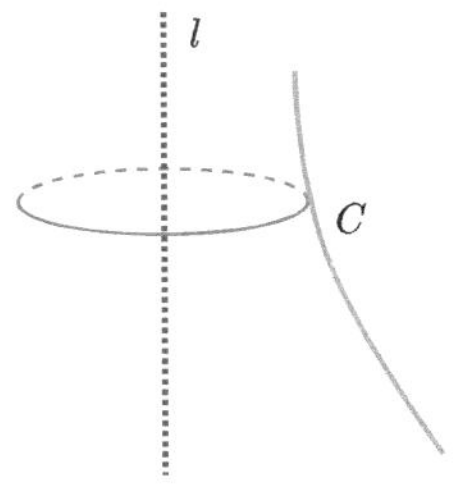

图 4.5 旋转面的经线、纬线

1. *旋转面的参数方程*

设旋转曲面的母线 C 由参数方程 $\boldsymbol{\rho}(t)=(f(t),g(t),h(t))\ (a\leqslant t\leqslant b)$ 给出, 我们来求以 z 轴为旋转轴的旋转曲面的参数方程.

如图 4.6(a) 所示, 在母线 C 上任取一点 $M_1(f(t_1),g(t_1),h(t_1))$, 过 M_1 的纬圆在平面 $z=h(t_1)$ 上, 并以点 $A(0,0,h(t_1))$ 为圆心, 以 $|\overrightarrow{AM_1}|=\sqrt{f^2(t_1)+g^2(t_1)}$ 为半径. 因此这个纬圆的参数方程是

$$\begin{cases} x=\sqrt{f^2(t_1)+g^2(t_1)}\cos\theta, \\ y=\sqrt{f^2(t_1)+g^2(t_1)}\sin\theta, \qquad 0\leqslant\theta\leqslant 2\pi. \\ z=h(t_1), \end{cases}$$

当 M_1 取遍母线 C 上所有点时, 所有这样的纬圆组成所求的旋转曲面. 因此所求旋转曲面的参数方程为

$$\begin{cases} x=\sqrt{f^2(t)+g^2(t)}\cos\theta, \\ y=\sqrt{f^2(t)+g^2(t)}\sin\theta, \qquad a\leqslant t\leqslant b,\quad 0\leqslant\theta\leqslant 2\pi. \\ z=h(t), \end{cases} \tag{4.3}$$

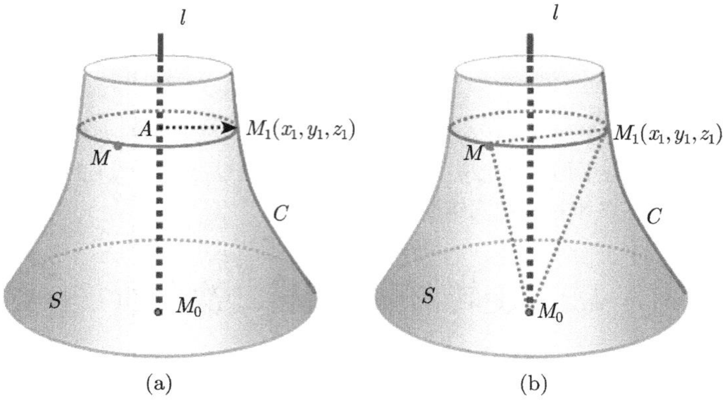

图 4.6　旋转面方程的建立

这里参数为 t,θ. (如果需要的话) 消去参数便得到旋转曲面的一般方程.

类似地, 可以写出 C 绕 x 轴、y 轴旋转而得的旋转曲面方程

$$\begin{cases} x = f(t), \\ y = \sqrt{g^2(t)+h^2(t)}\cos\theta, \\ z = \sqrt{g^2(t)+h^2(t)}\sin\theta, \end{cases} \qquad \begin{cases} x = \sqrt{f^2(t)+h^2(t)}\cos\theta, \\ y = g(t), \\ z = \sqrt{f^2(t)+h^2(t)}\sin\theta. \end{cases}$$

2. *旋转面的一般方程*

设母线 C 和旋转轴 l 的方程分别为

$$C:\ F(x,y,z)=0,\quad G(x,y,z)=0;$$
$$l:\ \frac{x-x_0}{X}=\frac{y-y_0}{Y}=\frac{z-z_0}{Z},\quad \boldsymbol{v}=(X,Y,Z).$$

则点 $M(x,y,z)$ 在旋转曲面上当且仅当 M 在过母线 C 上某点 $M_1(x_1,y_1,z_1)$ 的纬圆上. 因而 M 与 M_1 到轴 l 上点 $M_0(x_0,y_0,z_0)$ 的距离相等 (或到轴 l 的距离相等), 且 $\overrightarrow{M_1M}$ 与轴 l 垂直 (图 4.6(b)). 于是得到

$$\begin{cases} F(x_1,y_1,z_1)=0, \\ G(x_1,y_1,z_1)=0 \end{cases} \quad (\ M_1\in C\ ),$$
$$|\overrightarrow{MM_0}|=|\overrightarrow{M_1M_0}| \quad (\ d(M,M_0)=d(M_1,M_0)\ ),$$
$$X(x-x_1)+Y(y-y_1)+Z(z-z_1)=0 \quad (\ \overrightarrow{M_1M}\perp\boldsymbol{v}\ ).$$

由以上方程消去 x_1,y_1,z_1, 就得到 x,y,z 的方程, 它就是旋转面的方程.

例 4.5　*求空间曲线 $z=x^2$, $x^2+y^2=1$ 绕 z 轴旋转所得旋转面的方程.*

解　在母线上任取一点 $M_1(x_1,y_1,z_1)$, 则过点 M_1 的纬圆方程为

$$\begin{cases} x^2+y^2+z^2=x_1^2+y_1^2+z_1^2, \\ z=z_1. \end{cases}$$

又 $M_1(x_1,y_1,z_1)$ 在母线上, 因此有 $z_1=x_1^2, x_1^2+y_1^2=1$. 从以上四个方程中消去 x_1,y_1,z_1 得 $x^2+y^2=1$.

但注意到 $z=x^2=1-y^2$, 所以 z 的取值范围是 $0\leqslant z\leqslant 1$. 因此旋转面的方程是 $x^2+y^2=1(0\leqslant z\leqslant 1)$, 它表示圆柱面的一部分.

由于旋转曲面的经线总可以作为最初的母线来产生旋转曲面. 为了方便, 今后总取旋转曲面的某一条经线 (显然是平面曲线) 作为旋转曲面的母线, 而在直角坐标系下导出旋转曲面的方程时, 我们又常把母线所在的平面取作坐标平面, 而把旋转轴取作坐标轴.

例 4.6 求平面曲线 $\begin{cases} f(y,z)=0, \\ x=0 \end{cases}$ 绕 z 轴旋转所生成的旋转曲面方程.

解 根据旋转曲面方程的推导过程, 点 $M(x,y,z)$ 在旋转面上当且仅当

$$\begin{cases} f(y_1,z_1)=0, \\ x_1=0, \\ x^2+y^2=x_1^2+y_1^2, \\ z-z_1=0. \end{cases}$$

消去 x_1,y_1,z_1 得旋转面的方程为 $f(\pm\sqrt{x^2+y^2},z)=0$. 类似地, 绕 y 轴旋转所得旋转面的方程是 $f(y,\pm\sqrt{x^2+z^2})=0$.

从上述例子不难看出, 坐标平面内一条直线绕该坐标面内一条坐标轴旋转, 所得旋转曲面方程表现出它特殊的形式, 我们将这个特殊性总结成如下定理.

定理 4.4 坐标平面内的一条曲线 C 绕该坐标平面内的一条坐标轴旋转所得旋转曲面的方程是在母线 C 的方程中, 保留和旋转轴同名的坐标, 而以其他两个坐标平方和的平方根来代替方程中的另一个坐标.

根据定理 4.4, 一方面我们可以很容易写出一类旋转曲面的方程. 另一方面, 也可从方程来辨认一些曲面是旋转曲面. 形如 $F(x^2+y^2,z)=0$ 的方程的图形是以 z 轴为旋转轴的旋转面. 例如方程 $(x^2+y^2)(1+z^2)=1$ 表示以 z 轴为旋转轴的旋转面, 它的一条母线可以取为

$$\begin{cases} y^2(1+z^2)=1, \\ x=0. \end{cases}$$

当然读者还可写出其他的母线.

4.2.2 旋转二次曲面

现在我们利用定理 4.4 就可以直接写出由圆锥曲线 —— 椭圆、双曲线和抛物线绕其对称轴旋转所生成的旋转曲面的方程. 由于这些旋转曲面方程 (注意一定是绕对称轴旋转所得) 中最高次数是二次, 因此我们称之为**旋转二次曲面**. 有意识地写出这些旋转曲面的目的在于, 我们将在第 5 章适当改变这里所得到的旋转曲面方程的系数, 从而定义四种基本类型的二次曲面, 为系统研究空间二次曲面作铺垫.

1. *旋转椭球面*

将椭圆 $\dfrac{x^2}{a^2}+\dfrac{y^2}{b^2}=1(a>b), z=0$ 分别绕长轴 (即 x 轴) 与短轴 (即 y 轴) 旋转, 所得旋转曲面方程分别为

$$\frac{x^2}{a^2}+\frac{y^2}{b^2}+\frac{z^2}{b^2}=1, \quad \frac{x^2}{a^2}+\frac{y^2}{b^2}+\frac{z^2}{a^2}=1.$$

它们分别称为**长形旋转椭球面**和**扁形旋转椭球面**(图 4.7), 统称为**旋转椭球面**. 研究地球表面时, 常将其看成扁形旋转椭球面; 某些锅炉为了减轻蒸汽对炉壁的冲击力, 而将它做成旋转椭球面的形状.

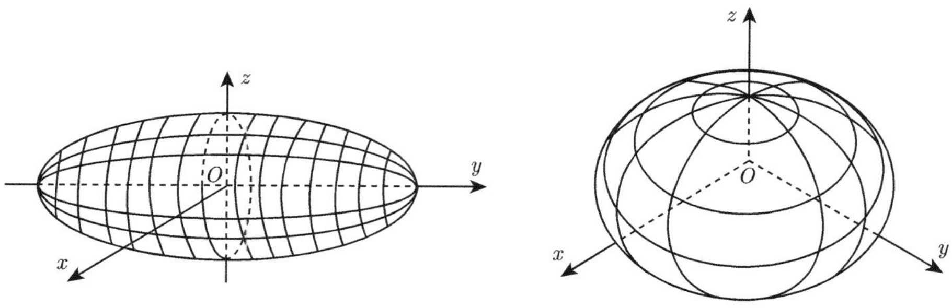

(a)　　(b)

图 4.7　旋转椭球面

2. *旋转双曲面*

将双曲线 $\dfrac{y^2}{b^2}-\dfrac{z^2}{c^2}=1, x=0$ 分别绕虚轴 (即 z 轴) 和实轴 (即 y 轴) 旋转, 所得的旋转曲面方程分别为

$$\frac{x^2}{b^2}+\frac{y^2}{b^2}-\frac{z^2}{c^2}=1, \quad \frac{y^2}{b^2}-\frac{x^2}{c^2}-\frac{z^2}{c^2}=1.$$

它们分别称为**单叶旋转双曲面**和**双叶旋转双曲面**(图 4.8), 统称为**旋转双曲面**. 单叶旋转双曲面在工程技术中很有用. 例如, 发电厂和水泥厂的冷却塔多半建成单叶旋转双曲面的形状.

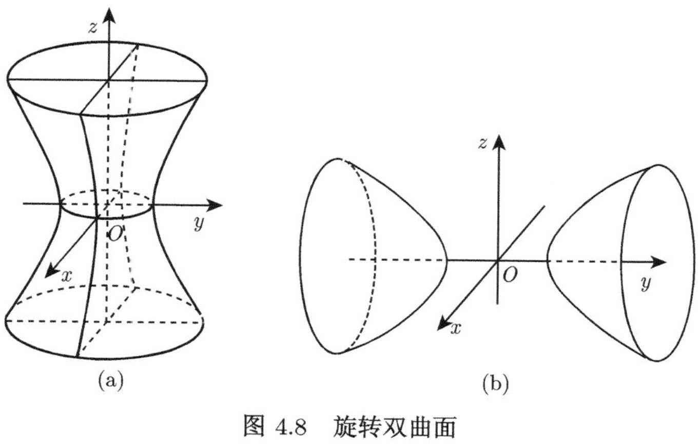

(a)　　(b)

图 4.8　旋转双曲面

3. 旋转抛物面

将抛物线 $y^2=2pz, x=0$ 绕它的对称轴 (即 z 轴) 旋转所得的旋转曲面称为**旋转抛物面**(图 4.9), 它的方程为 $x^2+y^2=2pz$. 旋转抛物面有着广泛的用途, 如探照灯、车灯和太阳灶的反光面就是这种曲面造型. 为了保持发射和接收电磁波的良好性能, 雷达和射点望远镜的天线多做成旋转抛物面.

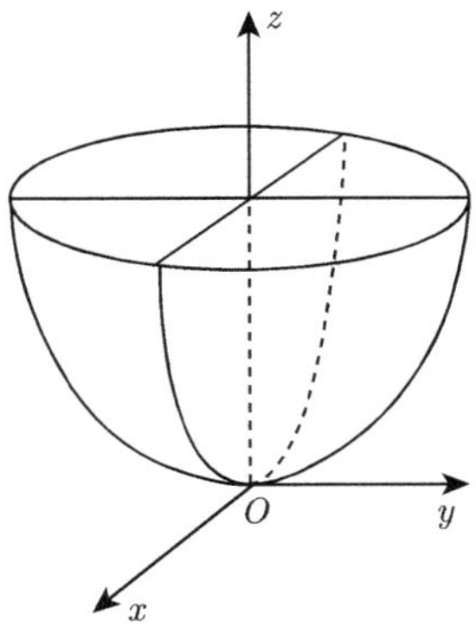

图 4.9 旋转抛物面

4. 环面

将圆 $(y-R)^2+z^2=r^2(R>r>0), x=0$ 绕 z 轴旋转所得旋转面的方程为

$$(x^2+y^2+z^2+R^2-r^2)^2=4R^2(x^2+y^2),$$

这样的曲面称为**环面**, 如图 4.10 所示.

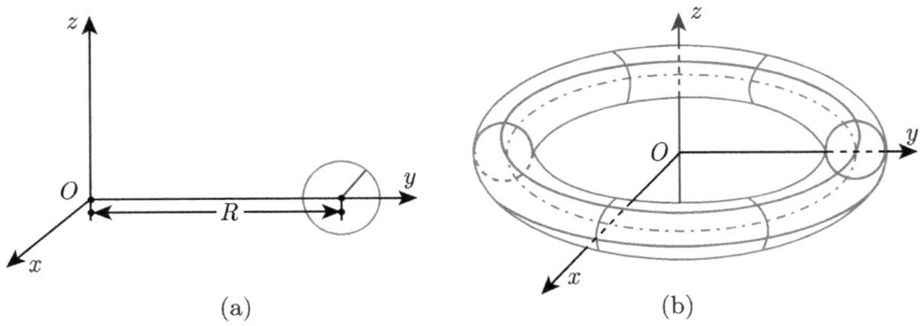

图 4.10 环面

注 4.2 如果曲面不是由二次曲线绕其对称轴旋转所得的, 其方程就未必是坐标 x,y,z 的二次方程了. 例如, 将 yOz 平面上的抛物线 $y^2=2pz, x=0$ 绕 y 轴旋转所得到曲面 $y^4=4p^2(x^2+y^2)$, 这个方程包含坐标的四次幂. 再如环面也不是二次的.

例 4.7 已知两直线 l 和 C 异面, 求 C 绕 l 旋转所得曲面的方程.

解 设 l 与 C 间距离为 a, 以 l 为 z 轴, 以 l 与 C 的公垂线为 x 轴, 且使 C 与 x 轴的交点为 $A(a,0,0)$, 建立右手直角坐标系 (图 4.11). 于是 l 的方向向量是 $(0,0,1)$.

设在此坐标系中直线 C 的方向向量为 $\boldsymbol{v}=(X,Y,Z)$. 因 C 与 x 轴垂直, 故 $X=0$. 再因直线 l 与 C 异面, 即三向量 $(0,0,1),(0,Y,Z)$ 和 $(a,0,0)$ 不共面, 等价地

$$\begin{vmatrix} 0 & 0 & 1 \\ 0 & Y & Z \\ a & 0 & 0 \end{vmatrix} \neq 0, \quad \text{即} \quad aY \neq 0.$$

由此可见 $Y\neq 0$. 因此可设 $\boldsymbol{v}=(0,1,b)$. 从而直线 C 的参数方程可以写成 $\boldsymbol{r}(t)=(a,t,bt)$, 其中 a,b 为常数.

由旋转面的参数方程 (4.3), 直线 C 绕 z 轴旋转生成的旋转面的参数方程为

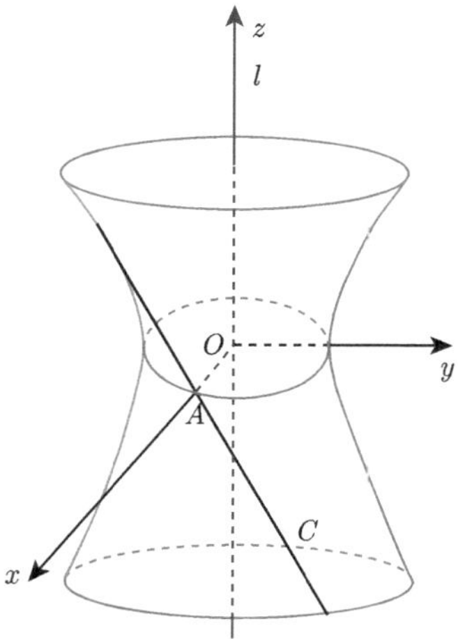

图 4.11　异面直线旋转生成旋转面

$$\begin{cases} x = \sqrt{a^2+t^2}\cos\theta, \\ y = \sqrt{a^2+t^2}\sin\theta, \\ z = bt. \end{cases}$$

(1) 当 $b \neq 0$ 时, 消去参数 θ, t 得

$$\frac{x^2}{a^2} + \frac{y^2}{a^2} - \frac{z^2}{a^2b^2} = 1. \tag{4.4}$$

(2) 当 $b = 0$ 时, l 与 C 异面垂直. 从上述参数方程中消去参数 θ 得

$$\begin{cases} x^2 + y^2 = a^2 + t^2, \\ z = 0. \end{cases}$$

这是 xOy 面上半径 $\geqslant a$ 的圆的轨迹, 即为 xOy 面上挖去开圆盘 $\{(x,y,0) \mid x^2+y^2<a^2\}$ 后的剩余部分.

因此, 我们有结论: 空间一条直线 C 绕着与它异面但不垂直的直线 l 旋转一周, 生成单叶旋转双曲面; 若直线 C 与 l 异面且垂直时, 所得旋转曲面为一平面, 但中间挖去了以两异面直线间距离为半径的圆盘的内部. 至于一条直线绕着与它共面 (但不重合) 的直线旋转一周所得的曲面, 显然是圆锥面或圆柱面或平面. 两直线重合时无旋转曲面.

习　题　4.2

1. 求参数曲线 $\boldsymbol{\rho}(t) = (2t, k, t)$ 绕 z 轴旋转所得旋转曲面的参数方程和一般方程, 其中 k 是非零常数.

2. 已知一直角三角形两锐角为 $\frac{\pi}{3}$, $\frac{\pi}{6}$, 以与斜边成 $\frac{\pi}{3}$ 角的直角边为轴, 将斜边旋转一周, 求旋转曲面的方程.

3. 求下列旋转曲面的方程, 并判断旋转曲面是什么曲面?

(1) 直线 $\frac{x-1}{1} = \frac{y+1}{-1} = \frac{z}{2}$ 绕 $\frac{x}{1} = \frac{y}{-1} = \frac{z-1}{2}$ 旋转;

(2) 直线 $\frac{x}{2} = \frac{y}{1} = \frac{z-1}{-1}$ 绕 $\frac{x}{1} = \frac{y}{-1} = \frac{z-1}{2}$ 旋转;

(3) 直线 $\frac{x-1}{1} = \frac{y}{-3} = \frac{z}{3}$ 绕 z 轴旋转.

4. 下列哪些方程表示旋转曲面? 若表示旋转曲面, 指出其旋转轴及一条母线的方程.

(1) $x^2 + y^2 + z^2 = 2$;　　(2) $\frac{x^2}{4} - y^2 + \frac{z^2}{4} = 1$;

(3) $z = x^2 + y^2$;　　(4) $x^2 + y^2 - 3z^2 + 2z - 1 = 0$;

(5) $(x+y)^2 - 2(x-y)^2 = 0$;　　(6) $z = \frac{1}{x^2+y^2}$.

5. 将直线 $\frac{x}{\alpha} = \frac{y-\beta}{0} = \frac{z}{1}$ 绕 z 轴旋转, 求旋转曲面的方程, 并就 α, β 的可能取值讨论旋转曲面是什么曲面.

6. 求直线 $L' : \frac{x}{1} = \frac{y}{a} = \frac{z-b}{1}$ 绕直线 $L : x = y = z$ 旋转所生成的旋转面的方程, 并就 a, b 的可能取值指出它分别表示什么曲面.

7. 适当建立坐标系, 求下列轨迹方程.

(1) 到两定点的距离之差等于常数的点的轨迹;

(2) 到一定点和一定平面 (定点不在定平面上) 距离之比等于常数的点的轨迹.

4.3 直 纹 面

回忆柱面和锥面共同的几何特征, 它们都是由连续族直线构成的曲面. 我们称具有这个特点的曲面为**直纹曲面**, 即由一个连续族 (或几族) 直线所构成的曲面, 也可定义为一直线依某种规律移动产生的曲面. 直纹曲面简称**直纹面**. 直线族中每一条都称为直纹面的**直母线**. 如平面、柱面 (直母线平行)、锥面 (直母线交于一点) 等都是直纹面.

本节首先建立直纹面的参数方程, 并通过举例使读者认识更多的直纹面. 第 5 章还会专门研究两个特殊的直纹面上直母线的性质. 直纹面在现实生活中应用相当广泛, 建筑、电力、水利、运输等领域都可以找到直纹曲面的数学模型. 有兴趣的读者可以查阅文献了解这方面的应用.

下面我们在仿射标架下建立直纹面 S 的参数方程.

在 S 上取一条曲线 C, 使它和所有直母线都相交, 这样的曲线 C 称为直纹面的**导线**或**准线**(注意导线的取法不唯一). 记导线 C 的向量式参数方程为 $\boldsymbol{\rho}=\boldsymbol{\rho}(t)$, $t\in[a,b]$ 为参数. 对导线上每点 M_1, 其对应的位置向量为 $\boldsymbol{\rho}(t_1)$, 并设过点 M_1 的直母线的方向向量为 $\boldsymbol{v}(t_1)$. 于是过 M_1 以 $\boldsymbol{v}(t_1)$ 为方向向量的直母线为 $\boldsymbol{\rho}(t_1)+s\boldsymbol{v}(t_1)$. 当 t 取遍所给范围内的各个值时, 所得各直母线就形成了直纹面. 因此将直母线方程中 t_1 (记作 t) 和 s 同样作为参变数, 即得以 $\boldsymbol{\rho}(t)$ 为导线, 以 $\boldsymbol{v}(t)$ 为直母线的方向向量的直纹面 S 的参数方程

$$\boldsymbol{r}(t,s)=\boldsymbol{\rho}(t)+s\boldsymbol{v}(t),\quad a\leqslant t\leqslant b,\quad -\infty<s<+\infty, \tag{4.5}$$

其中 $\boldsymbol{r}(t,s)$ 表示 S 上任一点的位置向量, 如图 4.12 所示.

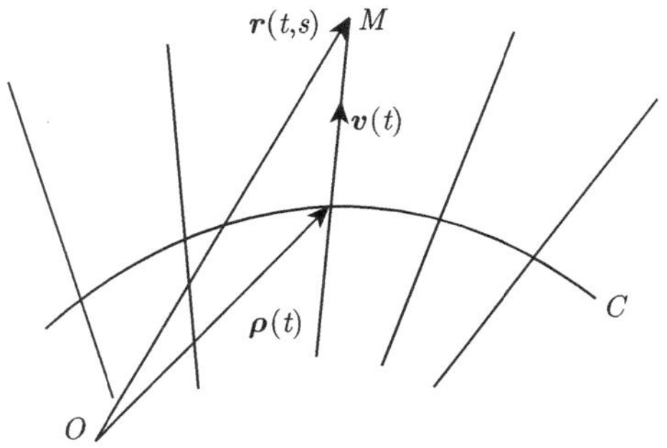

图 4.12 直纹曲面

从直纹面 S 的参数方程 (4.5) 不难理解以下两个特例.

(1) 若所有直母线都平行, 即 $\boldsymbol{v}(t)$ 是常向量, 记为 $\boldsymbol{v}_0$. 这时的直纹面为柱面, 如图 4.13(a) 所示, 其向量式参数方程为

$$\boldsymbol{r}(t,s)=\boldsymbol{\rho}(t)+s\boldsymbol{v}_0.$$

(2) 若所有直母线都交于一点 $\boldsymbol{r}_0$, 这时的直纹面为以 $\boldsymbol{r}_0$ 为顶点的锥面. 如图 4.13(b) 所示, 显见直母线的方向向量 $\boldsymbol{v}(t)=\boldsymbol{\rho}(t)-\boldsymbol{r}_0$. 由此得到的参数方程为

$$\boldsymbol{r}(t,s)=\boldsymbol{r}_0+s(\boldsymbol{\rho}(t)-\boldsymbol{r}_0).$$

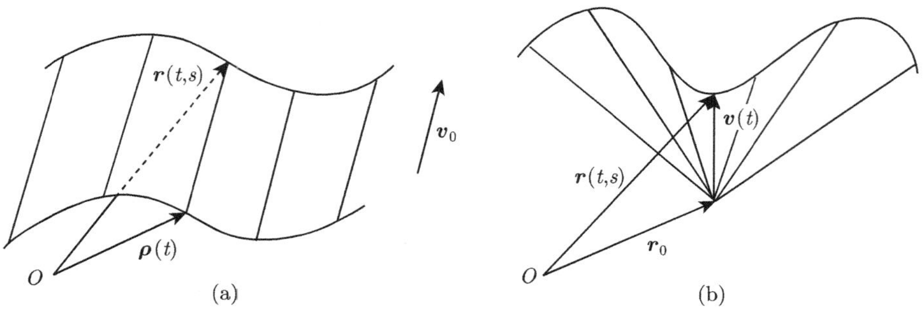

图 4.13　柱面、锥面作为直纹面

例 4.8　*证明由方程 $y^2+2yz+z^2=1-x^2$ 所表示的曲面是一柱面.*

解　将曲面的方程改写为 $(y+z)^2+x^2=1$. 作单参数直线族

$$l_\theta:\begin{cases}x=\cos\theta,\\ y+z=\sin\theta\end{cases}\quad(\theta\text{ 为族参数}).$$

显见, 直线族 l_θ 中每条直线都在曲面 $(y+z)^2+x^2=1$ 上. 当 θ 连续变化时, 这族直线也就形成了题设曲面. 由于直线的方向数

$$\begin{vmatrix}0&0\\1&1\end{vmatrix}:\begin{vmatrix}0&1\\1&0\end{vmatrix}:\begin{vmatrix}1&0\\0&1\end{vmatrix}=0:(-1):1$$

与族参数 θ 无关, 这说明族中所有直线都平行. 从而曲面 $(y+z)^2+x^2=1$ 是由平行直线族 l_θ 构成的, 即它是柱面.

下面我们再看两个直纹面. 它们是由直线构成曲面的两个很不平凡的例子, 其中动直线的运动方式值得回味.

例 4.9　*在空间直角标架 $\{O;\boldsymbol{i},\boldsymbol{j},\boldsymbol{k}\}$ 中, 由方程 $z=kxy$ (k 为非零常数) 表示的曲面 S 是直纹面.*

证明　事实上, 对每个 $t\neq0$, 直线 $l_t:\ y=\dfrac{z}{kt},x=t$ 在曲面 S 上. 取该直线族与坐标平面 $z=0$ 的交得到曲线 $C:\boldsymbol{\rho}(t)=(t,0,0)$. 以 C 为导线, 并取直母线方向平行于直线 l_t, 如取 $\boldsymbol{v}(t)=\left(0,\dfrac{1}{k},t\right)$, 我们得到一直纹面 (图 4.14)

$$\boldsymbol{r}(t,s)=\boldsymbol{\rho}(t)+s\boldsymbol{v}(t),\quad t\neq0.$$

注意到 $\boldsymbol{v}(t)/\!/\left(0,\dfrac{1}{\sqrt{1+k^2t^2}},\dfrac{kt}{\sqrt{1+k^2t^2}}\right)$. 因此上述直纹面的方程可以改写为

$$\boldsymbol{r}(t,s)=\left(t,\frac{s}{\sqrt{1+k^2t^2}},\frac{kts}{\sqrt{1+k^2t^2}}\right),$$

其中参数 $-\infty<t,s<+\infty$. 消去参数 t,s 得到 $z=kxy$. 这就证明了曲面 $z=kxy$ 是直纹面, 也具体找出了其上一族直母线. 事实上, 该曲面上还存在另一族直母线, 有兴趣的读者可以试着找找它的方向向量.

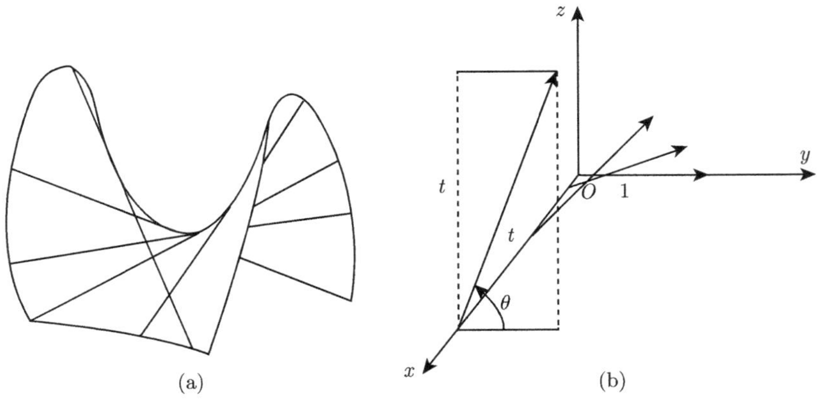

图 4.14 直纹面 $z = kxy$

例 4.10 **在空间直角标架** $\{O; \boldsymbol{i}, \boldsymbol{j}, \boldsymbol{k}\}$ **中, 由方程** $x^2 + y^2 - z^2 = 1$ **表示的单叶旋转双曲面是直纹面.**

证明 取 xOy 面上的单位圆 S^1, 其参数方程为 $\boldsymbol{\rho}(t) = (\cos t, \sin t, 0)$. 取 S^1 在每点处切线上的单位向量, 记为 $\boldsymbol{\rho}'(t)$. 因 $\boldsymbol{\rho}(t) \perp \boldsymbol{\rho}'(t)$, 故 $\boldsymbol{\rho}'(t) = (-\sin t, \cos t, 0)$. 记 $\boldsymbol{v}(t) = \boldsymbol{\rho}'(t) + \boldsymbol{k}$, 并令

$$\boldsymbol{r}(t, s) = \boldsymbol{\rho}(t) + s\boldsymbol{v}(t).$$

则 $\boldsymbol{r}(t, s)$ 表示空间以 $\boldsymbol{\rho}(t)$ 为导线, 以 $\boldsymbol{v}(t)$ 为直母线方向的直纹面 (图 4.15). 用坐标表示即

$$\begin{cases} x = \cos t - s \sin t, \\ y = \sin t + s \cos t, \\ z = s \end{cases} \quad \Big(0 \leqslant t < 2\pi, -\infty < s < +\infty\Big),$$

消去参数 t, s 即得 $x^2 + y^2 - z^2 = 1$. 这就证明了曲面 $x^2 + y^2 - z^2 = 1$ 是直纹面.

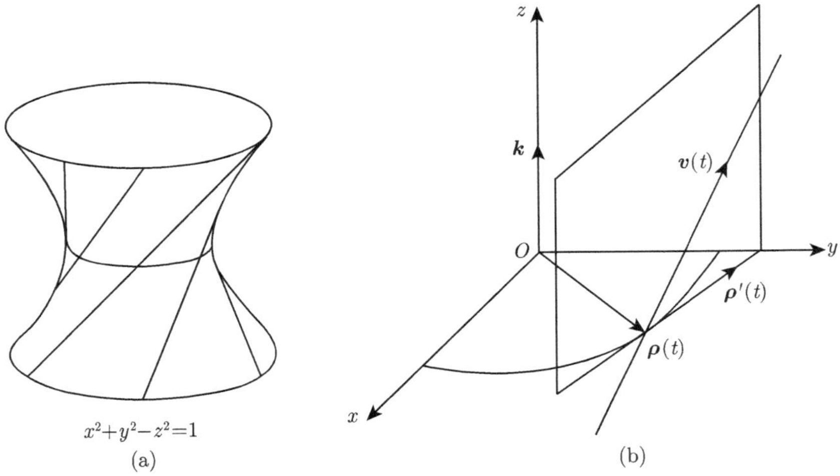

图 4.15 直纹面 $x^2 + y^2 - z^2 = 1$

如果将上述过程中 $\boldsymbol{\rho}'(t)$ 改为反向量, 即取 $\boldsymbol{v}(t) = -\boldsymbol{\rho}'(t) + \boldsymbol{k}$, 这时直母线的方向的确改变了, 但得到的直纹面的一般方程还是 $x^2 + y^2 - z^2 = 1$. 有趣的是, 我们不但看到了单叶旋转双曲面 $x^2 + y^2 - z^2 = 1$ 是直纹面, 同时看到了其上有两族直线.

习　题　4.3

1. 将圆柱面的参数方程 $\boldsymbol{r}(\theta, t) = (R\cos\theta, R\sin\theta, t)$ 改写成直纹面方程的形式, 并指出其导线的参数方程和直母线的方向向量.

2. 证明下列参数曲面是直纹面.

(1) $\boldsymbol{r}(u, v) = (a(\cos u - v\sin u), b(\sin u + v\cos u), cv)$, a, b, c 为非零常数;

(2) $\boldsymbol{r}(u, v) = (a(u + v), b(u - v), 2uv)$, a, b 为非零常数.

3. 证明下列方程表示的曲面是柱面.

(1) $(x + y)(y + z) = a^2$;　(2) $(x + y)(y + z) = x + 2y + z$;　(3) $(x + y + z)^2 = (x - y - z)^2$.

4. 有两条互相直交的直线 l_1 与 l_2, 其中 l_1 绕 l_2 做螺旋运动, 即一方面 l_1 绕 l_2 做等速转动, 另一方面 l_1 又沿着 l_2 做等速直线运动, 在运动中 l_1 永远保持与 l_2 直交, 这样由 l_1 所画出的曲面是一直纹面, 称为**螺旋面**. 试建立螺旋面的参数方程.

5. 设直线 l 与 m 为互不垂直的两条异面直线, C 是 l 与 m 的公垂线段的中点, A, B 两点分别在直线 l, m 上滑动, 且 $\angle ACB = \dfrac{\pi}{2}$. 求动直线 AB 的轨迹方程.

第5章　二 次 曲 面

解析几何提供了一个系统的工具, 把数的关系转化为几何关系, 或反过来把几何关系转化为数的关系, 在某种意义上可以讲, 解析几何是一部两种语言的对照字典 —— 公式语言和几何图形语言: 它使我们很容易把一种语言翻译成另一种语言.

—— [美] G 波利亚

解析几何方法的两个基本问题, 一个是建立几何图形 (曲线和曲面) 的代数方程, 即从几何到代数; 另一个是分析方程所表示的图形的几何性质, 即从代数到几何.

第 4 章我们侧重于根据图形 (柱面、锥面和旋转面) 的几何特征, 建立它们的方程, 并得到了二次柱面、二次锥面以及旋转二次曲面的标准方程, 这是从几何到代数, 属于上述第一个基本问题. 本章我们将从三元二次方程出发, 讨论其图形的几何形状及性质. 这是从代数到几何, 属于上述第二个基本问题.

我们把三元二次方程所表示的曲面统称为**二次曲面**. 本章首先介绍球心在任一点的球面方程以及五种基本二次曲面: 椭球面、两种双曲面和两种抛物面的标准方程, 并根据方程讨论它们的几何性质. 然后介绍空间直角坐标变换, 并利用空间直角坐标变换对二次曲面一般方程进行分类, 证明了空间任一二次曲面方程经过适当坐标变换后必然可简化成 17 种曲面方程之一. 换言之, 空间二次曲面在不计空间位置情况下只有 17 种类型.

5.1　球面的标准方程和一般方程

熟知, 在平面上, 到定点的距离等于定长的点的轨迹是圆. 显然, 在空间中, 到定点的距离等于定长的点的轨迹是**球面**. 定点称为**球心**, 定长称为**半径**. 取定空间直角坐标系 O-xyz, 设定点为 $C_0(x_0, y_0, z_0)$, 定长为 R. 则空间点 $P(x, y, z)$ 位于球面上当且仅当 $|\overrightarrow{C_0P}| = R$. 用坐标表示即为

$$(x - x_0)^2 + (y - y_0)^2 + (z - z_0)^2 = R^2. \tag{5.1}$$

这表示球心在 (x_0, y_0, z_0)、半径为 R 的球面方程. 特别地, 以原点为球心、半径为 R 的球面的方程为

$$x^2 + y^2 + z^2 = R^2.$$

将球面的方程 (5.1) 展开, 得到关于 x, y, z 的三元二次方程

$$x^2 + y^2 + z^2 + 2ax + 2by + 2cz + d = 0, \tag{5.2}$$

其中 $a = -x_0$, $b = -y_0$, $c = -z_0$, $d = x_0^2 + y_0^2 + z_0^2 - R^2$. 不难看出, 方程 (5.2) 呈现如下几个特点: ① 各平方项系数相同; ② 不含交叉项 (即不含 xy, yz, xz 项); ③ $a^2 + b^2 + c^2 - d > 0$.

反过来, 给出满足 ①, ② 的三元二次方程

$$I(x^2+y^2+z^2)+Ax+By+Cz+D=0,\quad I\neq 0, \tag{5.3}$$

将其改写成方程 (5.2) 的形式, 再经配方得到

$$(x+a)^2+(y+b)^2+(z+c)^2+d-a^2-b^2-c^2=0.$$

当 $a^2+b^2+c^2-d>0$ 时, 它表示球心在 $C_0(-a,-b,-c)$, 半径为 $\sqrt{a^2+b^2+c^2-d}$ 的球面; 当 $a^2+b^2+c^2-d=0$ 时, 它的图形退化为一点, 称为点球面; 当 $a^2+b^2+c^2-d<0$ 时, 无实图形或者说它表示一个虚球面. 因此我们有下面的结论.

定理 5.1　*在空间直角坐标系中, 球面方程是一个平方项系数相等而无交叉项的三元二次方程; 反之, 任何一个三元二次方程, 如果它的平方项系数非零且相等, 而且不含交叉项, 那么它表示空间中的球面 (实球面、点或虚球面).*

可见球面是一种特殊的二次曲面. 方程 (5.1) 称为**球面的标准方程**, 方程 (5.3) 称为**球面的一般方程**.

例 5.1　*已知三点 $A(1,0,0)$, $B(0,1,0)$, $C(0,0,1)$.*

(1) 求经过 A,B,C 三点及原点的球面方程, 并求出球心和半径;

(2) 求经过 A,B,C 三点的圆的方程.

解　设所求球面的一般方程为

$$x^2+y^2+z^2+2ax+2by+2cz+d=0.$$

因为该球面经过 $A(1,0,0)$, $B(0,1,0)$, $C(0,0,1)$ 及 $O(0,0,0)$, 将坐标代入得到

$$\begin{cases}1+2a+d=0,\\ 1+2b+d=0,\\ 1+2c+d=0,\\ d=0\end{cases}\Longrightarrow\begin{cases}a=b=c=-\dfrac{1}{2},\\ d=0.\end{cases}$$

于是所求球面的一般方程为

$$x^2+y^2+z^2-x-y-z=0.$$

其标准方程为

$$\left(x-\frac{1}{2}\right)^2+\left(y-\frac{1}{2}\right)^2+\left(z-\frac{1}{2}\right)^2=\frac{3}{4}.$$

它表示球心在 $\left(\dfrac{1}{2},\dfrac{1}{2},\dfrac{1}{2}\right)$, 半径为 $\dfrac{\sqrt{3}}{2}$ 的球面.

由于经过 A,B,C 三点的空间圆可以看作是经过 A,B,C 三点的任一球面与经过 A,B,C 三点的平面的交线. 因此我们可以选取上面得到的球面方程与经过 A,B,C 三点的平面方程 $x+y+z=1$ 联立而成的方程组

$$\begin{cases}x^2+y^2+z^2-x-y-z=0,\\ x+y+z=1,\end{cases}$$

即为所求空间圆的方程.

习 题 5.1

1. 求下列球面的方程.

(1) 以点 $(1,2,3)$ 与点 $(-1,6,-5)$ 的连线为直径;

(2) 球心在点 $(1,3,-2)$, 球面过原点;

(3) 过点 $(1,-1,1)$, $(1,2,-1)$, $(2,3,0)$ 和坐标原点;

(4) 过点 $(1,2,5)$, 且与三个坐标面都相切;

(5) 球心在 (x_0,y_0,z_0), 且与 xOy 面相切.

2. 过球面上一点, 且与过该点的半径垂直的平面称为球面在该点处的**切平面**. 求球面 $x^2+y^2+z^2=9$ 在点 $(2,2,1)$ 处的切平面的方程.

3. 已知球面

$$(x-x_0)^2+(y-y_0)^2+(z-z_0)^2=R^2$$

和平面

$$\Pi: Ax+By+Cz+D=0.$$

求它们相交、相切和相离的充要条件.

4. 证明参数曲线 $x=\dfrac{t}{1+t^2+t^4}$, $y=\dfrac{t^2}{1+t^2+t^4}$, $z=\dfrac{t^3}{1+t^2+t^4}$ $(-\infty<t<+\infty)$ 在一球面上, 并求出此球面的方程.

5.2 二次曲面

本节将根据二次旋转面的方程, 通过适当改变其中平方项的系数, 引出更一般的五种类型的二次曲面方程 (它们代表着五种基本类型二次曲面), 然后从方程出发研究这些方程所代表的图形的几何性质. 这五种基本类型二次曲面分别是: 椭球面、单叶双曲面、双叶双曲面、椭圆抛物面和双曲抛物面.

了解二次曲面的图形首先要了解其主要特征及结构, 通过讨论它们的范围、对称性, 以及它们与对称轴和对称平面的交点或交线建立图形的框架和轮廓. 进一步, 我们还将运用平行截割法, 即用一族平行平面来截割曲面, 通过研究截口曲线的变化规律, 全面了解曲面的整体形状. 平行截割法是认识空间图形的一种有效方法, 可以将比较复杂的空间图形归结为相对容易认识的平面曲线. 例如测绘工作者绘制等高线地形图时就使用了这一方法, 医学上的 CT 扫描诊断方法也是基于这一原理.

我们把二次曲面的对称中心（若存在的话）简称为二次曲面的**中心**; 二次曲面与其对称轴的交点称为二次曲面的**顶点**; 二次曲面与其对称平面的交线称为**主截线**. 椭球面、单叶双曲面、双叶双曲面都有唯一对称中心, 称为**有心二次曲面**; 椭圆抛物面和双曲抛物面没有对称中心, 称为**无心二次曲面**.

5.2.1　有心二次曲面

1. 椭球面

在直角坐标系下, 由方程

$$\frac{x^2}{a^2}+\frac{y^2}{b^2}+\frac{z^2}{c^2}=1 \tag{5.4}$$

所表示的曲面称为**椭球面**, 方程 (5.4) 是其标准方程, 其中 a,b,c 是任意正常数. 特别地, 当 $a=b=c$ 时为球面, 当 a,b,c 中有两个相等时, 表示旋转椭球面.

对称性　如果用 $-z$ 代替 z, 易见方程 (5.4) 不变, 即椭球面关于 xOy 面对称. 同样, 椭球面关于 yOz 面及 xOz 面也对称. 因此, 三个坐标面都是椭球面的对称平面.

因为以 $-y$, $-z$ 分别代替 y, z, 方程 (5.4) 不变, 所以椭球面关于 x 轴对称. 类似地, 椭球面关于 y 轴和 z 轴也对称. 椭球面共有六个顶点, 分别是 $(\pm a,0,0)$, $(0,\pm b,0)$, $(0,0,\pm c)$.

因为以 $-x$, $-y$, $-z$ 分别代替 x, y, z, 方程 (5.4) 不变, 所以椭球面关于原点对称, 因而原点是椭球面的中心.

分布范围　由方程 (5.4) 可得

$$|x|\leqslant a,\quad |y|\leqslant b,\quad |z|\leqslant c,$$

即椭球面在六个平面 $x=\pm a$, $y=\pm b$, $z=\pm c$ 围成的长方体内, 因而它是有界的. 这是椭球面在二次曲面中最突出的特点.

主截线　用三个坐标面截椭球面, 如图 5.1 所示, 得到主截线分别为

$$xOy\text{ 面上主截线:}\quad \begin{cases}\dfrac{x^2}{a^2}+\dfrac{y^2}{b^2}=1,\\ z=0;\end{cases}$$

$$yOz\text{ 面上主截线:}\quad \begin{cases}\dfrac{y^2}{b^2}+\dfrac{z^2}{c^2}=1,\\ x=0;\end{cases}$$

$$xOz\text{ 面上主截线:}\quad \begin{cases}\dfrac{x^2}{a^2}+\dfrac{z^2}{c^2}=1,\\ y=0.\end{cases}$$

椭球面的形状　用平行于坐标面的平面, 如 $z=k$ 截椭球面得截口曲线方程

$$\begin{cases}\dfrac{x^2}{a'^2}+\dfrac{y^2}{b'^2}=1,\\ z=k,\end{cases} \tag{5.5}$$

其中

$$a'=a\sqrt{1-\frac{k^2}{c^2}},\quad b'=b\sqrt{1-\frac{k^2}{c^2}}.$$

由此可见, 当 $|k|<c$ 时, 截线是平面 $z=k$ 上的椭圆. 当 $k=0$ 时, 截口椭圆最大 ($a'=a$, $b'=b$, 也称为主椭圆); 当 $|k|$ 单调递增时, a', b' 单调递减, 直到当 $|k|=c$ 时, $a'=0$, $b'=0$, 此时平面 $z=\pm c$ 截椭球面于一点, 即平面 $z=\pm c$ 与椭球面相切 (截口为点, 也称点椭圆). 当 $|k|>c$ 时, 平面 $z=k$ 与椭球面无实交点.

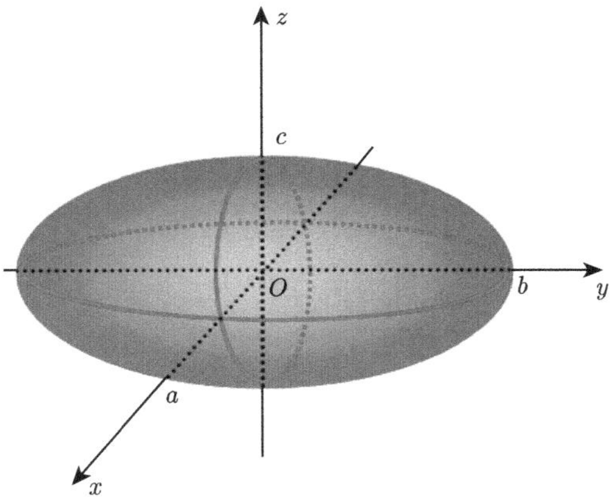

图 5.1 椭球面的主截线

注意到这些椭圆 (5.5) 是相似的, 它们的顶点是 $(a',0,k)$ 和 $(0,b',k)$, 这些顶点的轨迹是

$$\begin{cases}\dfrac{x^2}{a^2}+\dfrac{z^2}{c^2}=1,\\ y=0\end{cases} \quad 和 \quad \begin{cases}\dfrac{y^2}{b^2}+\dfrac{z^2}{c^2}=1,\\ x=0.\end{cases}$$

于是我们可以这样理解椭球面: 它是由一簇平行平面上的椭圆构成, 这些椭圆的顶点依次在两条主截线 $\dfrac{x^2}{a^2}+\dfrac{z^2}{c^2}=1,\ y=0$ 和 $\dfrac{y^2}{b^2}+\dfrac{z^2}{c^2}=1,\ x=0$ 上滑动.

用同样的方法可以得到平面 $x=k$ 或 $y=k$ 与椭球面的交线.

例 5.2 已知椭球面的对称轴与坐标轴重合, 且通过椭圆 $\dfrac{x^2}{9}+\dfrac{y^2}{16}=1,\ z=0$ 与点 $P(1,2,\sqrt{23})$, 求这个椭球面的方程.

解 因为所求椭球面的对称轴与坐标轴重合, 所以可设椭球面的方程为

$$\frac{x^2}{a^2}+\frac{y^2}{b^2}+\frac{z^2}{c^2}=1,$$

它与 xOy 面的交线为椭圆 $\dfrac{x^2}{a^2}+\dfrac{y^2}{b^2}=1,\ z=0$. 与已知椭圆比较知

$$a^2=9,\quad b^2=16.$$

又因为椭球面通过点 $P(1,2\sqrt{23})$, 所以可求得 $c^2=36$. 因此所求椭球面的方程为

$$\frac{x^2}{9}+\frac{y^2}{16}+\frac{z^2}{36}=1.$$

2. 单叶双曲面

在直角坐标系下, 由方程

$$\frac{x^2}{a^2}+\frac{y^2}{b^2}-\frac{z^2}{c^2}=1 \tag{5.6}$$

所表示的曲面称为**单叶双曲面**, 方程 (5.6) 是单叶双曲面的标准方程, 其中 a, b, c 是任意正常数. 当 $a=b$ 时即为单叶旋转双曲面.

对称性 类似于椭球面的讨论, 单叶双曲面 (5.6) 关于三个坐标平面、三条坐标轴都对称, 关于坐标原点也对称. 因此, 原点为该曲面的中心, 三条坐标轴为该曲面的对称轴, 三个坐标面为该曲面的对称平面.

单叶双曲面 (5.6) 有四个顶点: $(\pm a, 0, 0)$, $(0, \pm b, 0)$.

分布范围 由方程 (5.6) 知,

$$\frac{x^2}{a^2} + \frac{y^2}{b^2} \geqslant 1.$$

因此单叶双曲面 (5.6) 上的点在椭圆柱面

$$\frac{x^2}{a^2} + \frac{y^2}{b^2} = 1$$

的外部或柱面上.

主截线 单叶双曲面与三个坐标平面的主截线分别为 (图 5.2)

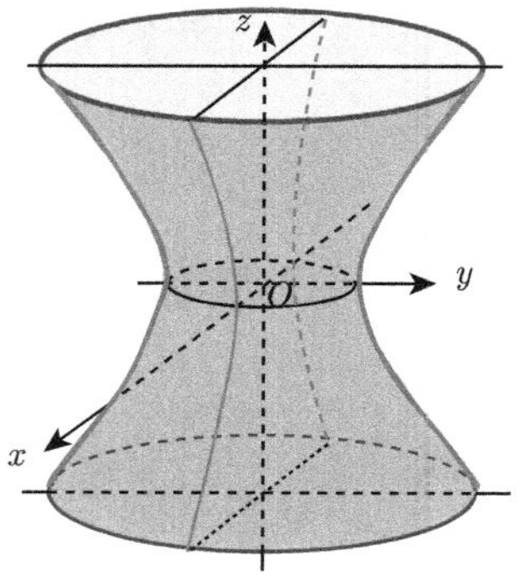

图 5.2 单叶双曲面的主截线

xOy 面上主截线 Γ_{xOy}: $\begin{cases} \dfrac{x^2}{a^2} + \dfrac{y^2}{b^2} = 1, \\ z = 0; \end{cases}$

yOz 面上主截线 Γ_{yOz}: $\begin{cases} \dfrac{y^2}{b^2} - \dfrac{z^2}{c^2} = 1, \\ x = 0; \end{cases}$

xOz 面上主截线 Γ_{xOz}: $\begin{cases} \dfrac{x^2}{a^2} - \dfrac{z^2}{c^2} = 1, \\ y = 0. \end{cases}$

单叶双曲面的形状 用平行于 xOy 面的平面 $z = h$ 截单叶双曲面 (5.6) 得到截口曲线是椭圆

$$\begin{cases} \dfrac{x^2}{a'^2} + \dfrac{y^2}{b'^2} = 1, \\ z = h, \end{cases} \quad \text{其中 } a' = a\sqrt{1 + \frac{h^2}{c^2}},\ \ b' = b\sqrt{1 + \frac{h^2}{c^2}}.$$

显然, 当 $|h|$ 增大时, 椭圆的长、短半轴也增大. 当 $h = 0$ 时, 此椭圆最小, 称为单叶双曲面的**腰椭圆**. 容易验证上述椭圆的两对顶点分别在双曲线 Γ_{yOz} 和 Γ_{xOz} 上. 因此单叶双曲面 (5.6) 可以看作是由一个长短轴可变的椭圆 (所在平面平行于 xOy 面) 沿两条双曲线 Γ_{yOz} 与 Γ_{xOz} 运动的轨迹, 这个椭圆的两对顶点分别在这两条双曲线上.

单叶双曲面 (5.6) 与平面 $x = h$ 或 $y = h$ 的截口都是双曲线, 而与平面 $x = \pm a$ 或 $y = \pm b$ 的截口都是两条相交直线, 它们可看成双曲线的退化情形, 如图 5.3 所示.

以上讨论了由方程 (5.6) 所表示的单叶双曲面. 显然, 方程

$$\frac{x^2}{a^2} - \frac{y^2}{b^2} + \frac{z^2}{c^2} = 1 \quad \text{与} \quad -\frac{x^2}{a^2} + \frac{y^2}{b^2} + \frac{z^2}{c^2} = 1$$

所表示的图形均为单叶双曲面, 这是因为只要把坐标轴重新排序, 这两个方程都可化为方程 (5.6).

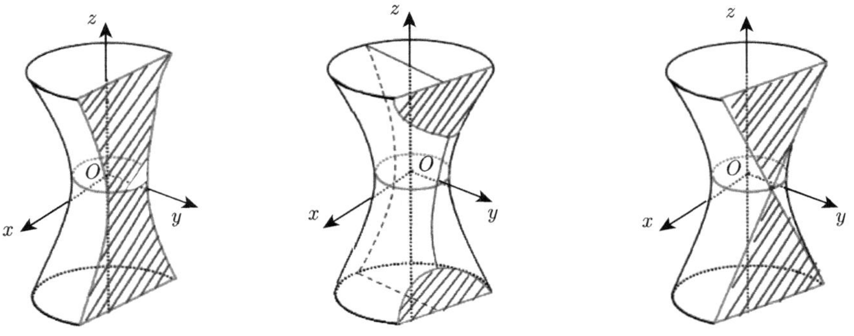

(a) $|h| < \mathrm{b}$　　(b) $|h| > \mathrm{b}$　　(c) $|h| = \mathrm{b}$

图 5.3　用平面 $y = h$ 截单叶双曲面的截线

3. 双叶双曲面

在直角坐标系下, 由方程

$$\frac{x^2}{a^2} + \frac{y^2}{b^2} - \frac{z^2}{c^2} = -1 \tag{5.7}$$

所表示的图形称为**双叶双曲面**, 方程 (5.7) 是双叶双曲面的标准方程, 其中 a, b, c 是任意正常数. 当 $a = b$ 时即为双叶旋转双曲面.

单叶双曲面和双叶双曲面统称为双曲面.

对称性　双叶双曲面 (5.7) 关于三个坐标面、三条坐标轴、坐标原点都对称. 因此, 原点为该曲面的中心, 坐标轴为该曲面的对称轴, 坐标面为该曲面的对称平面. 双叶双曲面 (5.7) 与 x 轴、y 轴没有交点, 与 z 轴交于 $(0, 0, \pm c)$, 因此双叶双曲面 (5.7) 只有两个顶点: $(0, 0, \pm c)$.

分布范围　从方程 (5.7) 知道曲面上的点满足 $|z| \geqslant c$, 即在 $z = c$ 和 $z = -c$ 之间没有曲面上的点. 因此, 曲面被分成两叶, 一叶在平面 $z = c$ 的上方, 另一叶在平面 $z = -c$ 的下方, 也就有双叶双曲面的名称.

主截线　双叶双曲面与 xOy 面无交线. 而与 yOz, xOz 面的交线都是双曲线 (图 5.4), 其方程分别为

yOz 面上主截线 $\varGamma_{yOz}$: $\begin{cases} -\dfrac{y^2}{b^2} + \dfrac{z^2}{c^2} = 1, \\ x = 0; \end{cases}$

xOz 面上主截线 $\varGamma_{xOz}$: $\begin{cases} -\dfrac{x^2}{a^2} + \dfrac{z^2}{c^2} = 1, \\ y = 0. \end{cases}$

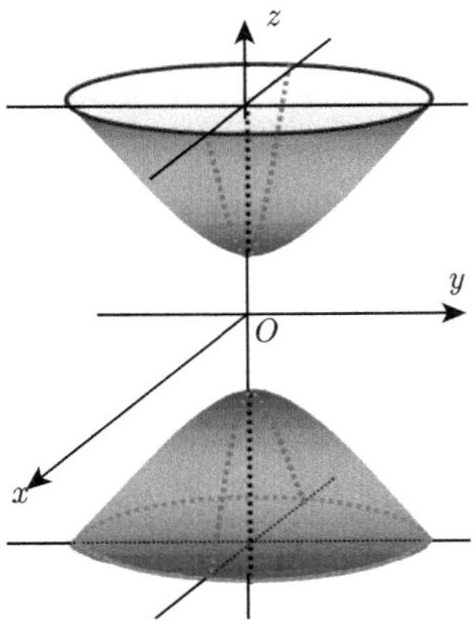

图 5.4　双叶双曲面的主截线

双叶双曲面的形状　双叶双曲面 (5.7) 与平面 $z = h$ ($|h| \geqslant c$) 的截口曲线为

$$\begin{cases} \dfrac{x^2}{a^2} + \dfrac{y^2}{b^2} = \dfrac{h^2}{c^2} - 1, \\ z = h. \end{cases}$$

当 $|h| = c$ 时, 截口为一点, 正好是双叶双曲面的顶点; $|h| > c$ 时, 截口为椭圆. 不难验证该椭圆的两对顶点分别在两条主截线 Γ_{yOz} 与 Γ_{xOz} 上. 由此可见, 双叶双曲面 (5.7) 可以看作是由一个长短轴可变的椭圆 (所在平面垂直于 z 轴) 沿两条双曲线 Γ_{yOz} 与 Γ_{xOz} 运动的轨迹, 这个椭圆的两对顶点分别在这两条双曲线上.

类似的讨论可知, 双叶双曲面 (5.7) 与平面 $y = h$ 或 $x = h$ 的截线均为双曲线.

方程

$$\frac{x^2}{a^2} - \frac{y^2}{b^2} + \frac{z^2}{c^2} = -1 \quad 与 \quad -\frac{x^2}{a^2} + \frac{y^2}{b^2} + \frac{z^2}{c^2} = -1$$

所表示的图形均为双叶双曲面.

例 5.3　**已知单叶双曲面过点** $(-3, 4, -2)$, **且它的一条平面截线为** $\dfrac{x^2}{45} + \dfrac{y^2}{80} = 1,\ z = 4$. **求它的标准方程.**

解　由题意可设所求单叶双曲面的方程为 $\dfrac{x^2}{a^2} + \dfrac{y^2}{b^2} - \dfrac{z^2}{c^2} = 1$, 它与平面 $z = 4$ 的截线为

$$\begin{cases} \dfrac{x^2}{a^2} + \dfrac{y^2}{b^2} - \dfrac{16}{c^2} = 1, \\ z = 4, \end{cases}$$

即

$$\begin{cases} \dfrac{x^2}{a^2\left(1 + \dfrac{16}{c^2}\right)} + \dfrac{y^2}{b^2\left(1 + \dfrac{16}{c^2}\right)} = 1, \\ z = 4, \end{cases}$$

与已知截线相比较, 并结合曲面过点 $(-3, 4, -2)$ 的条件, 就有

$$\begin{cases} a^2\left(1 + \dfrac{16}{c^2}\right) = 45, \\ b^2\left(1 + \dfrac{16}{c^2}\right) = 80, \\ \dfrac{9}{a^2} + \dfrac{16}{b^2} - \dfrac{4}{c^2} = 1. \end{cases}$$

解得 $a^2 = 9,\ b^2 = 16,\ c^2 = 4$. 故所求单叶双曲面的方程为 $\dfrac{x^2}{9} + \dfrac{y^2}{16} - \dfrac{z^2}{4} = 1$.

4. **二次锥面与渐近锥面**

在直角坐标系下, 由方程

$$\frac{x^2}{a^2} + \frac{y^2}{b^2} - \frac{z^2}{c^2} = 0 \tag{5.8}$$

所表示的曲面称为**二次锥面**, 方程 (5.8) 是它的标准方程, 其中 a, b, c 是正常数.

二次锥面关于原点、坐标轴和坐标面都对称, 且分为上、下两叶, 由其顶点 (即坐标原点) 将它们连接起来, 并向 z 轴的两个方向无限延伸.

显然, 方程

$$\frac{x^2}{a^2} - \frac{y^2}{b^2} + \frac{z^2}{c^2} = 0 \quad 与 \quad -\frac{x^2}{a^2} + \frac{y^2}{b^2} + \frac{z^2}{c^2} = 0$$

所表示的图形均为二次锥面.

如果在单叶双曲面 (5.6)、双叶双曲面 (5.7) 和二次锥面 (5.8) 的方程中取相同的 a,b,c, 则从平面 $z=h$ $(|h|>c)$ 分别与三者的交线来看,

单叶双曲面与平面 $z=h$ 的交线: $\begin{cases}\dfrac{x^2}{a'^2}+\dfrac{y^2}{b'^2}=1,\\ z=h,\end{cases}$ $\begin{cases}a'=a\sqrt{1+\dfrac{h^2}{c^2}},\\ b'=b\sqrt{1+\dfrac{h^2}{c^2}};\end{cases}$

双叶双曲面与平面 $z=h$ 的交线: $\begin{cases}\dfrac{x^2}{a''^2}+\dfrac{y^2}{b''^2}=1,\\ z=h,\end{cases}$ $\begin{cases}a''=a\sqrt{\dfrac{h^2}{c^2}-1},\\ b''=b\sqrt{\dfrac{h^2}{c^2}-1};\end{cases}$

二次锥面与平面 $z=h$ 的交线: $\begin{cases}\dfrac{x^2}{\tilde{a}^2}+\dfrac{y^2}{\tilde{b}^2}=1,\\ z=h,\end{cases}$ $\begin{cases}\tilde{a}=\dfrac{a|h|}{c},\\ \tilde{b}=\dfrac{b|h|}{c}.\end{cases}$

无论 h 取何值, 各交线都为椭圆, 而且这些椭圆有相同的离心率, 所以是相似椭圆. 不难看出, 当 $|h|\to\infty$ 时,

$$\lim_{|h|\to\infty}(a'-a'')=0,\quad \lim_{|h|\to\infty}(b'-b'')=0.$$

又因为

$$a''<\tilde{a}<a',\quad b''<\tilde{b}<b',$$

所以, 二次锥面 (5.8) 位于单叶双曲面 (5.6) 和双叶双曲面 (5.7) 之间. 这三个曲面可向 z 轴的两个方向无限延伸, 无公共点. 当 $|h|$ 无限增大时, 三个曲面无限地接近. 因此, 我们称二次锥面 (5.8) 为单叶双曲面 (5.6) 和双叶双曲面 (5.7) 的**渐近锥面**, 如图 5.5 所示.

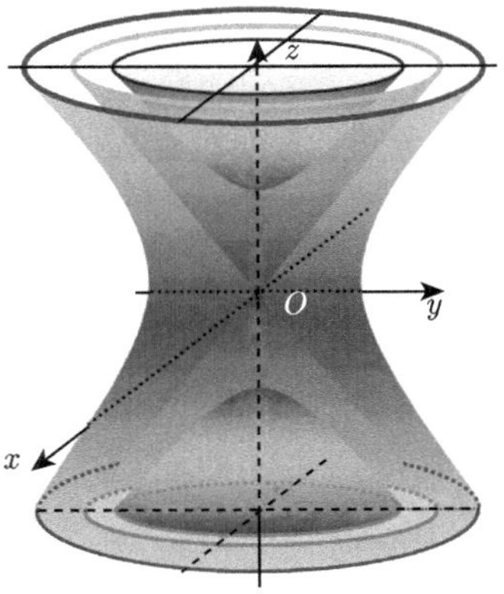

图 5.5 双曲面的渐近锥面

5.2.2 抛物面

1. 椭圆抛物面

在直角坐标系下, 由方程

$$\frac{x^2}{a^2}+\frac{y^2}{b^2}=2z \tag{5.9}$$

所表示的曲面称为**椭圆抛物面**, 方程 (5.9) 是椭圆抛物面的标准方程, 其中 a,b 为正常数. 当 $a=b$ 时, 即为旋转抛物面.

对称性 椭圆抛物面以 xOz 面和 yOz 面为对称平面, z 轴为对称轴, 无对称中心, 顶点为坐标原点.

分布范围 由标准方程 (5.9) 可见 $z\geqslant 0$, 所以曲面全部位于 xOy 面上方.

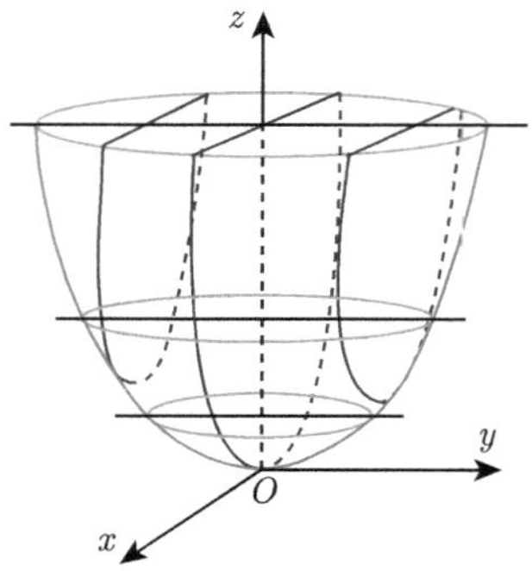

图 5.6 椭圆抛物面的主截线

主截线 如图 5.6 所示, 椭圆抛物面 (5.9) 与 xOz 面、yOz 面的交线分别是

$$yOz\ \text{面上主截线}\ \Gamma_{yOz}:\quad \begin{cases} y^2 = 2b^2 z, \\ x = 0; \end{cases}$$

$$xOz\ \text{面上主截线}\ \Gamma_{xOz}:\quad \begin{cases} x^2 = 2a^2 z, \\ y = 0. \end{cases}$$

椭圆抛物面的形状 用平面 $z = h\ (h \geqslant 0)$ 去截椭圆抛物面 (5.9) 得截口

$$\begin{cases} \dfrac{x^2}{a^2} + \dfrac{y^2}{b^2} = 2h, \\ z = h. \end{cases}$$

当 $h = 0$ 时, 交线即为椭圆抛物面的顶点 $(0,0,0)$; 当 $h > 0$ 时, 交线是椭圆, 并且随着 h 的增大, 椭圆的半轴也增大, 它的两对顶点分别在两条主抛物线 Γ_{yOz} 和 Γ_{xOz} 上. 由此可见, 椭圆抛物面 (5.9) 可以看作是由一个长短轴可变的椭圆 (所在平面平行于 xOy 面) 沿两条抛物线 Γ_{yOz} 与 Γ_{xOz} 运动的轨迹, 这个椭圆的两对顶点分别在这两条抛物线上, 如图 5.6 所示.

换一个角度, 考察椭圆抛物面 (5.9) 与平面 $x = h$ 的交线, 可得

$$\begin{cases} z = \dfrac{y^2}{2b^2} + \dfrac{h^2}{2a^2}, \\ x = h. \end{cases}$$

这是一族全等的抛物线, 其形状与 h 选取无关. 因此, 椭圆抛物面 (5.9) 还可以看成是抛物线 Γ_{yOz} 平行移动产生的曲面, Γ_{yOz} 平行移动时, 所在平面平行于 yOz 平面, 其顶点始终在抛物线 Γ_{xOz} 上.

以上讨论了由方程 (5.9) 所表示的椭圆抛物面. 显然, 方程

$$\frac{x^2}{a^2} + \frac{y^2}{b^2} = -2z$$

也表示椭圆抛物面, 只不过它位于 xOy 面下方且沿 z 轴负向无限延伸. 另外, 下列四个方程

$$\frac{x^2}{a^2} + \frac{z^2}{c^2} = 2y, \quad \frac{x^2}{a^2} + \frac{z^2}{c^2} = -2y,$$
$$\frac{y^2}{b^2} + \frac{z^2}{c^2} = 2x, \quad \frac{y^2}{b^2} + \frac{z^2}{c^2} = -2x$$

也都表示椭圆抛物面.

2. **双曲抛物面**

在直角坐标系下, 由方程

$$\frac{x^2}{a^2} - \frac{y^2}{b^2} = 2z \tag{5.10}$$

所表示的曲面称为**双曲抛物面**, 方程 (5.10) 是其标准形式, 其中 a, b 是正常数.

椭圆抛物面和双曲抛物面统称为抛物面.

对称性 双曲抛物面 (5.10) 以 xOz 面和 yOz 面为对称平面, z 轴为对称轴, 无对称中心, 顶点只有一个, 即坐标原点, 也称为双曲抛物面的**鞍点**.

分布范围 双曲抛物面是无界的.

主截线 如图 5.7 所示, 双曲抛物面 (5.10) 在三个坐标平面上的 (主) 截线分别为

yOz 面上主截线 Γ_{yOz}: $\begin{cases} y^2 = -2b^2 z, \\ x = 0; \end{cases}$

xOy 面上截线 Γ_{xOy}: $\begin{cases} \dfrac{x^2}{a^2} - \dfrac{y^2}{b^2} = 0, \\ z = 0; \end{cases}$

xOz 面上主截线 Γ_{xOz}: $\begin{cases} x^2 = 2a^2 z, \\ y = 0. \end{cases}$

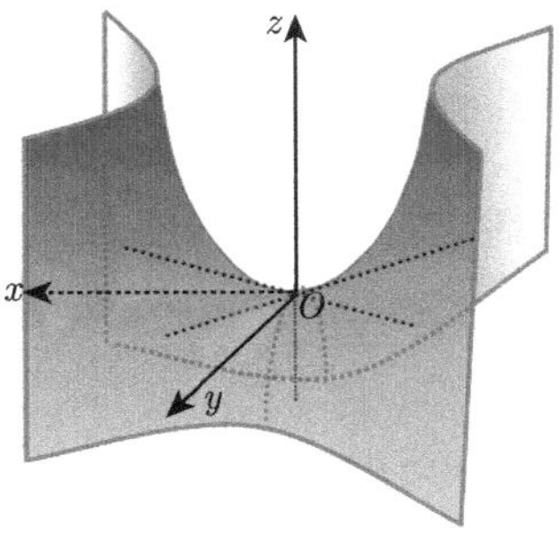

图 5.7 双曲抛物面的主截线

双曲抛物面的形状 用平面 $z = h$ 去截双曲抛物面 (5.10) 得截口

$$\begin{cases} \dfrac{x^2}{a^2} - \dfrac{y^2}{b^2} = 2h, \\ z = h. \end{cases}$$

当 $h > 0$ 时, 交线是双曲线, 它的实轴平行于 x 轴, 虚轴平行于 y 轴; 当 $h < 0$ 时, 交线是双曲线, 它的实轴平行于 y 轴, 虚轴平行于 x 轴; 当 $h = 0$ 时, 交线是一对相交于原点的直线

$$\begin{cases} \dfrac{x}{a} + \dfrac{y}{b} = 0, \\ z = 0, \end{cases} \quad \begin{cases} \dfrac{x}{a} - \dfrac{y}{b} = 0, \\ z = 0. \end{cases}$$

双曲抛物面 (5.10) 与平面 $x = h$ 的交线是抛物线

$$\begin{cases} y^2 = -2b^2\left(z - \dfrac{h^2}{2a^2}\right), \\ x = h, \end{cases}$$

它与主抛物线 Γ_{yOz} 全等, 且顶点 $\left(h, 0, \dfrac{h^2}{2a^2}\right)$ 在主截线 Γ_{xOz} 上. 因而, 双曲抛物面 (5.10) 可以看成抛物线 Γ_{yOz} 平行移动产生的曲面, 抛物线 Γ_{yOz} 在平行移动时, 所在平面平行于 yOz 面, 且顶点始终保持在抛物线 Γ_{xOz} 上.

以上讨论了由方程 (5.10) 所表示的双曲抛物面. 容易看出, 下列五个方程:

$$\frac{x^2}{a^2} - \frac{y^2}{b^2} = -2z, \quad \frac{x^2}{a^2} - \frac{z^2}{c^2} = 2y, \quad \frac{x^2}{a^2} - \frac{z^2}{c^2} = -2y,$$

$$\frac{y^2}{b^2} - \frac{z^2}{c^2} = 2x, \quad \frac{y^2}{b^2} - \frac{z^2}{c^2} = -2x$$

也都表示双曲抛物面.

习　题　5.2

1. 求证两个椭球面

$$\frac{x^2}{a^2}+\frac{y^2}{b^2}+\frac{z^2}{c^2}=1,\quad \frac{x^2}{b^2}+\frac{y^2}{a^2}+\frac{z^2}{c^2}=1$$

的交线是两个椭圆, 其中 $a>b>c>0$.

2. 已知椭球面 $\frac{x^2}{a^2}+\frac{y^2}{b^2}+\frac{z^2}{c^2}=1(c<a<b)$, 试求过 x 轴与椭球面的交线是圆的平面方程.

3. 由椭球面 $\frac{x^2}{a^2}+\frac{y^2}{b^2}+\frac{z^2}{c^2}=1$ 的中心 (即原点 O) 沿某一定方向到曲面上一点的距离为 r, 设定方向的方向余弦为 λ,μ,ν, 试证

$$\frac{1}{r^2}=\frac{\lambda^2}{a^2}+\frac{\mu^2}{b^2}+\frac{\nu^2}{c^2}.$$

4. 一直线分别交坐标面 yOz, zOx, xOy 于三点 A,B,C, 当直线变动时, 直线上三点 A,B,C 也分别在三个坐标面上变动. 另外直线上有第四点 P, 它与 A,B,C 三点的距离分别为 a,b,c, 当直线按照这样的规定 (即保持 A,B,C 分别在三坐标面上) 变动, 试求 P 点的轨迹.

5. 由椭球面的中心引三条两两互相垂直的射线, 分别交曲面于点 P_1,P_2,P_3, 设 $OP_1=r_1,OP_2=r_2,OP_3=r_3$, 试证

$$\frac{1}{r_1^2}+\frac{1}{r_2^2}+\frac{1}{r_3^2}=\frac{1}{a^2}+\frac{1}{b^2}+\frac{1}{c^2}.$$

6. 动点 $P(x,y,z)$ 到定点 $A(4,0,0)$ 的距离等于它到平面 $x=1$ 的距离的 2 倍, 试求动点 P 的轨迹方程.

7. 用一组平行平面 $z=h\ (h\in\mathbb{R})$ 截割单叶双曲面 $\frac{x^2}{a^2}+\frac{y^2}{b^2}-\frac{z^2}{c^2}=1\ (a>b)$ 得一族椭圆, 求这族椭圆焦点的轨迹方程.

8. 试求单叶双曲面 $\frac{x^2}{16}+\frac{y^2}{4}-\frac{z^2}{5}=1$ 与平面 $x-2z+3=0$ 的交线对 xOy 面上的射影柱面.

9. 设直线 l 与 m 为互不垂直的两条异面直线, C 是 l 与 m 的公垂线的中线, A,B 两点分别在直线 l, m 上滑动, 且 $\angle ACB=\frac{\pi}{2}$, 试证: 直线 AB 的轨迹是单叶双曲面.

10. 已知椭圆抛物面的顶点在原点, 对称面为 xOy 面与 xOz 面, 并且通过点 $P(2,1,0)$ 与点 $Q\left(1,\frac{1}{3},-1\right)$, 求该椭圆抛物面的方程.

11. 在空间直角坐标系中, 求与两直线

$$l_1:\ \frac{x-2}{1}=\frac{y}{-1}=\frac{z-4}{4},\quad l_2:\ \frac{x-1}{1}=\frac{y+1}{-1}=\frac{z}{0}$$

共面, 且与平面 $\Pi: x-y-5=0$ 平行的直线所组成的轨迹.

12. 适当选取坐标系, 求下列轨迹的方程.

(1) 到一定点和一定平面距离之比等于常数的点轨迹;

(2) 与两给定异面直线等距离的点的轨迹. 已知两异面直线间距离为 $2a$, 交角为 2α.

13. 设 $F_\lambda(x,y,z)=\frac{x^2}{a-\lambda}+\frac{y^2}{b-\lambda}+\frac{z^2}{c-\lambda}$ $(a>b>c$ 为常数$)$.

(1) 就 λ 的取值讨论方程 $F_\lambda(x,y,z)=1$ 分别表示什么曲面;

(2) 证明: 给定空间中任一点 $P(x_0,y_0,z_0)$, 恰有上述三个不同类型的曲面通过该点.

5.3 二次直纹面

在第 4 章中, 我们已经看到除了二次柱面和二次锥面以外, 还存在着其他的**二次直纹面**, 例如单叶旋转双曲面和曲面 $z = kxy$ 都是直纹面, 且其上存在不止一族直母线. 后者实际上正是一个双曲抛物面. 本节将证明在五种基本二次曲面中仅有单叶双曲面和双曲抛物面是直纹面, 并证明这两种曲面实际上都是由两族直母线"编织"而成. 进而讨论其上直线族的基本性质. 最后还将讨论动直线和动曲线的轨迹问题.

事实上, 依几何直观, 椭球面是一个有界曲面, 其上不可能有两端无限延伸的直线. 双叶双曲面和椭圆抛物面虽然是无界的, 但直观上也可以看到其上不可能有直线. 但这种直观判断显然不够严格, 更不能排除其上存在一小段直线的可能. 下面我们以椭圆抛物面为例, 严格证明其上甚至没有一小段直线 (椭球面和双叶双曲面时证法类似, 请读者尝试作为练习).

假设有直线段

$$\begin{cases} x = x_0 + tX, \\ y = y_0 + tY, \\ z = z_0 + tZ \end{cases}$$

在椭圆抛物面

$$\frac{x^2}{a^2} + \frac{y^2}{b^2} = 2z$$

上, 其中 $(X, Y, Z) \neq (0, 0, 0)$, $t \in [t_0, t_1]$. 那么有下列关于 t 的恒等式

$$\frac{(x_0 + tX)^2}{a^2} + \frac{(y_0 + tY)^2}{b^2} = 2(z_0 + tZ).$$

即有

$$\begin{cases} \dfrac{x_0^2}{a^2} + \dfrac{y_0^2}{b^2} = 2z_0, \\ \dfrac{x_0 X}{a^2} + \dfrac{y_0 Y}{b^2} = Z, \\ \dfrac{X^2}{a^2} + \dfrac{Y^2}{b^2} = 0. \end{cases}$$

从方程组的第三式推知 $X = Y = 0$, 代入第二式知 $Z = 0$. 矛盾. 这就证明了在椭圆抛物面上不存在直线段.

5.3.1 单叶双曲面、双曲抛物面的直纹性

下面两个定理分别证明了单叶双曲面和双曲抛物面都是二次直纹面.

定理 5.2 单叶双曲面上有两族不同的直母线, 分别构成整个单叶双曲面.

证明 设单叶双曲面的标准方程为

$$\frac{x^2}{a^2} + \frac{y^2}{b^2} - \frac{z^2}{c^2} = 1. \tag{5.11}$$

通过因式分解将方程改写成

$$\left(\frac{x}{a} + \frac{z}{c}\right)\left(\frac{x}{a} - \frac{z}{c}\right) = \left(1 + \frac{y}{b}\right)\left(1 - \frac{y}{b}\right). \tag{5.12}$$

作方程组

$$\begin{cases} u\left(\dfrac{x}{a}+\dfrac{z}{c}\right)=v\left(1+\dfrac{y}{b}\right), \\ v\left(\dfrac{x}{a}-\dfrac{z}{c}\right)=u\left(1-\dfrac{y}{b}\right), \end{cases} \tag{5.13}$$

其中 u,v 是不全为零的实数. 对 u 和 v 的每对确定的取值, 式 (5.13) 表示一条直线. 下面证明单叶双曲面 (5.11) 是由直线族 (5.13) 生成的. 为此需要证明两个方面.

(i) 直线族 (5.13) 在单叶双曲面 (5.11) 上.

如果 $uv\neq 0$, 从方程 (5.13) 中消去参数 u,v 便知, 直线族 (5.13) 上点的坐标也满足方程 (5.11), 即直线族 (5.13) 在单叶双曲面 (5.11) 上. 如果 u,v 中有一个为零, 不妨设 $u=0,v\neq 0$ ($u\neq 0,v=0$ 的情形可类似地讨论), 则由方程 (5.13) 决定的直线为

$$\begin{cases} 1+\dfrac{y}{b}=0, \\ \dfrac{x}{a}-\dfrac{z}{c}=0. \end{cases}$$

显见该直线也在单叶双曲面 (5.11) 上. 这就证明了直线族 (5.13) 中每条直线都在单叶双曲面 (5.11) 上.

(ii) 过单叶双曲面 (5.11) 上任一点 $P_0(x_0,y_0,z_0)$, 必有直线族 (5.13) 中一条直线通过点 P_0.

事实上, 因点 $P_0(x_0,y_0,z_0)$ 在单叶双曲面 (5.11) 上, 所以

$$\left(\frac{x_0}{a}+\frac{z_0}{c}\right)\left(\frac{x_0}{a}-\frac{z_0}{c}\right)=\left(1+\frac{y_0}{b}\right)\left(1-\frac{y_0}{b}\right).$$

由于 $1+\dfrac{y_0}{b}$ 和 $1-\dfrac{y_0}{b}$ 不可能同时为零, 所以由

$$\begin{cases} u\left(\dfrac{x_0}{a}+\dfrac{z_0}{c}\right)=v\left(1+\dfrac{y_0}{b}\right), \\ v\left(\dfrac{x_0}{a}-\dfrac{z_0}{c}\right)=u\left(1-\dfrac{y_0}{b}\right) \end{cases}$$

可知, 只要取

$$u:v=\left(\frac{x_0}{a}-\frac{z_0}{c}\right):\left(1-\frac{y_0}{b}\right)\quad\left(\text{当 } 1-\frac{y_0}{b}\neq 0 \text{ 时}\right)$$

或

$$v:u=\left(\frac{x_0}{a}+\frac{z_0}{c}\right):\left(1+\frac{y_0}{b}\right)\quad\left(\text{当 } 1+\frac{y_0}{b}\neq 0 \text{ 时}\right).$$

把 $u:v$ 或 $v:u$ 代入方程组 (5.13) 即可得到其中过点 P_0 的一条直母线.

综合 (i), (ii), 就证明了单叶双曲面 (5.11) 是直纹面, 而且找到了其上一族直母线 (5.13).

同理, 从式 (5.12) 还可以得到另一族直线

$$\begin{cases} \lambda\left(\dfrac{x}{a}+\dfrac{z}{c}\right)=\mu\left(1-\dfrac{y}{b}\right), \\ \mu\left(\dfrac{x}{a}-\dfrac{z}{c}\right)=\lambda\left(1+\dfrac{y}{b}\right), \end{cases} \tag{5.14}$$

其中 λ,μ 是不全为零的实数. 用同样的方法可以证明, 直线族 (5.14) 也是单叶双曲面 (5.11) 的一族直母线. 请读者补充证明直母线族 (5.13) 和 (5.14) 没有公共的直母线, 其分布大致如图 5.8 所示. 定理证毕.

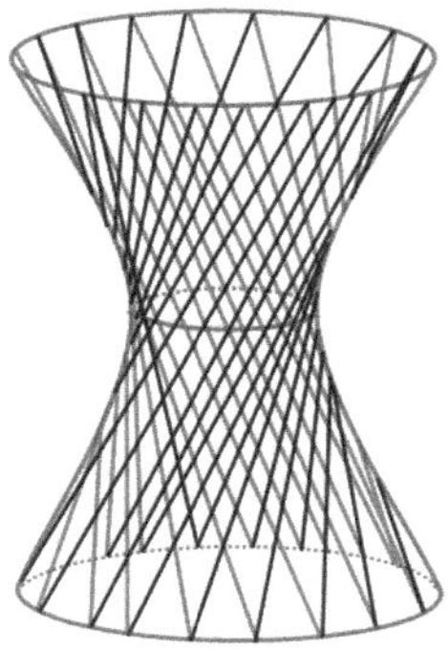

图 5.8 单叶双曲面上两族直母线的分布

注 5.1 若将单叶双曲面的方程改写为

$$\left(\frac{y}{b}+\frac{z}{c}\right)\left(\frac{y}{b}-\frac{z}{c}\right)=\left(1+\frac{x}{a}\right)\left(1-\frac{x}{a}\right).$$

仿上面的讨论方法也可得两族直母线. 不难证明如此得到的直线族正是前面得到的直线族 (5.13) 或 (5.14).

定理 5.3 双曲抛物面上有两族不同的直母线, 分别构成整个双曲抛物面.

证明 将双曲抛物面的标准方程 $\frac{x^2}{a^2}-\frac{y^2}{b^2}=2z$ 改写成

$$\left(\frac{x}{a}+\frac{y}{b}\right)\left(\frac{x}{a}-\frac{y}{b}\right)=2z. \tag{5.15}$$

于是曲面 (5.15) 上有一族直线

$$\begin{cases} u\left(\frac{x}{a}+\frac{y}{b}\right)=2v, \\ v\left(\frac{x}{a}-\frac{y}{b}\right)=uz. \end{cases} \tag{5.16}$$

另一方面, 对于曲面 (5.15) 上任一点 $P_0(x_0,y_0,z_0)$ 有

$$\left(\frac{x_0}{a}+\frac{y_0}{b}\right)\left(\frac{x_0}{a}-\frac{y_0}{b}\right)=2z_0,$$

只要取参数

$$u=2z_0,\quad v=\frac{x_0}{a}+\frac{y_0}{b},$$

就决定直线族 (5.16) 中一条直线通过点 P_0. 这就证明了双曲抛物面 (5.15) 是直纹面, 直线族 (5.16) 是其上一族直母线.

另外, 曲面 (5.15) 上还有另一族直母线

$$\begin{cases} \lambda\left(\frac{x}{a}+\frac{y}{b}\right)=\mu z, \\ \mu\left(\frac{x}{a}-\frac{y}{b}\right)=2\lambda. \end{cases} \tag{5.17}$$

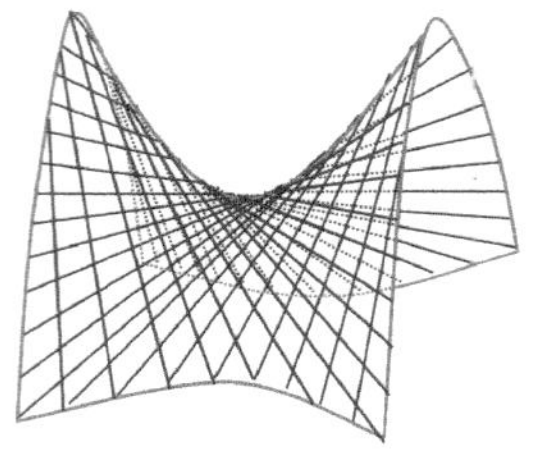

图 5.9　双曲抛物面上两族直母线的分布

可见, 通过曲面 (5.15) 上任一点有两族中各一条直母线. 两族直母线的分布大致如图 5.9 所示.

单叶双曲面和双曲抛物面的直纹性在一些建筑工程和机械零件设计中有重要应用. 例如, 热电厂的散热塔是单叶双曲面的形状. 在建造散热塔时, 就是利用单叶双曲面的两族直母线作它的骨架, 沿直母线布钢筋, 易于施工, 且受力状况良好.

例 5.4　*求单叶双曲面* $\dfrac{x^2}{4}+\dfrac{y^2}{1}-\dfrac{z^2}{9}=1$ *上过点* $P(2,1,3)$ *的两条直母线.*

解　曲面的两族直母线方程为

$$\begin{cases} u\left(\dfrac{x}{2}+\dfrac{z}{3}\right)=v(1+y), \\ v\left(\dfrac{x}{2}-\dfrac{z}{3}\right)=u(1-y), \end{cases} \qquad \begin{cases} \lambda\left(\dfrac{x}{2}+\dfrac{z}{3}\right)=\mu(1-y), \\ \mu\left(\dfrac{x}{2}-\dfrac{z}{3}\right)=\lambda(1+y). \end{cases}$$

将点 P 的坐标代入上式, 解得 $u:v=1:1$, $\lambda:\mu=0:1$. 因此, 题设单叶双曲面上过 P 点的两条直母线方程为

$$\begin{cases} \dfrac{x}{2}-\dfrac{z}{3}=1-y, \\ \dfrac{x}{2}+\dfrac{z}{3}=1+y. \end{cases} \qquad \begin{cases} \dfrac{x}{2}-\dfrac{z}{3}=0, \\ 1-y=0. \end{cases}$$

即

$$\begin{cases} 3x+6y-2z-6=0, \\ 3x-6y+2z-6=0, \end{cases} \qquad \begin{cases} 3x-2z=0, \\ y-1=0. \end{cases}$$

例 5.5　*在双曲抛物面* $x^2-y^2=2z$ *上, 试求平行于平面* $\Pi:\ x+y+z=0$ *的直母线方程.*

解　将双曲抛物面方程化为 $(x+y)(x-y)=2z$, 则两族直母线方程为

$$l_{uv}:\begin{cases} u(x+y)=2v, \\ v(x-y)=uz; \end{cases} \qquad l_{\lambda\mu}:\begin{cases} \lambda(x+y)=\mu z, \\ \mu(x-y)=2\lambda. \end{cases}$$

容易求得 l_{uv} 族直母线的方向向量为 $\boldsymbol{v}_1=(-u^2,u^2,-2uv)$. 于是由 $\boldsymbol{v}_1//\Pi$ 得 $u:v=1:0$. 因此, 双曲抛物面上平行于平面 Π 的一族直母线方程为

$$\begin{cases} z=0, \\ x+y=0. \end{cases}$$

类似地可求得另一族直母线方程为

$$\begin{cases} x+y+z=0, \\ x-y+2=0. \end{cases}$$

5.3.2 单叶双曲面和双曲抛物面上直母线的基本性质

下面将讨论单叶双曲面和双曲抛物面上两族直母线的性质. 首先, 我们有如下定理.

定理 5.4 已知两直线的一般方程为

$$l_1:\begin{cases}A_1x+B_1y+C_1z+D_1=0,\\A_2x+B_2y+C_2z+D_2=0;\end{cases}\qquad l_2:\begin{cases}A_3x+B_3y+C_3z+D_3=0,\\A_4x+B_4y+C_4z+D_4=0.\end{cases}$$

则两直线 l_1 与 l_2 共面的充要条件是

$$\begin{vmatrix}A_1&B_1&C_1&D_1\\A_2&B_2&C_2&D_2\\A_3&B_3&C_3&D_3\\A_4&B_4&C_4&D_4\end{vmatrix}=0.$$

证明 根据有轴平面束的方程知道, 过 l_1 的平面方程为

$$\Pi_1:\ \lambda_1(A_1x+B_1y+C_1z+D_1)+\lambda_2(A_2x+B_2y+C_2z+D_2)=0,$$

其中 λ_1, λ_2 是不全为零的任意实数; 过 l_2 的平面方程为

$$\Pi_2:\ \lambda_3(A_3x+B_3y+C_3z+D_3)+\lambda_4(A_4x+B_4y+C_4z+D_4)=0.$$

其中 λ_3, λ_4 是不全为零的任意实数. 从而 l_1 与 l_2 共面的充要条件是存在不全为零的实数 λ_1,λ_2 与 λ_3,λ_4 使得 Π_1,Π_2 代表同一平面, 也就是 Π_1 与 Π_2 方程左端仅相差一个不为零的数因子 m, 即

$$\frac{A_1\lambda_1+A_2\lambda_2}{A_3\lambda_3+A_4\lambda_4}=\frac{B_1\lambda_1+B_2\lambda_2}{B_3\lambda_3+B_4\lambda_4}=\frac{C_1\lambda_1+C_2\lambda_2}{C_3\lambda_3+C_4\lambda_4}=\frac{D_1\lambda_1+D_2\lambda_2}{D_3\lambda_3+D_4\lambda_4}\overset{\text{令}}{=}m\neq 0.$$

从而

$$\begin{cases}A_1\lambda_1+A_2\lambda_2-mA_3\lambda_3-mA_4\lambda_4=0,\\B_1\lambda_1+B_2\lambda_2-mB_3\lambda_3-mB_4\lambda_4=0,\\C_1\lambda_1+C_2\lambda_2-mC_3\lambda_3-mC_4\lambda_4=0,\\D_1\lambda_1+D_2\lambda_2-mD_3\lambda_3-mD_4\lambda_4=0.\end{cases}$$

由于 λ_1, λ_2, λ_3, λ_4 不全为零, 由齐次线性方程组理论即得定理结论.

利用定理 5.4 不难证明如下定理, 我们把证明过程留给读者作为练习.

定理 5.5 单叶双曲面和双曲抛物面上直母线具有如下基本性质.

(I) 共同性质:

(i) 过曲面每一点, 每一族有且仅有一条直母线通过该点;

(ii) 任意两条同族直母线必异面;

(iii) 任意两条异族直母线必共面.

(II) 不同性质:

(i) 单叶双曲面的任意三条同族直母线不平行同一平面;

(ii) 双曲抛物面的同族的所有直母线平行于同一平面;

(iii) 单叶双曲面的任一条直母线, 有且仅有一条异族直母线与之平行, 其他异族直母线均与之相交;

(iv) 双曲抛物面的任意两条异族直母线必相交.

5.3.3 动直线和动曲线的轨迹问题

回忆柱面、锥面和旋转面的几何特征, 这些曲面都可以看成满足某种条件的动曲线的运动轨迹. 在建立这种由曲线运动所产生的曲面方程时, 使用了相同的方法, 即先写出含有参数的直母线族或纬圆族的方程

$$\begin{cases} F(x,y,z,x_1,y_1,z_1)=0, \\ G(x,y,z,x_1,y_1,z_1)=0 \end{cases}$$

以及参数 x_1,y_1,z_1 应满足的关系式

$$\begin{cases} \varPhi_1(x_1,y_1,z_1)=0, \\ \varPhi_2(x_1,y_1,z_1)=0, \end{cases}$$

然后从上面四个式子中消去三个参数 x_1,y_1,z_1 便得到所要求的曲面方程.

一般地, 一个含有 k 个参数 $\lambda_1,\cdots,\lambda_k$ 的曲线族

$$\begin{cases} F(x,y,z,\lambda_1,\lambda_2,\cdots,\lambda_k)=0, \\ G(x,y,z,\lambda_1,\lambda_2,\cdots,\lambda_k)=0, \end{cases}$$

其中 k 个参数如果满足 $k-1$ 个关系式

$$\varPhi_i(\lambda_1,\lambda_2,\cdots,\lambda_k)=0,\quad i=1,2,\cdots,k-1.$$

那么从上述 $k+1$ 个式子中消去 k 个参数, 便得到曲线族生成的曲面的一般方程.

例 5.6 求与三直线

$$l_1:\begin{cases} y-1=0, \\ x+2z=0, \end{cases}\quad l_2:\begin{cases} y-z=0, \\ x-2=0, \end{cases}\quad l_3:\ \frac{x}{2}=\frac{y+1}{0}=\frac{z}{1}$$

都相交的动直线所产生的曲面方程.

解 在 l_1 上取一动点 $A(-2\lambda,1,\lambda)$, 在 l_3 上取一动点 $B(2\mu,-1,\mu)$, 则 AB 连线为动直线, 它的方程为

$$\frac{x+2\lambda}{2(\mu+\lambda)}=\frac{y-1}{-2}=\frac{z-\lambda}{\mu-\lambda}.$$

由题设, 动直线与 l_2 相交, 记 l_2 上点 $C(2,0,0)$, 方向向量 $\boldsymbol{v}=(0,1,1)$, 则有 $(\boldsymbol{v},\overrightarrow{AB},\overrightarrow{AC})=0$, 即

$$\begin{vmatrix} 0 & 1 & 1 \\ 2(\mu+\lambda) & -2 & \mu-\lambda \\ 2(-\lambda-1) & 1 & \lambda \end{vmatrix}=0.$$

化简得 $\lambda\mu+1=0$. 结合动直线的方程消去参数 λ,μ, 便得到所求曲面的方程为

$$\frac{x^2}{4}+y^2-z^2=1.$$

习 题 5.3

1. 求下列直纹面的直母线族方程:

(1) $\frac{x^2}{a^2}-\frac{y^2}{b^2}=1$; (2) $x^2-y^2-z^2=0$; (3) $y^2=2px$; (4) $z=axy$.

2. 求单叶双曲面 $\frac{x^2}{9}+\frac{y^2}{4}-\frac{z^2}{16}=1$ 上过点 $(6,2,8)$ 的直母线方程.

3. 在双曲抛物面 $\frac{x^2}{16}-\frac{y^2}{4}=z$ 上求平行于平面 $3x+2y-4z=0$ 的直母线.

4. 证明: 双曲面抛物面 $\frac{x^2}{a^2}-\frac{y^2}{b^2}=2z$ 上互相垂直的直母线的交点轨迹当 $a\neq b$ 时是双曲线, 当 $a=b$ 时是两条相交直线.

5. 求下列直线族所构成的曲面方程 (式中的 λ 为参数).

(1) $\frac{x-\lambda^2}{1}=\frac{y}{-1}=\frac{z-\lambda}{0}$; (2) $\begin{cases}x+2\lambda y+4z=4\lambda,\\ \lambda x-2y-4\lambda z=4.\end{cases}$

6. 求与下列三条直线 $l_1: x=1, y=z$, $l_2: x=-1, y=-z$, $l_3: \frac{x-2}{-3}=\frac{y+1}{4}=\frac{z+2}{5}$ 都共面的直线所构成的曲面.

7. 试证单叶双曲面 $\frac{x^2}{a^2}+\frac{y^2}{b^2}-\frac{z^2}{c^2}=1$ 的任一条直母线在 xOy 面上的投影一定是其腰椭圆的切线.

8. 求与两直线 $\frac{x-6}{3}=\frac{y}{2}=\frac{z-1}{1}$ 与 $\frac{x}{3}=\frac{y-8}{2}=\frac{z+4}{-2}$ 相交, 而与平面 $2x+3y-5=0$ 平行的直线的轨迹.

5.4 坐标变换简介

在平面或空间建立了直角坐标系后, 每一点就有了坐标. 显然, 点的坐标以及曲线和曲面的方程依赖于坐标系的选择. 换言之, 在不同坐标系下, 同一点的坐标一般是不同的; 同一曲线或曲面的方程一般也是不相同的. 当曲线或曲面在某个坐标系下的方程比较复杂时, 为了便于研究, 我们常常需要进行坐标系的变换, 即选择一个合适的新坐标系使得曲线或曲面在新坐标系下的方程具有比较简单的形式. 这样既便于识别曲线或曲面, 讨论它的几何性质, 又便于确定其空间位置, 绘出它的图形. 为此, 我们首先就需要研究同一点在两个不同坐标系下坐标之间的关系, 这样的关系式就称为坐标变换公式. 坐标变换法也是解析几何的一个基本方法.

坐标系的变换包括坐标系的平移变换和坐标系的旋转变换以及它们的复合. 下面我们分别介绍.

设 Ⅰ $=\{O;\boldsymbol{e}_1,\boldsymbol{e}_2,\boldsymbol{e}_3\}$, Ⅱ $=\{O';\boldsymbol{e}_1',\boldsymbol{e}_2',\boldsymbol{e}_3'\}$ 是空间两个右手直角坐标系. 为了叙述方便, 以下我们总把 Ⅰ 叫做旧坐标系 (或直接叫旧系), 把 Ⅱ 叫做新坐标系 (或新系).

5.4.1 平移变换

如果坐标系 I 与 II 的原点 O 和 O' 不同, 但坐标向量 $\boldsymbol{e}_i=\boldsymbol{e}_i'$, $i=1,2,3$. 此时新坐标系 II 可看作由旧坐标系 I 经过平行移动使 O 与 O' 重合而得到. 坐标系之间的这种变换称为**平移变换**, 简称为**平移**或**移轴**(图 5.10).

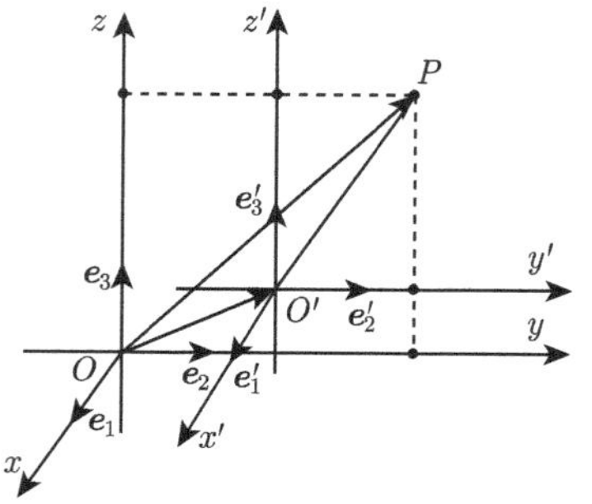

图 5.10 平移变换

记点 P 在旧、新坐标系中的坐标分别为 (x,y,z), (x',y',z'), 点 O' 在旧坐标系中的坐标为 (x_0,y_0,z_0). 则由 $\overrightarrow{OP}=\overrightarrow{OO'}+\overrightarrow{O'P}$ 得

$$
\begin{aligned}
&x\boldsymbol{e}_1+y\boldsymbol{e}_2+z\boldsymbol{e}_3\\
&=(x_0\boldsymbol{e}_1+y_0\boldsymbol{e}_2+z\boldsymbol{e}_3)+(x'\boldsymbol{e}_1'+y'\boldsymbol{e}_2'+z'\boldsymbol{e}_3')\\
&=(x_0+x')\boldsymbol{e}_1+(y_0+y')\boldsymbol{e}_2+(z_0+z')\boldsymbol{e}_3.
\end{aligned}
$$

于是, 我们得到点的坐标经过平移变换后的变化规律为

$$
\begin{cases}
x=x'+x_0,\\
y=y'+y_0,\\
z=z'+z_0.
\end{cases}
\tag{5.18}
$$

式 (5.18) 称为平移变换下点的坐标变换公式, 简称为**平移公式或移轴公式**.

5.4.2 旋转变换

设坐标系 I 与 II 具有相同的坐标原点 O, 但坐标向量不同, 即 $\boldsymbol{e}_i$ 与 $\boldsymbol{e}_i'$ 不平行, $|\boldsymbol{e}_i|=|\boldsymbol{e}_i'|$, $i=1,2,3$. 此时新坐标系 II 可看作由旧坐标系 I 绕原点 O 旋转, 使得 $\boldsymbol{e}_i$ 分别与 $\boldsymbol{e}_i'$ $(i=1,2,3)$ 重合而得到的. 我们把坐标系之间的这种变换称为**旋转变换**, 简称为**转轴**(图 5.11).

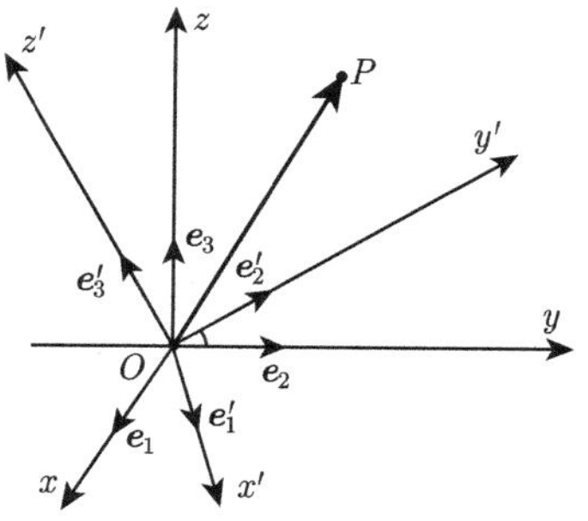

图 5.11 旋转变换

设 $\boldsymbol{e}_i'$ 在旧系下的坐标表示为

$$
\begin{cases}
\boldsymbol{e}_1'=c_{11}\boldsymbol{e}_1+c_{21}\boldsymbol{e}_2+c_{31}\boldsymbol{e}_3,\\
\boldsymbol{e}_2'=c_{12}\boldsymbol{e}_1+c_{22}\boldsymbol{e}_2+c_{32}\boldsymbol{e}_3,\\
\boldsymbol{e}_3'=c_{13}\boldsymbol{e}_1+c_{23}\boldsymbol{e}_2+c_{33}\boldsymbol{e}_3,
\end{cases}
\tag{5.19}
$$

写成矩阵形式即

$$
\begin{pmatrix}\boldsymbol{e}_1'\\ \boldsymbol{e}_2'\\ \boldsymbol{e}_3'\end{pmatrix}=\begin{pmatrix}c_{11}&c_{21}&c_{31}\\ c_{12}&c_{22}&c_{32}\\ c_{13}&c_{23}&c_{33}\end{pmatrix}\begin{pmatrix}\boldsymbol{e}_1\\ \boldsymbol{e}_2\\ \boldsymbol{e}_3\end{pmatrix},
$$

其中矩阵

$$\boldsymbol{T}=\begin{pmatrix} c_{11} & c_{21} & c_{31} \\ c_{12} & c_{22} & c_{32} \\ c_{13} & c_{23} & c_{33} \end{pmatrix}$$

称为从 I 到 II 的**过渡矩阵**.

由于在新、旧系中, 总有 $\overrightarrow{OP}=\overrightarrow{O'P}$, 即 $x\boldsymbol{e}_1+y\boldsymbol{e}_2+z\boldsymbol{e}_3=x'\boldsymbol{e}_1'+y'\boldsymbol{e}_2'+z\boldsymbol{e}_3'$. 将式 (5.19) 代入, 并比较系数得

$$\begin{cases} x=c_{11}x'+c_{12}y'+c_{13}z', \\ y=c_{21}x'+c_{22}y'+c_{23}z', \\ z=c_{31}x'+c_{32}y'+c_{33}z'. \end{cases} \tag{5.20}$$

写成矩阵形式即

$$\begin{pmatrix} x \\ y \\ z \end{pmatrix}=\boldsymbol{T}^t\begin{pmatrix} x' \\ y' \\ z' \end{pmatrix},$$

其中 $\boldsymbol{T}^t$ 表示过渡矩阵 $\boldsymbol{T}$ 的转置矩阵. 式 (5.20) 称为旋转变换下点的坐标变换公式, 简称为**旋转公式或转轴公式**.

注意到 $\boldsymbol{e}_1',\boldsymbol{e}_2',\boldsymbol{e}_3'$ 及 $\boldsymbol{e}_1, \boldsymbol{e}_2,\boldsymbol{e}_3$ 是两组两两互相垂直的单位向量, 公式 (5.20) 的系数满足如下关系:

$$\begin{cases} c_{11}^2+c_{21}^2+c_{31}^2=1, \\ c_{12}^2+c_{22}^2+c_{32}^2=1, \\ c_{13}^2+c_{23}^2+c_{33}^2=1, \end{cases} \quad \begin{cases} c_{11}c_{12}+c_{21}c_{22}+c_{31}c_{23}=0, \\ c_{11}c_{13}+c_{21}c_{23}+c_{31}c_{33}=0, \\ c_{12}c_{13}+c_{22}c_{23}+c_{32}c_{33}=0. \end{cases}$$

上述六个关系称为**正交条件**, 满足正交条件的矩阵 T 称为**正交矩阵**. 显然上述正交条件用过渡矩阵可以等价表示为 $\boldsymbol{T}^{-1}=\boldsymbol{T}^t$. 因此, 旋转变换 (5.20) 的逆变换可以写成

$$\begin{cases} x'=c_{11}x+c_{21}y+c_{31}z, \\ y'=c_{12}x+c_{22}y+c_{32}z, \\ z'=c_{13}x+c_{23}y+c_{33}z. \end{cases} \tag{5.21}$$

另一方面, 由于 $\{\boldsymbol{e}_1',\boldsymbol{e}_2',\boldsymbol{e}_3'\}$ 及 $\{\boldsymbol{e}_1, \boldsymbol{e}_2,\boldsymbol{e}_3\}$ 均为右手标架, 可知旋转变换的过渡矩阵不仅是正交矩阵, 还应满足 $\det\boldsymbol{T}=1$. 满足 $\det\boldsymbol{T}=1$ 的正交矩阵称为**特殊正交矩阵**.

在空间的旋转变换中, 有一种特殊情形值得提出, 这就是绕轴旋转. 它保持一个坐标轴不动, 另两个坐标轴在其所在平面内绕原点旋转. 例如保持 z 轴不动, x 轴与 y 轴在 xOy 平面内绕原点旋转 θ 角. 在这种情形下, 读者不难导出转轴公式是

$$\begin{cases} x=x'\cos\theta-y'\sin\theta, \\ y=x'\sin\theta+y'\cos\theta, \\ z=z'. \end{cases} \tag{5.22}$$

5.4.3　一般坐标变换

现在考虑上述两种坐标变换的复合变换, 即

$$\begin{array}{ccccc} \{O;\boldsymbol{e}_1,\boldsymbol{e}_2,\boldsymbol{e}_3\} & \xrightarrow{\text{平移}} & \{O';\boldsymbol{e}_1,\boldsymbol{e}_2,\boldsymbol{e}_3\} & \xrightarrow{\text{旋转}} & \{O';\boldsymbol{e}_1',\boldsymbol{e}_2',\boldsymbol{e}_3'\}, \\ (x,y,z) & \longrightarrow & (x'',y'',z'') & \longrightarrow & (x',y',z'). \end{array}$$

结合平移公式 (5.18) 和旋转公式 (5.20), 我们得到

$$\begin{cases} x = c_{11}x' + c_{12}y' + c_{13}z' + x_0, \\ y = c_{21}x' + c_{22}y' + c_{23}z' + y_0, \\ z = c_{31}x' + c_{32}y' + c_{33}z' + z_0, \end{cases} \tag{5.23}$$

写成矩阵形式即

$$\begin{pmatrix} x \\ y \\ z \end{pmatrix} = \boldsymbol{T}^t \begin{pmatrix} x' \\ y' \\ z' \end{pmatrix} + \begin{pmatrix} x_0 \\ y_0 \\ z_0 \end{pmatrix},$$

其中系数矩阵 $\boldsymbol{T}^t$ 为特殊正交矩阵. 式 (5.23) 称为一般情形的坐标变换公式. 该公式是先平移后旋转得到. 不难验证, 改变这两种变换的次序, 得到的坐标变换公式是一样的. 坐标变换 (5.23) 的逆变换公式为

$$\begin{cases} x' = c_{11}x + c_{21}y + c_{31}z + x_0', \\ y' = c_{12}x + c_{22}y + c_{32}z + y_0', \\ z' = c_{13}x + c_{23}y + c_{33}z + z_0'. \end{cases} \tag{5.24}$$

把向量的坐标看成终点的坐标减去起点的坐标, 由式 (5.23) 立即可以得到向量的坐标变换公式为

$$\begin{cases} u = c_{11}u' + c_{12}v' + c_{13}w', \\ v = c_{21}u' + c_{22}v' + c_{23}w', \\ w = c_{31}u' + c_{32}v' + c_{33}w' \end{cases} \quad \text{或} \quad \begin{pmatrix} u \\ v \\ w \end{pmatrix} = \boldsymbol{T}^t \begin{pmatrix} u' \\ v' \\ w' \end{pmatrix},$$

其中 (u',v',w') 和 (u,v,w) 分别是同一向量的新、旧两组坐标. 变换公式中没有常数项, 恰好反映向量经过平移是不变的.

注 5.2　*上述过程我们得到了坐标变换公式, 它实际上就是将旧坐标表示成新坐标的一次多项式. 但在理解或记忆它时, 必须要清楚公式中除坐标之外的各量的含义. 如常数项和一次项系数分别是新原点和新基向量的旧坐标, 而且常数项部分决定坐标系的平移, 一次项部分决定坐标系的旋转. 特别地, 如出现形如 (5.22) 的变换公式时, 要明白变换的具体含义.*

5.4.4　平面坐标变换

利用空间坐标变换公式推导的基本思想, 读者应该不难得到平面上坐标变换的相应公式. 例如, 平面上 (图 5.12) 的平移变换公式为

$$\begin{cases} x = x' + x_0, \\ y = y' + y_0. \end{cases} \tag{5.25}$$

下面我们利用平面上的有向角的概念, 进一步把转轴公式写得更具体. 设 $\{O';\boldsymbol{i}',\boldsymbol{j}'\}$ 是由 $\{O;\boldsymbol{i},\boldsymbol{j}\}$ 经过旋转变换而得 (图 5.13), 并设旋转角为 θ (逆时针旋转为正, 顺时针为负), 即 $\angle(\boldsymbol{i},\boldsymbol{i}')=\theta$. 利用平面向量的分解定理容易得到

$$\begin{aligned}\boldsymbol{i}' &= (\boldsymbol{i}'\cdot\boldsymbol{i})\boldsymbol{i}+(\boldsymbol{i}'\cdot\boldsymbol{j})\boldsymbol{j}=\cos\theta\boldsymbol{i}+\cos\left(\frac{\pi}{2}-\theta\right)\boldsymbol{j}\\ &=\cos\theta\boldsymbol{i}+\sin\theta\boldsymbol{j},\\ \boldsymbol{j}' &= (\boldsymbol{j}'\cdot\boldsymbol{i})\boldsymbol{i}+(\boldsymbol{j}'\cdot\boldsymbol{j})\boldsymbol{j}=\cos\left(\frac{\pi}{2}+\theta\right)\boldsymbol{i}+\cos\theta\boldsymbol{j}\\ &=-\sin\theta\boldsymbol{i}+\cos\theta\boldsymbol{j}.\end{aligned}$$

于是, 由 $\overrightarrow{OP}=x\boldsymbol{i}+y\boldsymbol{j}=x'\boldsymbol{i}'+y'\boldsymbol{j}'$ 得

$$\begin{cases}x=x'\cos\theta-y'\sin\theta,\\ y=x'\sin\theta+y'\cos\theta.\end{cases}\tag{5.26}$$

式 (5.26) 就是平面上旋转变换下点的坐标变换公式.

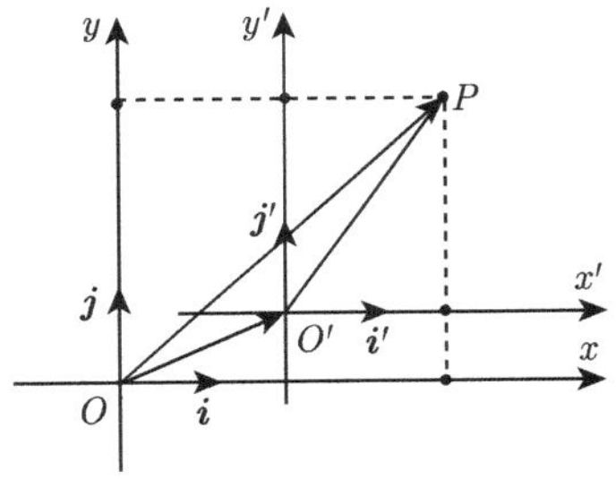

图 5.12 平面上平移变换

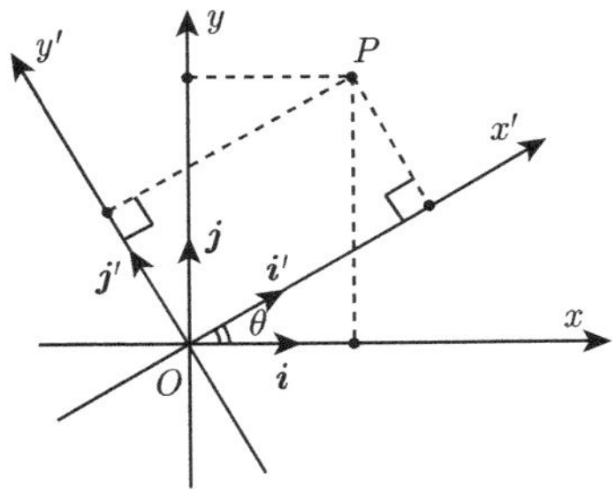

图 5.13 平面上旋转变换

例 5.7 已知三个两两正交的平面方程为

$$\varPi_i: A_ix+B_iy+C_iz+D_i=0,\quad i=1,2,3.$$

试写出以 $\varPi_1,\varPi_2,\varPi_3$ 为新的坐标面的坐标变换公式.

解 记平面 $\varPi_i$ 的法向量为 $\boldsymbol{n}_i=(A_i,B_i,C_i)$, $i=1,2,3$. 由于空间中点 $P(x,y,z)$ 在新坐标系中的坐标 (x',y',z') 可以分别看作是点 P 到这三个新坐标平面的离差, 因此, 如果以 $\boldsymbol{n}_1$ 和 $\boldsymbol{n}_2$ 的方向分别为 x' 轴和 y' 轴正方向, 可得坐标变换公式

$$\begin{cases}x'=\dfrac{A_1x+B_1y+C_1z+D_1}{\sqrt{A_1^2+B_1^2+C_1^2}},\\ y'=\dfrac{A_2x+B_2y+C_2z+D_2}{\sqrt{A_2^2+B_2^2+C_2^2}},\\ z'=\pm\dfrac{A_3x+B_3y+C_3z+D_3}{\sqrt{A_3^2+B_3^2+C_3^2}}.\end{cases}\tag{5.27}$$

显然系数矩阵满足正交条件, 只需适当选取其中 $\pm$ 号, 使得行列式等于 1 即可.

式 (5.27) 用点到平面的离差给出了坐标变换公式 (5.24) 的几何解释.

例 5.8　*证明: 在右手直角坐标系 $\{O;\boldsymbol{i},\boldsymbol{j},\boldsymbol{k}\}$ 中, 方程 $f(2x+y-3z,x-2y)=0$ 表示的图形是柱面, 并且求出它的母线方向和一条准线方程.*

证明　如果能选择一个合适的直角坐标系, 使得这个图形的方程中不含某个坐标, 则此图形就是柱面. 观察原方程的特点知道, 如果令

$$x'=k(2x+y-3z),\quad y'=l(x-2y),$$

则图形方程为 $f\left(\dfrac{x'}{k},\dfrac{y'}{l}\right)=0$. 我们要求 $\mathrm{II}=\{O';\boldsymbol{i}',\boldsymbol{j}',\boldsymbol{k}'\}$ 也是右手直角坐标系. 由 II 到 $\mathrm{I}=\{O;\boldsymbol{i},\boldsymbol{j},\boldsymbol{k}\}$ 的直角坐标系变换公式知, 此时 $\boldsymbol{i}',\boldsymbol{j}'$ 的 I 坐标分别是 $(2k,k,-3k),(l,-2l,0)$. 由于要求 $|\boldsymbol{i}'|=|\boldsymbol{j}'|=1$, 所以应当取

$$k=\frac{1}{\sqrt{2^2+1^2+(-3)^2}}=\frac{1}{\sqrt{14}},\quad l=\frac{1}{\sqrt{1^2+(-2)^2}}=\frac{1}{\sqrt{5}}.$$

由于

$$\boldsymbol{i}'\cdot\boldsymbol{j}'=\frac{2}{\sqrt{14}}\times\frac{1}{\sqrt{5}}+\frac{1}{\sqrt{14}}\times\left(-\frac{2}{\sqrt{5}}\right)+\frac{3}{\sqrt{14}}\times 0=0.$$

所以 $\boldsymbol{i}'\perp\boldsymbol{j}'$. 再令 $\boldsymbol{k}'=\boldsymbol{i}'\times\boldsymbol{j}'$, 即得 $\mathrm{II}=\{O;\boldsymbol{i}',\boldsymbol{j}',\boldsymbol{k}'\}$ 为右手直角坐标系. 容易算出 $\boldsymbol{k}'$ 的 I 坐标为 $\left(-\dfrac{6}{\sqrt{70}},-\dfrac{3}{\sqrt{70}},-\dfrac{5}{\sqrt{70}}\right)$. 从 II 到 I 的点的坐标变换公式为

$$\begin{cases}x'=\dfrac{1}{\sqrt{14}}(2x+y-3z),\\[2mm] y'=\dfrac{1}{\sqrt{5}}(x-2y),\\[2mm] z'=-\dfrac{1}{\sqrt{70}}(6x+3y+5z).\end{cases}$$

所给图形在 II 中的方程为

$$f(\sqrt{14}x',\sqrt{5}y')=0.$$

因此它是柱面. 它的母线方向 $\boldsymbol{v}//\boldsymbol{k}'$, 所以可取 $\boldsymbol{v}=(6,3,5)$, 它的准线在 II 中的方程为

$$\begin{cases}f(\sqrt{14}x',\sqrt{5}y')=0,\\ z'=0.\end{cases}$$

从而准线在 I 中的方程为

$$\begin{cases}f(2x+y-3z,x-2y)=0,\\ 6x+3y+5z=0.\end{cases}$$

习　题　5.4

1. 将坐标原点平移到点 $P_0(1,2,3)$ 处, 试变换下列方程:

(1) $3x-5y+6z-1=0$;

(2) $\dfrac{x-1}{3}=\dfrac{y-2}{4}=\dfrac{z-3}{2}$;

(3) $x^2+y^2+z^2+xy+yz+xz-7x-8y-9z+19=0$.

2. 已知转轴后的新坐标系的三个坐标向量为 $\boldsymbol{e}_1'=\left(-\frac{1}{3},\frac{2}{3},\frac{2}{3}\right)$, $\boldsymbol{e}_2'=\left(\frac{2}{3},-\frac{1}{3},\frac{2}{3}\right)$, $\boldsymbol{e}_3'=\left(\frac{2}{3},\frac{2}{3},-\frac{1}{3}\right)$. 试求转轴公式和点 $P(-1,1,0)$ 在新坐标系中的坐标.

3. 将坐标系绕 x 轴右旋 $\frac{2}{3}\pi$, 再沿 x 轴平移至 5 个单位距离. 求坐标变换公式.

4. 已知平面上两条垂直相交的直线方程为

$$l_i: A_ix+B_iy+C_i=0,\quad i=1,2.$$

试写出以 l_1,l_2 为新的坐标轴的坐标变换公式.

5.5 二次曲面的一般方程及化简

前面我们介绍了 9 种二次曲面: 3 种柱面、1 种锥面、1 种椭球面、2 种双曲面和 2 种抛物面, 它们都是用标准方程给出的, 其方程的左端是 x,y,z 的特殊二次形式, 即不含形如 xy,yz,xz 的交叉项; 而且要么不含 x,y,z 的一次项, 要么仅有一个一次项. 本节我们将讨论更一般的二次曲面. 准确地说, 我们将使用坐标变换化简一般二次曲面方程, 从而证明了二次曲面共有 17 类: 它们或者是上述 9 种曲面之一; 或者是退化的二次曲面, 共 5 种; 或者是无实轨迹 (虚图形), 共 3 种. 到这里, 读者也就明白了在本节之前我们为什么要花时间去逐个研究这些曲面.

5.5.1 二次曲面的一般方程

在空间直角坐标系中, 由一般形式三元二次方程

$$\begin{aligned}&a_{11}x^2+a_{22}y^2+a_{33}z^2+2a_{12}xy+2a_{13}xz\\&+2a_{23}yz+2a_{14}x+2a_{24}y+2a_{34}z+a_{44}=0\end{aligned}\tag{5.28}$$

所表示的曲面称为**二次曲面**, 其中系数 a_{ij} 为任意给定的实常数, 并且二次项系数不全为零. 方程 (5.28) 称为**二次曲面的一般方程**.

5.5.2 二次曲面方程的化简

化简二次曲面方程 (5.28), 意指选取一个适当的坐标系, 使得方程 (5.28) 在新坐标系下取最简单的形式. 为此, 要求简化方程不含交叉项. 本节的讨论我们不给出具体的坐标变换表达式, 只是从理论上说明可能性. 在后继高等代数课程中会有详尽的代数讨论.

首先, 将坐标变换公式 (5.23) 代入方程 (5.28) 得到新坐标 (x',y',z') 的方程

$$\begin{aligned}&\tilde{a}_{11}x^2+\tilde{a}_{22}y^2+\tilde{a}_{33}z^2+2\tilde{a}_{12}xy+2\tilde{a}_{13}xz\\&+2\tilde{a}_{23}yz+2\tilde{a}_{14}x+2\tilde{a}_{24}y+2\tilde{a}_{34}z+\tilde{a}_{44}=0.\end{aligned}\tag{5.29}$$

直接计算就会发现, 方程 (5.29) 的二次项系数与新坐标系的原点坐标 (x_0,y_0,z_0) 无关. 因此要消灭交叉项, 坐标平移是无效的, 必须用坐标系的转轴变换.

进一步观察发现, 经过坐标系的转轴, 原点不动. 这时变换公式是一次齐次的, 二次项只能变出二次项来, 而一次项变不出二次项来. 所以方程的二次项部分作为一个整体经过坐标

系的转轴保持不变. 所以, 为了说明通过适当的坐标轴旋转, 可以消灭方程 (5.28) 中的交叉项, 只需考虑和方程 (5.28) 具有相同二次项部分的方程

$$a_{11}x^2 + a_{22}y^2 + a_{33}z^2 + 2a_{12}xy + 2a_{13}xz + 2a_{23}yz = 0. \tag{5.30}$$

方程 (5.30) 的左端称为**三元二次型**, 其系数矩阵是三阶实对称矩阵. 高等代数中有一个结果是实对称矩阵可以用正交矩阵对角化, 用几何的语言来说即存在一个坐标旋转, 使得方程 (5.30) 在新坐标系下不含交叉项. 这样我们就从理论上证明了: 通过坐标系的转轴可以消去各交叉项. 因此, 适当选取坐标系, 就可以假定二次项只有平方项.

下面我们再来讨论方程中的一次项. 如果某个坐标的平方项系数不为零, 我们就可以把它和一次项配成平方, 用平移消去这个一次项. 例如 $a_{22} \neq 0$ 时

$$a_{22}y^2 + 2a_{24}y = a_{22}\left(y + \frac{a_{24}}{a_{22}}\right)^2 - \frac{a_{24}^2}{a_{22}},$$

把原点平移到 $\left(0, -\dfrac{a_{24}}{a_{22}}, 0\right)$ 就消去了 y 的一次项.

因此, 选取适当的坐标系就可以假定, 二次曲面的方程中没有交叉项, 并且, 如果有某个坐标的平方项, 就没有该坐标的一次项. 这时, 如果有某个坐标的一次项, 当然就没有它的平方项. 我们显然可以用平移消去常数项. 所以又可以假定, 有一次项就没有常数项. 这时, 如果有两个一次项的话, 那么方程必定是下面的样子:

$$a_{11}x^2 + 2a_{24}y + 2a_{34}z = 0 \quad (a_{11}a_{24}a_{34} \neq 0).$$

曲面在平面 $x = 0$ 上截出一条直线:

$$\begin{cases} a_{24}y + a_{34}z = 0, \\ x = 0. \end{cases}$$

把 z 轴绕 x 轴旋转到这条直线上来, 即作空间直角坐标变换,

$$\begin{cases} x' = x, \\ y' = \dfrac{a_{24}y + a_{34}z}{\sqrt{a_{24}^2 + a_{34}^2}}, \\ z' = \dfrac{-a_{34}y + a_{24}z}{\sqrt{a_{24}^2 + a_{34}^2}}, \end{cases}$$

于是方程 $a_{11}x^2 + 2a_{24}y + 2a_{34}z = 0$ 就化为

$$a_{11}x'^2 + 2a'_{24}y' = 0.$$

这就是说, 两个一次项可以化为一个. 因为方程是二次的, 至少有一个平方项, 所以不能有两个一次项. 因此, 又可以假定, 一次项顶多有一个.

总之, 选取适当的坐标系, 就可以使二次曲面方程简化到满足下列条件:

(1) 没有交叉项;

(2) 如果有某个坐标的平方项, 那么就没有该坐标的一次项;

(3) 如果有一次项, 那么就没有常数项;

(4) 顶多只有一个一次项.

满足上述条件的二次曲面方程称为**标准方程**. 按照有几个平方项, 有没有一次项或常数项, 标准方程共分为 17 种:

(1) 椭球面: $\dfrac{x^2}{a^2}+\dfrac{y^2}{b^2}+\dfrac{z^2}{c^2}=1$;

(2) 虚椭球面: $\dfrac{x^2}{a^2}+\dfrac{y^2}{b^2}+\dfrac{z^2}{c^2}=-1$;

(3) 点: $\dfrac{x^2}{a^2}+\dfrac{y^2}{b^2}+\dfrac{z^2}{c^2}=0$;

(4) 单叶双曲面: $\dfrac{x^2}{a^2}+\dfrac{y^2}{b^2}-\dfrac{z^2}{c^2}=1$;

(5) 双叶双曲面: $\dfrac{x^2}{a^2}+\dfrac{y^2}{b^2}-\dfrac{z^2}{c^2}=-1$;

(6) 二次锥面: $\dfrac{x^2}{a^2}+\dfrac{y^2}{b^2}-\dfrac{z^2}{c^2}=0$;

(7) 椭圆抛物面: $\dfrac{x^2}{p}+\dfrac{y^2}{q}=2z$;

(8) 双曲抛物面: $\dfrac{x^2}{p}-\dfrac{y^2}{q}=2z$;

(9) 椭圆柱面: $\dfrac{x^2}{a^2}+\dfrac{y^2}{b^2}=1$;

(10) 虚椭圆柱面: $\dfrac{x^2}{a^2}+\dfrac{y^2}{b^2}=-1$;

(11) 直线: $\dfrac{x^2}{a^2}+\dfrac{y^2}{b^2}=0$;

(12) 双曲柱面: $\dfrac{x^2}{a^2}-\dfrac{y^2}{b^2}=1$;

(13) 一对相交平面: $\dfrac{x^2}{a^2}-\dfrac{y^2}{b^2}=0$;

(14) 抛物柱面: $x^2=2py$;

(15) 一对平行平面: $x^2=a^2$;

(16) 一对虚平行平面: $x^2=-a^2$;

(17) 一对重合平面: $x^2=0$.

最后 9 种 (9)—(17) 都不包含 z, 形式和二次曲线的 9 种标准方程完全一样, 它们在空间中表示柱面. 前 8 种中有 3 种分别是虚椭球面以及点和二次锥面, 这些曲面都是比较简单的. 最主要的是 5 种基本二次曲面.

例 5.9 就 λ 的值讨论方程 $\lambda x^2+y^2=(\lambda-1)z$ 表示哪种曲面?

解　$\lambda=0$ 时, 原方程变为 $y^2=-z$, 表示抛物柱面; $\lambda>0$ 且 $\lambda\neq 1$ 时, 原方程表示椭圆抛物面; $\lambda=1$ 时, 原方程变为 $x^2+y^2=0$, 表示一对虚相交平面 (或直线); $\lambda<0$ 时, 原方程表示双曲抛物面.

例 5.10　通过绕轴旋转判断方程 $z=xy$ 所表示的曲面?

解　将绕轴旋转公式 (5.22) 代入方程 $z=xy$ 得

$$\begin{aligned} z' &= \cos\theta\sin\theta(x'^2-y'^2)+(\cos^2\theta-\sin^2\theta)x'y' \\ &= \frac{1}{2}\sin 2\theta(x'^2-y'^2)+\cos 2\theta x'y'. \end{aligned}$$

为消去交叉项 $x'y'$, 取 $\theta=\dfrac{\pi}{4}$, 作绕轴旋转

$$\begin{cases} x=\dfrac{1}{\sqrt{2}}(x'-y'), \\ y=\dfrac{1}{\sqrt{2}}(x'+y'), \\ z=z', \end{cases}$$

这时原方程变为 $z'=\dfrac{x'^2}{2}-\dfrac{y'^2}{2}$, 它表示双曲抛物面.

习　题　5.5

1. 就 λ 的值讨论下列方程表示哪种曲面?

(1) $3x^2-4y^2=5z^2+\lambda$;

(2) $x^2+2y^2+3z^2=\lambda+\dfrac{1}{2}$;

(3) $z^2=\lambda(x^2+y^2)$;

(4) $\lambda x^2+2x+1+y^2=0$;

(5) $x^2+2y^2+\lambda z^2+2z+1=0$.

2. 根据参数 λ 的不同取值, 判断二次曲面 $x^2+y^2+2\lambda xy+z^2+\lambda=0$ 的形状. (提示: 作适当的转轴变换)

3. 利用移轴化简曲面方程

$$x^2+y^2-5xy-2x+5y+2z+2=0,$$

并判别该方程所表示的曲面.

4. 对于二次曲面

$$x^2+y^2-2xy+4yz-4xz-12x+16y+12z+35=0,$$

先作旋转

$$\begin{cases} x=\dfrac{1}{\sqrt{3}}x'+\dfrac{1}{\sqrt{6}}y'-\dfrac{1}{\sqrt{2}}z', \\ y=-\dfrac{1}{\sqrt{3}}x'-\dfrac{1}{\sqrt{6}}y'-\dfrac{1}{\sqrt{2}}z', \\ z=-\dfrac{1}{\sqrt{3}}x'+\dfrac{2}{\sqrt{6}}y', \end{cases}$$

再适当平移坐标系, 化简曲面方程, 判断它代表什么曲面.

5. 证明: 平面 $Ax+By+Cz=0$ 与单叶双曲面 $x^2+y^2-z^2=1$ 的交线是两条直线当且仅当 $A^2+B^2=C^2$. (提示: 作适当的转轴变换)

5.6 空间区域作图

在处理一些实际问题时, 常常会碰到空间区域, 它是由几个曲面所围成的部分. 我们不仅要能想象出它的大致形状, 有时还需要画出它的简图. 在一般情形, 这是复杂的. 但如果区域的边界是几块平面或二次曲面, 那相对就比较简单. 本节的目的就是想通过几个例子来说明, 在这种简单情形下如何作出空间区域的简图.

稍作分析不难看出, 画空间区域简图时只要能画出区域的边界曲线, 再画出围成区域的各个曲面介于边界曲线间的部分, 即得到该空间区域的图形. 因此作空间区域简图的关键之一就是如何画出两个曲面的交线. 为此, 我们先介绍空间曲线的投影式方程.

5.6.1 空间曲线的投影式方程

考虑空间曲线

$$C:\begin{cases}F(x,y,z)=0,\\ G(x,y,z)=0.\end{cases}\tag{5.31}$$

第 4 章已经讲过, 如果我们可以在方程组 (5.31) 中分别消去坐标 x,y,z 后得到

$$f(y,z)=0,\quad g(x,z)=0,\quad h(x,y)=0,$$

它们分别是曲线 C 对于 yOz 面、xOz 面和 xOy 面的投影柱面. 将这三个投影柱面方程中任何两个联立都得到与方程组 (5.31) 同解的方程组. 因此, 这样的同解方程组都可作为曲线 C 的方程, 称之为曲线 C 的**投影式方程**.

5.6.2 两曲面交线的画法

按照空间曲线 C 的投影式方程的思想, 任意两个曲面的交线常常可以表示成直母线相互垂直的两个柱面的交线. 因此, 作两曲面的交线一般都可以转化为作直母线相互垂直的两个柱面的交线. 一般地, 画两柱面的交线都是用与两个柱面直母线都平行的平面去截这两个柱面, 截得的直母线的交点就是两柱面交线上的点, 我们形象地把这方法称为切片的方法. 下面我们通过例子来细说.

例 5.11 作两柱面 $x^2+y^2=a^2$ 与 $y^2+z^2=a^2$ 在第一卦限内的交线图形.

解 如图 5.14 所示, 作图步骤如下.

(1) 作出两柱面在 xOy 面和 yOz 面上的截线 l_1 和 l_2;

(2) 在 y 轴上取点 P, 过 P 作 x 轴的平行线交 l_1 于 Q, 过 P 作 z 轴平行线交 l_2 于 R;

(3) 过 Q, R 作各自柱面的直母线, 相交于 S, S 即为两柱面交线上的点;

(4) 在 y 轴上顺次取若干点 $P_1,P_2,\cdots$. 重复步骤 (2), (3) 即可得交线上很多点, 把它们光滑连接起来, 即得所求交线;

(5) 再画出两个柱面, 即得所求的柱面相交图.

例 5.12　作出平面 $x+y+z=5$ 和柱面 $x^2+y^2=4$ 在第一卦限内的交线.

解　如图 5.15 所示, 作图步骤如下.

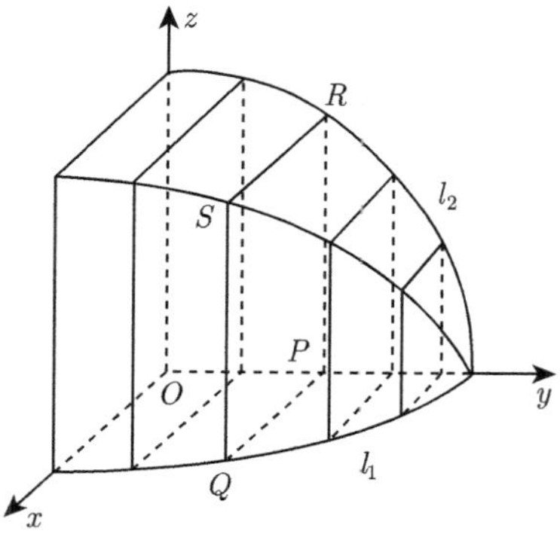

图 5.14　两柱面的交线

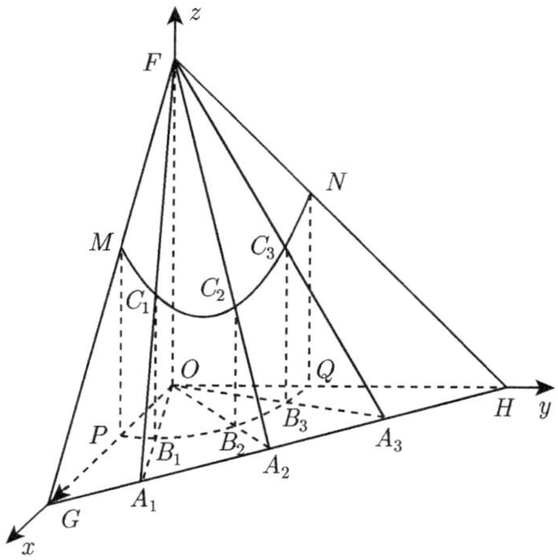

图 5.15　平面与柱面的交线

(1) 画出平面及圆柱面与 xOy 面的交线 GH 及弧 $\overset{\frown}{PQ}$;

(2) 分别画出平面及圆柱面与 zOx 面的交线 FG 与 PM, FG 与 PM 交于 M 点, M 即为所求交线上点;

(3) 分别画出平面及圆柱面与 yOz 面的交线 FH 及 QN, FH 与 QN 交于 N, N 也是所求交线上点;

(4) 在线段 GH 上任取一点 A_1, 连接 OA_1 与弧 $\overset{\frown}{PQ}$ 交于 B_1, 连接 FA_1, 过 B_1 作 z 轴的平行线交 FA_1 于 C_1 点, 则 C_1 即为所求交线上的点;

(5) 在线段 GH 上依次取若干点 $A_2, A_3, \cdots$, 并依步骤 (4) 作出交线上若干点 $C_2, C_3, \cdots$, 把它们依次光滑连接起来, 即得所求交线的图形.

5.6.3　空间区域及其在坐标平面上的投影区域

例 5.13　作由曲面 $3(x^2+y^2)=16z$ 和 $z=\sqrt{25-x^2-y^2}$ 围成的区域图形.

解　方程 $3(x^2+y^2)=16z$ 表示以 z 轴为旋转轴的旋转抛物面, 顶点在原点, 开口向上. 方程 $z=\sqrt{25-x^2-y^2}$ 表示上半球面, 球心在原点, 半径为 5, 这两个曲面都不是柱面, 为此先求出该交线在两个坐标平面上的射影柱面方程.

把两曲面方程变形, 消去 x^2+y^2, 得 $3(25-z^2)=16z$, 即

$$(z-3)(3z+25)=0.$$

因为 $z\geqslant 0$, 所以得 $z-3=0$. 从两个曲面方程中消去 z, 得 $x^2+y^2=16$. 则交线方程可改写为

$$\begin{cases} z=3, \\ x^2+y^2=16, \end{cases}$$

这是一个圆, 它在平面 $z=3$ 内, 圆心是点 (0,0,3), 半径为 4. 将圆画出后, 再画出以这个圆

为边界的一块球面 (在圆上方) 以及一块旋转抛物面 (在圆下方), 这样就画出所求空间区域的图形 (图 5.16).

例 5.14 画出由曲面 $z=xy$ 与三个平面 $y=x, x=2, z=0$ 所围成的空间区域 Ω 及它在 xOy 面上投影区域 D 的图形.

解 由于围成空间区域 Ω 的曲面中, 平面 $y=x$ 与 $x=2$ 垂直于 xOy 面. 由此我们能画出空间区域 Ω, 它是由 $y=x$ 与 $x=2$ 两平面为边界的图形被双曲抛物面 $z=xy$ 与平面 $z=0$ 所截出部分 (图 5.17).

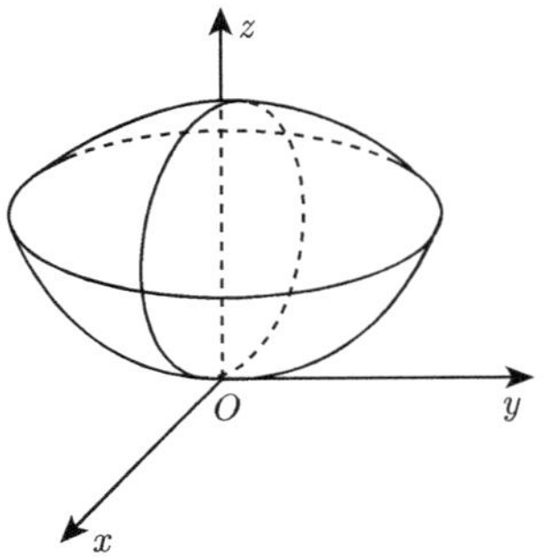

图 5.16 旋转抛物面与球面的交线

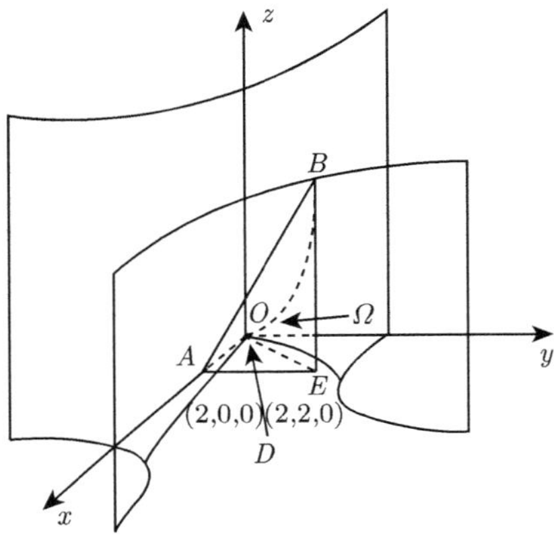

图 5.17 双曲抛物面与平面围成的区域

具体地说, Ω 是由下列三块平面与一块曲面围成: Ω 的底面是 xOy 面上的 $\triangle OAE$; 前侧面是平面 $x=2$ 上的 $\triangle ABE$; 右侧面是平面 $x=y$ 上的由直线段 OE, EB 及曲线段 OB 所围成的曲边三角形 OEB; 左侧面是双曲抛物面上由直线段 OA, AB 及曲线段 OB 所围成的曲面块. 其中直线段 AB 是双曲抛物面 $z=xy$ 与平面 $x=2$ 的交线. 它的方程 $\begin{cases} z=xy, \\ x=2 \end{cases}$ 可变形为 $\begin{cases} z=2y, \\ x=2, \end{cases}$ 因而它也是两平面 $z=2y$ 与 $x=2$ 的交线, 即是平面 $x=2$ 上的一条直线. 空间区域 Ω 在 xOy 面上的投影区域 D 是由直线 $y=x, x=2$ 与 x 轴所围成的三角形 OAE.

在数学分析中用累次积分法计算三重积分时, 可以把它化为一次单积分与一次二重积分, 当确定二重积分时, 就需要考虑三重积分的积分域 (空间区域) 在坐标面上的投影区域. 为了计算方便, 有时需画出投影区域图形. 下面重点介绍空间区域 Ω 在 xOy 面上投影区域的画法, 在其他坐标面上投影区域的画法类似.

由几个曲面围成的空间区域 Ω 在 xOy 面上的投影区域, 是 xOy 面上由几条曲线围成的平面区域, 围成这个平面区域的曲线通常是围成空间区域的曲面的交线在 xOy 面上的投影曲线. 熟知该投影曲线即投影柱面与坐标平面的交线. 根据这样的分析, 画空间区域 Ω 在 xOy 面上投影区域图形, 首先求出围成空间区域 Ω 的曲面的交线向 xOy 面的投影柱面, 然后作此投影柱面与 xOy 面的交线, 由这条交线围成的平面区域就是我们要作的图形.

例 5.15　画出由三个坐标面与 $x=8, y=4$ 及旋转抛物面 $z=1+\frac{1}{8}(x^2+y^2)$ 所围成的空间区域 Ω 及它在 xOy 面上的投影区域 D.

解　由于在围成区域 Ω 的曲面中, 平面 $x=0, x=8, y=0, y=4$ 都是垂直于 xOy 面, 它们也就是围成空间区域 Ω 的曲面的交线向 xOy 平面的投影柱面. 由此我们能画出空间区域 Ω, 它是由这四个平面为边界的图形被平面 $z=0$ 与旋转抛物面 $z=1+\frac{1}{8}(x^2+y^2)$ 所截出部分 (图 5.18). 空间区域 Ω 在 xOy 面上的投影区域 D 是由 $x=0, x=8, y=0, y=4$ 四条直线所围成的矩形.

例 5.16　画出由旋转抛物面 $z=x^2+y^2$、柱面 $y=x^2$ 及两个平面 $y=1, z=0$ 所围成的空间区域 Ω 及 Ω 在 xOy 面上的投影区域 D.

解　显然, 围成空间区域 Ω 的曲面中, $y=x^2$ 与 $y=1$ 都是直母线平行于 z 轴的柱面. 由此我们能画出空间区域 Ω, 它是由柱面 $y=x^2$ 与平面 $y=1$ 为边界的图形被曲面 $z=x^2+y^2$ 与平面 $z=0$ 所截出部分 (图 5.19). 空间区域 Ω 在 xOy 面上的投影区域 D 是由曲线 $y=x^2$ 与直线 $y=1$ 所围成的图形.

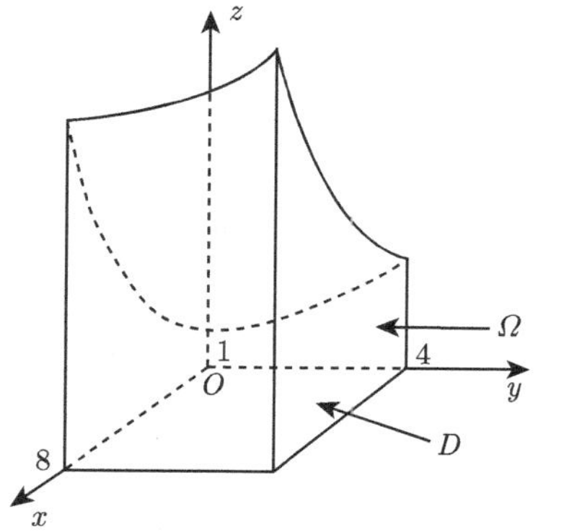

图 5.18　旋转抛物面与平面围成的区域

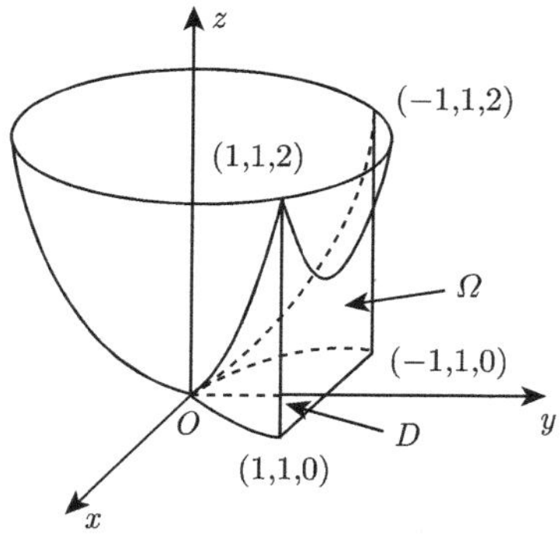

图 5.19　旋转抛物面、柱面与平面围成的区域

5.6.4　三元不等式与空间区域

假如空间区域是由一个不等式组表示时, 如何作出此空间区域的图形? 首先由这组不等式确定此空间区域是由哪些曲面所围成, 确定后就可以用前面所述的方法作出空间区域的图形, 那么又如何确定它的边界曲面?

通常, 一个二次曲面或平面 (设它们的方程是 $F(x,y,z)=0$) 都把空间分为三部分, 这三部分分别表示为 $F(x,y,z)<0, F(x,y,z)=0, F(x,y,z)>0$, 其中 $F(x,y,z)=0$ 表示曲面本身, 其他两个不等式分别表示曲面的两侧部分. 而给出的空间区域总是位于曲面的某一侧. 至于要确定它位于曲面的哪一侧, 只需在空间区域内部取一点, 为了简便, 通常取原点或某个坐标轴上点, 将其坐标代入 $F(x,y,z)$, 看它是大于零还是小于零就完全决定了. 由此也就确定了各个不等式所表示的空间部分, 且它们的公共部分就是由不等式组给出的空间区域. 从而得到该空间区域的边界是不等式组中各不等式取等号所表示的曲面, 这样也就确定了由哪些曲面围成此空间区域.

例 5.17 作出由下列条件所确定的空间区域的简图:

$$x \geqslant 0, \quad y \geqslant 0, \quad z \geqslant 0, \quad x+y \leqslant 1, \quad y^2+z^2 \leqslant 1.$$

解 不等式 $x+y \leqslant 1$ 表示以平面 $x+y=1$ 为界限包含原点的那个半空间. 不等式 $y^2+z^2 \leqslant 1$ 表示由圆柱面 $y^2+z^2=1$ 围成的圆柱体. 圆柱面在平面 $x=0, y=0$ 和 $x+y=1$ 上的截线分别是圆、直线和椭圆. 平面 $x+y=1$ 在平面 $y=0$ 和 $z=0$ 上的截线都是直线. 把这五条截线画出来, 只取坐标非负的点, 就得到区域的简图 (图 5.20).

例 5.18 用不等式组表示出下列曲面与平面所围成的区域, 并作简图.

$$x^2+y^2=2z, \quad x^2+y^2=4x, \quad z=0.$$

解 $x^2+y^2=2z$ 是椭圆抛物面, $x^2+y^2=4x$ 是圆柱面, $z=0$ 是 xOy 面. 因此它们所围成的区域应当在 xOy 面上方, 在椭圆抛物面下方及圆柱面内. 于是这个区域可表示成

$$z \geqslant 0, \quad x^2+y^2 \geqslant 2z, \quad x^2+y^2 \leqslant 4x.$$

根据前面介绍的画曲面交线的方法可画出椭圆抛物面与圆柱面的交线, 从而可画出区域的简图 (图 5.21).

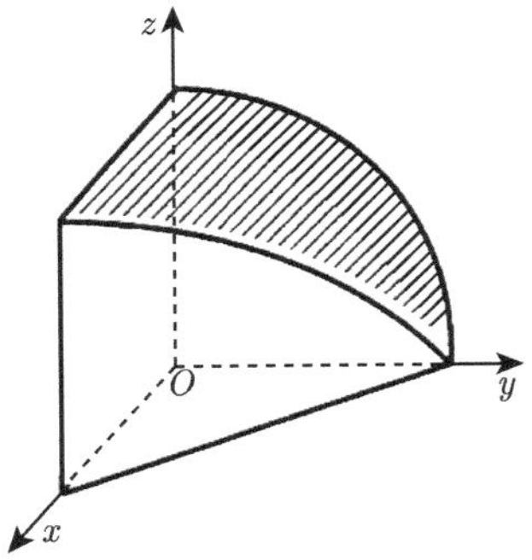

图 5.20 不等式组围成的空间区域

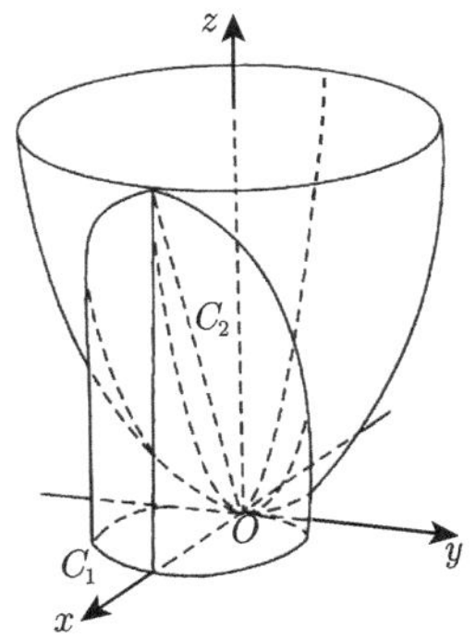

图 5.21 不等式组围成的空间区域

习 题 5.6

1. 求下列曲线的投影式方程及在各坐标平面上的投影曲线方程, 并画出原曲线的简图.

(1) $\begin{cases} \dfrac{x^2}{16}+\dfrac{y^2}{12}-\dfrac{z^2}{4}=1, \\ x-2=0; \end{cases}$ (2) $\begin{cases} x^2+4y^2-z^2=16, \\ 4x^2+y^2+z^2=4. \end{cases}$

2. 用不等式表示出下列曲面所围成的区域, 并作简图.

(1) $x^2+y^2=1,\ y^2+z^2=1$; (2) $x^2+y^2=4z,\ x^2+y^2+z^2=12$.

3. 作出由不等式组 $0 \leqslant z \leqslant \sqrt{8-x^2-y^2},\ 0 \leqslant y \leqslant \sqrt{4-x^2},\ 0 \leqslant x \leqslant 2$ 所确定的空间区域简图.

第 6 章　等距变换与仿射变换

到目前为止, 我们采用了坐标法、向量法和坐标变换法研究了几何对象的一些静态性质. 换句话说, 只研究几何图形本身, 并没有涉及图形位置的改变和形状的变化. 但世间一切事物无不处于运动和变化中, 静态只不过是事物运动过程中一种瞬间的状态, 运动才是永恒的. 因此, 研究几何图形在运动和变化中的变化规律, 尤其是在运动和变化下能保持不变的性质就显得十分必要. 鉴于此, 本章我们将通过图形的变位和变形两种简单的情形介绍几何的另一种研究方法 —— 几何变换法. 主要介绍两种常见的几何变换 —— 等距变换和仿射变换, 并探讨图形在这两种变换下能保持不变的性质. 当然, 研究变换时坐标法也是基本方法, 即如何用数量关系去表示这些变换也是本章的基本内容. 为更加直观和便于理解, 我们侧重介绍平面上这两种变换, 空间的情形可类似地得到. 读者在后继课程中或许还将学到更多的几何变换以及与它们相应的几何.

需要指出的是, 上述几何变换不同于坐标变换: 坐标变换中变化的是坐标系, 几何对象 (的位置和形状) 并未改变, 可以理解为物体在同一时刻, 在不同参照系中坐标或方程的变化; 而几何变换则是几何对象的变化, 可以理解为物体在不同时刻的位置和形状的变化. 例如, 电梯的升降和海盗船的摆动等都是位置的变化; 铁栅栏的开关过程和树在斜阳下的影子等都是形状的变化.

6.1　平面上的点变换

任何图形都可视为由点构成的. 因此考察图形的运动变化我们从点的变换着手. 本节先介绍变换的概念, 再介绍平面上几个特殊的点变换及其解析表示, 最后介绍德国数学家克莱因 (F. Klein, 1849—1925) 关于几何学的变换群观点.

6.1.1　变换的概念

设 S, S' 是两个非空集合. $\phi: S \to S'$ 是一个映射. 若对 $\forall a' \in S'$, 都存在 $a \in S$, 使得 $\phi(a) = a'$, 则称 ϕ 为**满射**. 若对 $\forall a_1, a_2 \in S$, 当 $a_1 \neq a_2$ 时都有 $\phi(a_1) \neq \phi(a_2)$, 则称 ϕ 为**单射**. 若 ϕ 既是单射又是满射, 则称 ϕ 是**双射**, 或**一一映射**.

集合 S 到它自身的一个双射称为 S 上的一个**变换**. 可以设想, S 上的一个变换就是把 S 中所有元素重新排列一下, 把 a 安排到 $\phi(a)$ 去. 因为变换是一一映射, 所以不同元素总有不同的像, 并且每个元素都可以作为某一元素的像.

例如, 对 $\forall a \in S$, 使 $\phi(a) = a$ 的变换 $\phi: S \to S$ 称为 S 上的**恒等变换**, 通常记为 id_S, 在不致引起混淆的情形可简记为 id.

对变换 $\phi: S \to S$, 每点 $a' \in S$ 都有唯一的原像 $a \in S$, 这样, 把一个元素对应到它的原像就得到一个变换, 称为 ϕ 的**逆变换**, 记作 ϕ^{-1}.

对 S 上的两个变换 $\phi,\psi: S\to S$, 由

$$S\xrightarrow{\phi}S\xrightarrow{\psi}S,\quad a\mapsto\phi(a)\mapsto\psi(\phi(a))$$

定义的 $\psi\circ\phi: S\to S$ 也是 S 上的一个变换, 称为变换 ϕ 与 ψ 的**复合** (或**乘积**, 此时记成 $\psi\phi$). 于是, 对变换 $\phi: S\to S$ 总成立

$$\phi^{-1}\circ\phi=\mathrm{id},\quad \phi\circ\phi^{-1}=\mathrm{id}.$$

注意: 变换的乘积不满足交换律 (习题 4), 但满足结合律 (习题 3).

6.1.2 平面上的点变换

下面我们将集合 S 取为一平面 Π (即 S 为平面 Π 上点的集合), 讨论平面 Π 上的几个特殊的变换. 这些变换都是施于平面 Π 上的点, 且其像也是平面 Π 上的点, 故统称为平面 Π 上的**点变换**.

1. 平移变换

取定平面 Π 上一向量 $\boldsymbol{v}$, 如下定义 Π 上的映射 $\phi_{\boldsymbol{v}}:\Pi\to\Pi$: 对 Π 上任一点 P, 规定它的像 $\phi_{\boldsymbol{v}}(P)=P'$ 使得 $\overrightarrow{PP'}=\boldsymbol{v}$. 显见 $\phi_{\boldsymbol{v}}$ 是双射, 因此是 Π 上的一个变换. 其几何意义是将平面 Π 上每点沿方向 $\boldsymbol{v}$ 平行移动距离 $|\boldsymbol{v}|$. 因而 $\phi_{\boldsymbol{v}}$ 称为由 $\boldsymbol{v}$ 决定的**平移变换**, 向量 $\boldsymbol{v}$ 称为 $\phi_{\boldsymbol{v}}$ 的**平移量**. 易见 $\phi_{\boldsymbol{v}}$ 的逆变换 $\phi_{\boldsymbol{v}}^{-1}=\phi_{-\boldsymbol{v}}$, 即沿 $-\boldsymbol{v}$ 方向的平行移动. 当 $\boldsymbol{v}=\boldsymbol{0}$ 时, $\phi_{\boldsymbol{0}}=\mathrm{id}_{\Pi}$.

在 Π 上取直角坐标系 $\{O;\boldsymbol{i},\boldsymbol{j}\}$, 设 $\boldsymbol{v}=(a,b)$. 因点 $P(x,y)$ 与其对应点 $P'(x',y')$ 满足 $\overrightarrow{PP'}=\boldsymbol{v}$, 故

$$\begin{cases}x'=x+a,\\ y'=y+b.\end{cases}\tag{6.1}$$

式 (6.1) 称为平面 Π 上由 $\boldsymbol{v}$ 决定的点的**平移变换公式**.

形式上, 点的平移变换公式 (6.1) 与点的坐标变换中的移轴公式类似, 但含义却完全不同. 点的平移变换公式 (6.1) 中, (x,y) 与 $(x'y')$ 是两个不同点在同一坐标系中的坐标, 而移轴公式中的 (x,y) 和 (x',y') 则是同一点在不同坐标系中的坐标.

2. 旋转变换

取定平面 Π 上一点 O 及实数 θ, 定义映射 $\psi_\theta:\Pi\to\Pi$ 为: 对 Π 内任一点 P, 它的像 $\psi_\theta(P)=P'$ 由向量 $\overrightarrow{OP}$ 绕点 O 旋转 θ 角所得向量 $\overrightarrow{OP'}$ 确定. 如果 $\theta>0$, 旋转按逆时针方向, 否则按顺时针方向. 显见 ψ_θ 是双射, 且 $\psi_\theta^{-1}=\psi_{-\theta}$. 因此 ψ_θ 是平面 Π 上的一个变换, 称为**旋转变换**, O 是**旋转中心**, θ 是**旋转角**. ψ_θ 的几何意义是将 Π 上每一点绕点 O 旋转 θ 角.

在 Π 上取直角坐标系使旋转中心 O 为坐标原点. 设点 P 和 $P'=\psi_\theta(P)$ 的直角坐标分别为 (x,y) 和 (x',y'), 并记点 P 的极坐标为 (r,α). 则由旋转的定义知, 点 P' 的极坐标为 $(r,\alpha+\theta)$. 而

$$x=r\cos\alpha,\ y=r\sin\alpha;\quad x'=r\cos(\alpha+\theta),\ y'=r\sin(\alpha+\theta).$$

于是 ψ_θ 在直角坐标系下的表达式为

$$\begin{cases} x' = x\cos\theta - y\sin\theta, \\ y' = x\sin\theta + y\cos\theta. \end{cases} \tag{6.2}$$

式 (6.2) 称为平面 Π 上旋转角为 θ 的**旋转变换公式**．它在形式上与坐标变换中的转轴公式类似, 但含义不同.

平移、旋转以及它们的乘积统称为**刚体运动**, 简称**运动**. 下一节我们还会回到这个概念做进一步分析.

3. 反射变换

设 l 是平面 Π 内一直线, Π 内任一点 P 关于直线 l 的对称点记为 P'. 记这种从点 P 到点 P' 的映射为 σ_l, 它是双射, 称为平面 Π 上以 l 为轴的**反射变换**. 显然, $\sigma_l^{-1} = \sigma_l$.

若取 l 为 x 轴建立平面直角坐标系, 并设点 P 和 P' 的坐标分别为 (x, y) 和 (x', y'). 则 σ_l 的表达式为

$$\begin{cases} x' = x, \\ y' = -y. \end{cases} \tag{6.3}$$

利用平移变换、旋转变换和反射变换的公式不难验证: 它们都保持平面上任意两点的距离不变, 即任意两点 P, Q 的像之间的距离等于 P, Q 之间的距离. 因此, 在平移、旋转或反射变换下, 图形的形状未发生变化, 改变的只是图形的位置.

例 6.1　将平面曲线 $2xy = a^2$ 绕原点逆时针旋转 $\dfrac{\pi}{4}$, 求旋转后的新曲线的方程, 这里 a 是一个正常数.

解　按旋转变换公式有

$$\begin{cases} x' = \dfrac{\sqrt{2}}{2}(x - y), \\ y' = \dfrac{\sqrt{2}}{2}(x + y). \end{cases}$$

求出逆变换公式得

$$\begin{cases} x = \dfrac{\sqrt{2}}{2}(x' + y'), \\ y = \dfrac{\sqrt{2}}{2}(-x' + y'). \end{cases}$$

代入曲线的方程得新曲线的方程为 $y'^2 - x'^2 = a^2$.

解答此题还有一种思路就是利用坐标变换. 曲线绕原点逆时针旋转 $\dfrac{\pi}{4}$, 即可采用以下办法: 保持曲线不动, 将坐标轴按顺时针方向旋转 $\dfrac{\pi}{4}$ $\left(\text{即逆时针转 } -\dfrac{\pi}{4}\right)$, 效果是一样的. 利用坐标变换的转轴公式得

$$\begin{cases} x = x'\cos\left(-\dfrac{\pi}{4}\right) - y'\sin\left(-\dfrac{\pi}{4}\right) = \dfrac{\sqrt{2}}{2}(x' + y'), \\ y = x'\sin\left(-\dfrac{\pi}{4}\right) + y'\cos\left(-\dfrac{\pi}{4}\right) = \dfrac{\sqrt{2}}{2}(-x' + y'). \end{cases}$$

代入 $2xy = a^2$ 得所求曲线方程为 $y'^2 - x'^2 = a^2$.

例 6.2 求以直线 $l: x-2y+3=0$ 为轴的反射变换.

解 设任一点 $P(x,y)$ 在题设变换下的像点为 $P'(x',y')$. 于是点 P 和 P' 是以直线 l 为轴的一对对称点, 即线段 PP' 被直线 l 垂直平分.

由 $PP' \perp l$ 知 $2(x'-x)+y'-y=0$, 即

$$2x'+y'-2x-y=0.$$

另外, 线段 PP' 的中点 $P_0\left(\dfrac{x+x'}{2}, \dfrac{y+y'}{2}\right)$ 在 l 上得

$$x'-2y'+x-2y+6=0.$$

将以上两式联立解出 x', y' 得

$$\begin{cases} x' = \dfrac{3}{5}x + \dfrac{4}{5}y - \dfrac{6}{5}, \\ y' = \dfrac{4}{5}x - \dfrac{3}{5}y + \dfrac{12}{5}. \end{cases}$$

这就是所求的以 l 为轴的反射变换.

6.1.3 变换群与 Klein 的几何观

许多时候, 我们的兴趣不限于只考虑对图形施行单个的变换, 而是关注对图形施予一系列变换后哪些性质或哪些量仍然能够保持不变. 为此, 我们引进变换群的概念.

设集合 $G=\{\phi: S\to S \mid \phi$ 是 S 上的变换$\}$. 如果 G 满足

(i) 恒等变换 $\mathrm{id}_S \in G$;

(ii) 若 $\phi\in G$, $\psi\in G$, 则 $\psi\circ\phi\in G$;

(iii) 若 $\phi\in G$, 则它的逆变换 $\phi^{-1}\in G$,

则 G 称为 S 上的一个**变换群**.

例如, 平面 Π 上全体平移变换构成一个变换群, 通常称为**平移变换群**. 事实上, 平面 Π 上由向量 $\boldsymbol{v},\boldsymbol{w}$ 决定的两个平移的复合是由 $\boldsymbol{v}+\boldsymbol{w}$ 决定的平移, 即 $\phi_{\boldsymbol{v}}\circ\phi_{\boldsymbol{w}}=\phi_{\boldsymbol{v}+\boldsymbol{w}}$, 并且 $\phi_{\boldsymbol{v}}^{-1}=\phi_{-\boldsymbol{v}}$.

再如 Π 上以 O 为旋转中心的所有旋转也组成一个变换群, 通常称为**旋转变换群**. 事实上, 两个绕点 O、转角分别为 θ_1,θ_2 的旋转的复合是绕点 O 转角为 $\theta_1+\theta_2$ 的旋转, 并且 $\psi_\theta^{-1}=\psi_{-\theta}$. 但全体旋转并不构成 Π 上的变换群, 因为旋转中心不同的两个旋转的复合可能不再是旋转.

如果一个几何量在一个变换群中所有变换作用下都保持不变, 那么就称这个几何量为此变换群作用下的**不变量**; 如果一个几何性质在一个变换群中所有变换作用下都保持不变, 那么就称这个几何性质为此变换群作用下的**不变性质**. 容易理解平面上两点间的距离是平移变换群和旋转变换群作用下的不变量, 三点共线是平移变换群和旋转变换群作用下的不变性质.

用变换群来研究不变量和不变性质的观点是由德国数学家 Klein 于 1872 年在德国 Erlangen 大学所作的题为 "近世几何学研究的比较评论" 的报告中首先提出来的. 它揭示了几何学的实质在于一个变换群, 任何一门几何都是在相应变换群中求不变量或不变性质的.

Klein 关于几何学的这种变换群观点把各种不同的几何用统一的方法来处理, 从而在这个层面上建立了不同几何体系之间的联系. Klein 的报告后人称之为 Erlangen 纲领. 它虽然不完全适合于几何学的发展情况, 但是在几何学的发展历史上起到了巨大的推动作用.

本章随后两节我们将研究平面上的等距变换及仿射变换, 这两种变换分别构成变换群. 依照 Klein 的几何观, 这两个变换群也就对应着两种几何学 —— 度量几何与仿射几何. 空间的情形完全类似.

习　题　6.1

1. 求平面上下列点变换的逆变换:

(1) $\begin{cases} x' = 2x + 3y - 7, \\ y' = 3x + 5y - 9; \end{cases}$　　(2) $\begin{cases} x' = \dfrac{1}{2}x - \dfrac{\sqrt{3}}{2}y - 2, \\ y' = \dfrac{\sqrt{3}}{2}x + \dfrac{1}{2}y - 1. \end{cases}$

2. 设 ϕ 是平面上的点变换, 变换公式为

$$\begin{cases} x' = 2x + y - 1, \\ y' = x - y + 3, \end{cases}$$

问点 $(1,0)$, $(-1,1)$ 分别变成什么点, 直线 $x + y - 2 = 0$ 变成什么图形.

3. 证明变换的乘法满足结合律, 即 $\sigma_1(\sigma_2\sigma_3) = (\sigma_1\sigma_2)\sigma_3$.

4. 设 $\phi_{\boldsymbol{v}}$ 是平面上由向量 $\boldsymbol{v}$ 决定的平移, ψ_θ 是平面上绕原点、转角为 θ 的旋转. 利用直角坐标系下的变换公式证明 $\phi_{\boldsymbol{v}}\psi_\theta \neq \psi_\theta\phi_{\boldsymbol{v}}$.

5. 设 σ_l 是平面上以直线 l 为轴的反射变换, 并且在直角坐标系下, l 的方程为

$$x\cos\alpha + y\sin\alpha - p = 0.$$

求反射 σ_l 的解析表达式.

6. 设 σ_{l_1} 与 σ_{l_2} 分别是平面上以 l_1 与 l_2 为轴的反射变换.

(1) 若 l_1 与 l_2 平行, 则 $\sigma_{l_2}\sigma_{l_1}$ 是一个平移;

(2) 若 l_1 与 l_2 相交于点 O, 且夹角为 θ, 则 $\sigma_{l_2}\sigma_{l_1}$ 是绕点 O 的旋转, 转角为 2θ.

6.2　平面上的等距变换

上一节我们讨论了平面上三种常见的点变换 —— 平移变换、旋转变换和反射变换, 它们有一个共同的特点就是保持平面上任意两点之间的距离在变换后不变. 我们称平面上具有这种特征的点变换为等距变换. 本节将证明平面上的等距变换构成变换群, 并研究该变换群作用下的一些不变量和不变性质, 最后, 借助等距变换在直角坐标系中的变换公式证明等距变换或为平移, 或为旋转, 或为反射, 或为它们的复合.

6.2.1　等距变换与等距变换群

如果平面 Π 上的点变换 ϕ 使任意两点 P 与 Q 之间的距离保持不变, 那么称变换 ϕ 为平面 Π 上的**等距变换**. 用数学符号表示 “ ϕ 保持距离不变” 即写成

$$d(\phi(P), \phi(Q)) = d(P, Q).$$

这里 $d(P,Q)$ 表示点 P 与 Q 之间的距离.

按定义, 显见平移变换、旋转变换和反射变换都是等距变换.

定理 6.1 平面上的等距变换构成变换群, 称为等距变换群.

证明 由定义恒等变换是等距变换. 设 ϕ 和 ψ 是平面上的两个等距变换, 则对平面上任意两点 P,Q, 成立

$$d(\psi\circ\phi(P),\psi\circ\phi(Q))=d(\psi(\phi(P)),\psi(\phi(Q)))=d(P,Q).$$

这说明等距变换的复合仍是等距变换. 另外, 对平面上任两点 P,Q 都成立

$$d(\phi^{-1}(P),\phi^{-1}(Q))=d(\phi(\phi^{-1}(P)),\phi(\phi^{-1}(Q)))=d(P,Q).$$

这说明 ϕ^{-1} 也是等距变换.

按照 Klein 关于几何学的变换群观点, 有了等距变换群就对应有一种几何学, 它是研究图形在这个等距变换群作用下的不变性质或不变量, 常称为等距不变性或等距不变量. 把研究等距不变性或等距不变量的几何学被称为**度量几何学**(**即欧几里得几何学**). 下面我们就转入这个话题, 探讨平面上几个重要的等距不变性和等距不变量.

6.2.2 等距不变性与等距不变量

定理 6.2 平面上等距变换将共线三点变为共线三点, 且保持共线三点的顺序不变.

证明 设 P,O,Q 是共线三点, 且 O 在 P,Q 之间. 则

$$d(P,O)+d(O,Q)=d(P,Q).$$

由等距变换 ϕ 是单射知像点 $\phi(P)$, $\phi(O),\phi(Q)$ 不相同. 再因 ϕ 保持距离, 故

$$d(\phi(P),\phi(O))+d(\phi(O),\phi(Q))=d(\phi(P),\phi(Q)).$$

从而 $\phi(P)$, $\phi(O),\phi(Q)$ 三点共线, 且 $\phi(O)$ 位于 $\phi(P),\phi(Q)$ 之间.

定理 6.3 平面上等距变换将直线变为直线, 将线段变为线段, 且保持共线三点 P_1,P_2,P 的简单比

$$(P_1,P_2,P)=\frac{\overline{P_1P}}{\overline{P_2P}}$$

不变, 其中 $\overline{P_1P}$, $\overline{P_2P}$ 表示有向线段 $\overrightarrow{P_1P}$, $\overrightarrow{P_2P}$ 的有向长度 (或代数长), 即若在直线 P_1P_2 上取一单位向量 $\boldsymbol{e}$, 则 $\overrightarrow{P_1P}=(\overline{P_1P})\boldsymbol{e}$, $\overrightarrow{P_2P}=(\overline{P_2P})\boldsymbol{e}$.

证明 由定理 6.2 知直线 l 上一切点在等距变换 ϕ 下的像必在某条直线 l' 上, 即有 $\phi(l)\subset l'$. 以下再证 l' 上每点都可在 l 上找到原像.

任取 $O\in l$, 则 $\phi(O)\in l'$. 在 l' 上取不同于 $\phi(O)$ 的点 x^*, 并记 $d(\phi(O),x^*)=a>0$. 则在 l 上存在点 O 两侧的点 P,Q, 使得 $d(P,O)=d(Q,O)=a$. 于是由 ϕ 是等距变换得知

$$d(\phi(P),\phi(O))=d(\phi(Q),\phi(O))=a.$$

由于 $\phi(P),\phi(Q)$ 是 l' 上不同的两点, 则必有一点与 x^* 重合. 因而 $l'\subset\phi(l)$. 综合上述两方面的证明我们得到 $\phi(l)=l'$, 即平面上等距变换将直线变为直线.

结合定理 6.2 易见等距变换将有向线段变为有向线段. 即若 $\overrightarrow{P_1P}$ 与 $\overrightarrow{P_2P}$ 同向或反向时, 则 $\overrightarrow{\phi(P_1)\phi(P)}$ 与 $\overrightarrow{\phi(P_2)\phi(P)}$ 也同向或反向. 由此得

$$(P_1,P_2,P)=\frac{\overline{P_1P}}{\overline{P_2P}}=\frac{\overline{\phi(P_1)\phi(P)}}{\overline{\phi(P_2)\phi(P)}}=(\phi(P_1),\phi(P_2),\phi(P)).$$

这表明等距变换保持共线三点的简单比不变.

注 6.1 按定义, 当点 P 在线段 P_1P_2 内时, 简单比 $(P_1,P_2,P)<0$; 当点 P 在线段 P_1P_2 外部时, 简单比 $(P_1,P_2,P)>0$. 此外, 共线三点的简单比与向量的定比分割的关系为

$$\lambda=\frac{\overline{P_1P}}{-\overline{P_2P}}=-(P_1,P_2,P),$$

其中 λ 为点 P 分割向量 $\overrightarrow{P_1P_2}$ 的分割比. 因此, 简单比 (P_1,P_2,P) 等于点 P 分向量 $\overrightarrow{P_1P_2}$ 的分割比的相反数. 由此可知: 等距变换也保持有向线段的分割比不变.

定理 6.4 平面上等距变换将平行直线变为平行直线; 且保持相交直线的交角不变.

证明 反设两条平行直线 l_1,l_2 在等距变换 ϕ 下变为两条相交直线 l_1',l_2', 设交点为 O, 则存在 $O_1\in l_1,O_2\in l_2$, 使得 $\phi(O_1)=O$, $\phi(O_2)=O$. 进而得到 $O_1=O_2$, 这与 $l_1//l_2$ 相矛盾. 矛盾表明等距变换将平行直线变为平行直线.

如图 6.1 所示, 设 l_1 和 l_2 是两条相交直线, 交点为 O. 分别在 l_1 和 l_2 上取异于点 O 的两点 P 和 Q. 设经过等距变换作用后, 直线 l_1 和 l_2 分别被映成直线 l_1' 和 l_2', 点 O,P,Q 被分别映成 O',P',Q'. 则点 O' 是 l_1' 和 l_2' 的交点, 点 P',Q' 分别在 l_1',l_2' 上. 根据等距变换的定义, 我们得到

$$d(O,P)=d(O',P'),\quad d(O,Q)=d(O',Q'),\quad d(P.Q)=d(P',Q').$$

这说明三角形 OPQ 和三角形 $O'P'Q'$ 全等. 因此有

$$\angle POQ=\angle P'O'Q'.$$

此即直线 l_1 和 l_2 夹角与直线 l_1' 和 l_2' 的夹角相等.

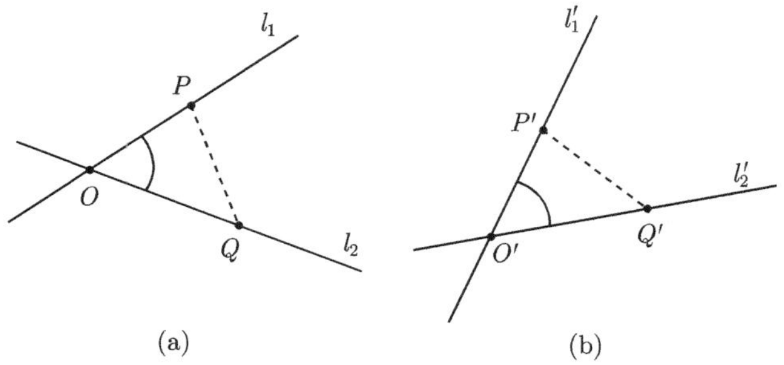

(a) (b)

图 6.1 等距变换保持相交直线的交角

定理 6.5 平面上等距变换保持点到直线的距离, 平行直线间的距离及平面多边形的面积不变.

证明 设 l 是平面 Π 上一条直线, 点 P 是 l 外一点 (当然这里 $P \in \Pi$). 设它们在一个等距变换 ϕ 下的像为直线 l' 和点 P'. 从 P 向直线 l 引垂线, 垂足为 Q, 并设 $\phi(Q) = Q'$ (图 6.2).

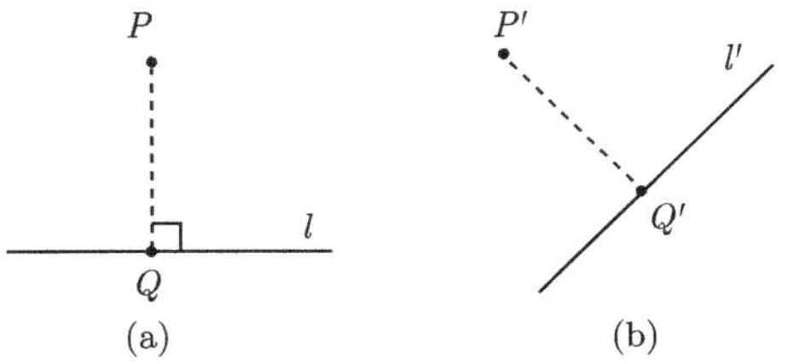

图 6.2 等距变换保持点到直线的距离

因 $Q \in l$, ϕ 是等距, 故 $Q' \in l'$. 又由直线 PQ 垂直于直线 l 知 $P'Q'$ 垂直于直线 l'. 因此点 Q' 是从点 P' 向直线 l' 所引垂线的垂足. 于是

$$d(P,l) = d(P,Q), \quad d(P',l') = d(P',Q').$$

由 ϕ 是等距变换, 所以有

$$d(P,Q) = d(P',Q').$$

这样就得到了 $d(P,l) = d(P',l')$. 即等距变换保持点到直线的距离不变.

定理的其他结论可类似地证明, 请读者自己完成.

上面这些定理告诉我们, 同素性、结合性、平行性和正交性都是等距不变性, 距离、角度和面积都是等距不变量. 因此, 初等平面几何中讨论的都是与距离、角度、面积、平行、相似比等有关的性质. 从几何直观容易相信这些性质都与图形的特定位置无关, 即当图形从一个位置挪动到另一个位置时不会发生改变的性质. 现在我们从理论上证明了这些几何直观是完全可靠的, 是科学的.

6.2.3 等距变换诱导的向量变换

设 $\boldsymbol{v} = \overrightarrow{AB}$ 是平面 Π 上一向量, ϕ 是一等距变换. 令

$$\phi(\boldsymbol{v}) = \phi(\overrightarrow{AB}) = \overrightarrow{\phi(A)\phi(B)}.$$

据定理 6.4, 平面上平行四边形在等距变换下的像仍是平行四边形, 因此 $\phi(\boldsymbol{v})$ 只依赖于 $\boldsymbol{v}$ 而与 $\boldsymbol{v}$ 的起点 A 的选取无关. 这样一来, 等距点变换 ϕ 就自然地诱导出平面 Π 上向量的一个变换.

定理 6.6 平面上等距变换所诱导的向量变换是线性变换, 且保持向量的内积不变.

证明 设 $\phi: \Pi \to \Pi$ 是平面 Π 上任一等距变换, $\boldsymbol{a}, \boldsymbol{b}$ 是任意两个向量, λ 为实数. 需证明:

(i) $\phi(\boldsymbol{a}+\boldsymbol{b}) = \phi(\boldsymbol{a}) + \phi(\boldsymbol{b})$, $\phi(\lambda\boldsymbol{a}) = \lambda\phi(\boldsymbol{a})$;

(ii) $\boldsymbol{a}\cdot\boldsymbol{b} = \phi(\boldsymbol{a})\cdot\phi(\boldsymbol{b})$.

先证 (i). 在 Π 上取点 A, B, C, 使得 $\overrightarrow{AB} = \boldsymbol{a}$, $\overrightarrow{BC} = \boldsymbol{b}$, 则 $\overrightarrow{AC} = \boldsymbol{a}+\boldsymbol{b}$. 设 A, B, C 在 ϕ 下的像分别是 A', B', C', 那么

$$\phi(\boldsymbol{a}) = \overrightarrow{A'B'}, \quad \phi(\boldsymbol{b}) = \overrightarrow{B'C'}, \quad \phi(\boldsymbol{a}+\boldsymbol{b}) = \overrightarrow{A'C'}.$$

由 $\overrightarrow{A'C'} = \overrightarrow{A'B'} + \overrightarrow{B'C'}$ 可见 $\phi(\boldsymbol{a}+\boldsymbol{b}) = \phi(\boldsymbol{a}) + \phi(\boldsymbol{b})$.

由于等距变换保持共线三点的简单比不变, 由 $\boldsymbol{d} = \lambda\boldsymbol{a}$ 立即推得 $\phi(\boldsymbol{d}) = \lambda\phi(\boldsymbol{a})$, 即 $\phi(\lambda\boldsymbol{a}) = \lambda\phi(\boldsymbol{a})$.

再证 (ii). 由定义, 等距变换诱导的向量变换保持向量的长度不变. 再由定理 6.4, 也保持向量的夹角不变, 所以保持向量的内积不变.

定理 6.6 说明, 在平面等距变换下, 和向量与数乘向量都保持不变, 向量的内积也保持不变. 关于向量的外积和混合积在等距变换下如何变换, 这需要在空间等距变换概念下考虑, 待学完本章之后读者便会自己弄清楚.

6.2.4 等距变换的坐标表示及分解定理

定理 6.7 (等距变换的基本定理) *等距变换把平面直角坐标系变为平面直角坐标系, 并使任意点 P 在原坐标系中的坐标与它的像点 P' 在新坐标系中的坐标相同.*

证明 定理的结论从几何直观上看是显然的. 这是因为平面坐标系可以看作一个三角形, 坐标描述的是点与坐标原点的相对位置, 它可以由坐标折线来确定. 这些结构经过等距变换都不变. 下面给出定理的具体证明.

取平面直角坐标系 $\{O;\boldsymbol{i},\boldsymbol{j}\}$, 设等距变换 $\phi:\Pi\to\Pi$ 使得 $\phi(O)=O'$, $\phi(\boldsymbol{i})=\boldsymbol{i}'$, $\phi(\boldsymbol{j})=\boldsymbol{j}'$. 由定理 6.6 知 $\{O';\boldsymbol{i}',\boldsymbol{j}'\}$ 也是直角坐标系. 对平面 Π 上任一点 P, 设 P 在 $\{O;\boldsymbol{i},\boldsymbol{j}\}$ 中的坐标为 (x,y). 由于

$$\overrightarrow{O'P'}=\phi(\overrightarrow{OP})=\phi(x\boldsymbol{i}+y\boldsymbol{j})=x\boldsymbol{i}'+y\boldsymbol{j}',$$

所以点 P' 在 $\{O';\boldsymbol{i}',\boldsymbol{j}'\}$ 中的坐标与点 P 在 $\{O;\boldsymbol{i},\boldsymbol{j}\}$ 中的坐标相同.

推论 6.8 *如果两个等距变换 ϕ,ψ 把直角标架 I 都变成直角标架 II, 则 $\phi=\psi$. 换句话说, 等距变换被它在一个直角标架上的作用完全确定.*

证明 任取点 P, 设 P 在 I 中的坐标是 (x,y). 由定理 6.7, $\phi(P)$ 与 $\psi(P)$ 在 II 中的坐标都是 (x,y), 因此 $\phi(P)=\psi(P)$. 从而 $\phi=\psi$.

由上述推论可见, 平面上等距变换非常多. 本节最后我们将证明, 尽管等距变换很多, 但它们都是由平移变换、旋转变换和反射变换这三种等距变换复合而成的. 为此, 我们下面先讨论等距变换的坐标表示.

取定平面直角坐标系 $\{O;\boldsymbol{i},\boldsymbol{j}\}$, 设平面上任一点 P 和它在等距变换 ϕ 下的像点 P' 在直角坐标系 $\{O;\boldsymbol{i},\boldsymbol{j}\}$ 中的坐标分别为 (x,y), (x',y'). 所谓等距变换的坐标表示即是 (x,y) 与 (x',y') 间的关系式.

假设在 $\{O;\boldsymbol{i},\boldsymbol{j}\}$ 下,

$$\overrightarrow{OO'}=a\boldsymbol{i}+b\boldsymbol{j},\quad \boldsymbol{i}'=a_{11}\boldsymbol{i}+a_{21}\boldsymbol{j},\quad \boldsymbol{j}'=a_{12}\boldsymbol{i}+a_{22}\boldsymbol{j},$$

其中 $a_{11},a_{12},a_{21},a_{22}$ 全为实数. 则有

$$\begin{aligned}\overrightarrow{OP'}=\overrightarrow{OO'}+\overrightarrow{O'P'}&=(a\boldsymbol{i}+b\boldsymbol{j})+(x\boldsymbol{i}'+y\boldsymbol{j}')\\&=(a\boldsymbol{i}+b\boldsymbol{j})+x(a_{11}\boldsymbol{i}+a_{21}\boldsymbol{j})+y(a_{12}\boldsymbol{i}+a_{22}\boldsymbol{j})\\&=(a_{11}x+a_{12}y+a)\boldsymbol{i}+(a_{21}x+a_{22}y+b)\boldsymbol{j}.\end{aligned}$$

又 $\overrightarrow{OP'}=x'\boldsymbol{i}+y'\boldsymbol{j}$, 故

$$\begin{cases}x'=a_{11}x+a_{12}y+a,\\ y'=a_{21}x+a_{22}y+b.\end{cases}\tag{6.4}$$

用矩阵形式表示, 则式 (6.4) 可写成

$$\begin{pmatrix} x' \\ y' \end{pmatrix} = \begin{pmatrix} a_{11} & a_{21} \\ a_{12} & a_{22} \end{pmatrix} \begin{pmatrix} x \\ y \end{pmatrix} + \begin{pmatrix} a \\ b \end{pmatrix}.$$

由于 $\boldsymbol{i}', \boldsymbol{j}'$ 是互相垂直的单位向量, 还有

$$\begin{cases} \boldsymbol{i}' \cdot \boldsymbol{i}' = 1, \\ \boldsymbol{i}' \cdot \boldsymbol{j}' = 0, \\ \boldsymbol{j}' \cdot \boldsymbol{j}' = 1 \end{cases} \Longrightarrow \begin{cases} a_{11}^2 + a_{21}^2 = 1, \\ a_{11}a_{12} + a_{21}a_{22} = 0, \\ a_{12}^2 + a_{22}^2 = 1. \end{cases} \tag{6.5}$$

式 (6.4) 正是我们所求的等距变换的坐标表示, 其中表示系数 $a_{11}, a_{12}, a_{21}, a_{22}$ 满足式 (6.5).

以上讨论说明, 在取定了直角坐标系后, 每个等距变换用坐标表示都具有式 (6.4) 的形式, 其中系数满足式 (6.5), 或者用线性代数语言等价于矩阵 $\boldsymbol{A} = \begin{pmatrix} a_{11} & a_{12} \\ a_{21} & a_{22} \end{pmatrix}$ 是正交矩阵. 由于这个原因, 许多作者常将等距变换称为**正交变换**. 今后, 我们也将交替使用这两种称呼.

另外, 可以证明: 每个具有坐标表示式 (6.4) 而且其中系数矩阵是正交矩阵的平面点变换是等距变换 (参见本节习题第 4 题). 由于这一原因, 许多书上把式 (6.4) 作为等距变换的定义式, 我们看到这两种定义本质上是等价的.

下面我们进一步改写式 (6.4), 希望由此得到等距变换的分解定理. 从式 (6.5) 的第一、三式, 可设

$$a_{11} = \cos\theta, \quad a_{21} = \sin\theta,$$
$$a_{12} = \sin\varphi, \quad a_{22} = \cos\varphi.$$

代入式 (6.5) 的第二式有

$$0 = \cos\theta\sin\varphi + \sin\theta\cos\varphi = \sin(\varphi + \theta).$$

因此 $\varphi = k\pi - \theta$ 时, 其中 $k \in \mathbb{Z}$. 进而,

$$a_{12} = \pm\sin\theta, \quad a_{22} = \mp\cos\theta.$$

于是

$$\boldsymbol{A} = \begin{pmatrix} \cos\theta & -\sin\theta \\ \sin\theta & \cos\theta \end{pmatrix} \quad 或 \quad \boldsymbol{A} = \begin{pmatrix} \cos\theta & \sin\theta \\ \sin\theta & -\cos\theta \end{pmatrix}.$$

这样一来, 等距变换的坐标表示式 (6.4) 可以改写成如下形式:

$$\begin{cases} x' = x\cos\theta - y\sin\theta + a, \\ y' = x\sin\theta + y\cos\theta + b \end{cases} \tag{6.6}$$

或

$$\begin{cases} x' = x\cos\theta + y\sin\theta + a, \\ y' = x\sin\theta - y\cos\theta + b. \end{cases} \tag{6.7}$$

式 (6.6) 是平移变换与旋转变换的复合, 表示平面上的刚体运动, 称为**第一类等距变换**. 特别地, 平移变换和旋转变换都是第一类等距变换. 式 (6.7) 表示平面上的反射变换

$$\begin{pmatrix} x'' \\ y'' \end{pmatrix} = \begin{pmatrix} 1 & 0 \\ 0 & -1 \end{pmatrix} \begin{pmatrix} x \\ y \end{pmatrix}$$

与刚体运动

$$\begin{pmatrix} x' \\ y' \end{pmatrix} = \begin{pmatrix} \cos\theta & -\sin\theta \\ \sin\theta & \cos\theta \end{pmatrix} \begin{pmatrix} x'' \\ y'' \end{pmatrix} + \begin{pmatrix} a \\ b \end{pmatrix}$$

的乘积, 称为**第二类等距变换**. 特别地, 反射变换是第二类等距变换.

归纳上述讨论, 我们得到如下定理.

定理 6.9 (等距变换的分解定理)　*平面上的等距变换或为运动, 或为反射, 或为运动与反射的乘积.*

平面上的刚体运动和反射变换都作为等距变换, 其差异从代数的角度来看在于: 它们的表示系数矩阵 $\boldsymbol{A}$ 的行列式分别为 $+1$ 和 -1; 从几何的角度来看在于: 刚体运动可以通过保持平面上任两点之间的位置关系不变的连续运动实现, 而反射变换则无法通过这样的连续运动来实现. 这种区别是本质的, 就好比你无法通过刚体运动将你的左手 (或右手) 变成右手 (或左手), 而照照镜子 (类似于反射变换) 你发现左右手可以互相变换得到. 因此, 不难理解第一类等距变换将右手 (或左手) 直角坐标系变为右手 (或左手) 直角坐标系, 而第二类等距变换将右手 (或左手) 直角坐标系变为左手 (或右手) 直角坐标系.

习　题　6.2

1. 利用平移和旋转变换的公式证明: 平面上平移和旋转都保持平面上任两点间的距离不变.

2. 求满足下列条件的等距变换.

(1) 绕原点旋转 $\dfrac{3\pi}{2}$, 再按向量 $\boldsymbol{v} = (2, -1)$ 平移, 并求出点 $(0, 1)$ 经此变换后像点的坐标;

(2) 绕原点旋转把点 $(3, 1)$ 变成 $(-1, 3)$, 并求曲线 $y^2 - x + 8y + 18 = 0$ 经此旋转的对应曲线.

3. 设平面上的点变换 ϕ 把直角坐标系 Ⅰ 变到直角坐标系 Ⅱ, 并且使每点 P 在 Ⅰ 中的坐标与它的像 P' 在 Ⅱ 中的坐标相同, 证明 ϕ 是等距变换.

4. 设平面上的点变换 ϕ 在直角坐标系下的公式为

$$\begin{cases} x' = a_{11}x + a_{12}y + a, \\ y' = a_{21}x + a_{22}y + b, \end{cases}$$

其中 $\boldsymbol{A} = \begin{pmatrix} a_{11} & a_{12} \\ a_{21} & a_{22} \end{pmatrix}$ 为正交矩阵, 证明 ϕ 是等距变换.

5. 给定平面上两个右手直角坐标系 $\{O; \boldsymbol{i}, \boldsymbol{j}\}$ 和 $\{O'; \boldsymbol{i}', \boldsymbol{j}'\}$. 证明必存在唯一的等距变换 ϕ 把 $\{O; \boldsymbol{i}, \boldsymbol{j}\}$ 变成 $\{O'; \boldsymbol{i}', \boldsymbol{j}'\}$.

6.3　平面上的仿射变换

通过上一节的学习, 我们知道了在等距变换下, 图形保持其上任意两点间距离不变. 然而此类变换是十分特殊的. 例如, 图像的放大、物体在阳光照射下的影子的移动、弹性体在

外力作用下的形变等都不具有这种性质, 即都不是等距变换. 比等距变换更为广泛的一种点变换就是本节要讨论的仿射变换. 不同于前一节用几何特征 (保持两点之间距离不变) 来定义等距变换, 在这里为了简单起见, 我们直接用变换公式给出仿射变换的定义, 并用这公式研究仿射变换的一些性质.

6.3.1 仿射变换与仿射变换群

平面上的点变换 $\phi: \Pi \to \Pi$, 如果它在仿射坐标系 $\{O; \boldsymbol{e}_1, \boldsymbol{e}_2\}$ 中的变换公式为

$$\begin{cases} x' = a_{11}x + a_{12}y + a, \\ y' = a_{21}x + a_{22}y + b, \end{cases} \quad |\boldsymbol{A}| = \begin{vmatrix} a_{11} & a_{12} \\ a_{21} & a_{22} \end{vmatrix} \neq 0, \tag{6.8}$$

其中 (x, y) 和 (x', y') 分别是平面上任意点 P 与其像点 P' 的仿射坐标, 那么 ϕ 称为平面上的**仿射 (点) 变换**.

值得提醒的是上述定义与仿射坐标系的选择无关 (学完线性代数自然就明白了). 由于直角坐标系是一种特殊的仿射坐标系, 且正交矩阵是非奇异的, 因此等距变换都是仿射变换. 但仿射变换比等距变换更广泛, 看下面的例子便略知一二.

例 6.3 压缩 (拉伸) 变换.

设平面上任一点 P 在仿射坐标系 $\{O; \boldsymbol{e}_1, \boldsymbol{e}_2\}$ 中的坐标为 (x, y). 规定平面的一个点变换 ϕ, 它把点 P 对应到点 $P'(x', y')$, 使得

$$\begin{cases} x' = x, \\ y' = ky, \end{cases} \tag{6.9}$$

其中 k 是正常数 (与点 P 无关), 则称 ϕ 是平面上的**压缩 (拉伸) 变换**, 称 k 为**压缩 (拉伸) 系数**. 当 $0 < k < 1$ 时, ϕ 是压缩; 当 $k > 1$ 时, ϕ 是拉伸; 当 $k = 1$ 时, ϕ 是恒等变换. 特别地, 若方向 $\boldsymbol{e}_1 \perp \boldsymbol{e}_2$, 则称 ϕ 是**正压缩 (拉伸)**. 由于公式 (6.9) 中系数矩阵 $\begin{pmatrix} 1 & 0 \\ 0 & k \end{pmatrix}$ 是非奇异的, 因此 ϕ 是仿射变换. 显见当 $k \neq 1$ 时, 它不是等距变换.

例 6.4 错切变换.

在平面仿射坐标系 $\{O; \boldsymbol{e}_1, \boldsymbol{e}_2\}$ 中, 由公式

$$\begin{cases} x' = x + ry, \\ y' = sx + y \end{cases} \tag{6.10}$$

给出的变换称为**错切变换**, 其中 r, s 中至少有一个不为零.

若 $r \neq 0$, $s = 0$, 则式 (6.10) 是沿 x 轴方向的错切, x 轴上每一点均为不动点, 每条与 x 轴平行的直线 $y = y_0$ 都是不动直线, 并且

$$P(x, y_0) \mapsto P'(x + ry_0, y_0) = P'(x', y_0),$$

因此 $x' - x = ry_0$, 这说明直线 $y = y_0$ 上每一点沿 x 轴方向平移了 $ry_0\boldsymbol{e}_1$. 显然移动的距离与点的纵坐标 (的绝对值) 成正比.

类似地, 当 $r=0$, $s\neq 0$ 时, 则 (6.10) 为沿 y 轴方向的错切.

我们知道, 等距变换由于保持两点间的距离不变, 因而在等距变换下, 图形的形状未发生变化, 改变的只是图形的位置. 但是在仿射变换下, 图形的形状可变化. 例如圆 $x^2+y^2=R^2$ 经伸缩变换 (6.9) 变成了椭圆 $\dfrac{x'^2}{R^2}+\dfrac{y'^2}{k^2R^2}=1$.

定理 6.10　平面上的仿射变换构成变换群, 称为仿射变换群.

证明　(i) 恒等变换是等距变换, 当然是仿射变换.

(ii) 对任一仿射变换

$$\phi:\begin{cases}x'=a_{11}x+a_{12}y+a,\\ y'=a_{21}x+a_{22}y+b,\end{cases}$$

由于 $|\boldsymbol{A}|=\begin{vmatrix}a_{11} & a_{12}\\ a_{21} & a_{22}\end{vmatrix}\neq 0$, 从 ϕ 的表达式中解出 x,y 得到逆变换公式

$$\phi^{-1}:\begin{cases}x=a'_{11}x'+a'_{12}y'+a',\\ y=a'_{21}x'+a'_{22}y'+b',\end{cases}\tag{6.11}$$

其中

$$\begin{cases}a'_{11}=\dfrac{a_{22}}{|\boldsymbol{A}|},\quad a'_{12}=-\dfrac{a_{12}}{|\boldsymbol{A}|},\\ a'_{21}=-\dfrac{a_{21}}{|\boldsymbol{A}|},\quad a'_{22}=\dfrac{a_{11}}{|\boldsymbol{A}|},\\ a'=-\dfrac{1}{|\boldsymbol{A}|}(aa_{22}-ba_{12}),\\ b'=-\dfrac{1}{|\boldsymbol{A}|}(-aa_{21}+ba_{11}).\end{cases}$$

由于

$$\begin{vmatrix}a'_{11} & a'_{12}\\ a'_{21} & a'_{22}\end{vmatrix}=\begin{vmatrix}\dfrac{a_{22}}{|\boldsymbol{A}|} & -\dfrac{a_{12}}{|\boldsymbol{A}|}\\ -\dfrac{a_{21}}{|\boldsymbol{A}|} & \dfrac{a_{11}}{|\boldsymbol{A}|}\end{vmatrix}=\frac{1}{|\boldsymbol{A}|}\neq 0,$$

因此 ϕ 的逆变换 ϕ^{-1} 也是仿射变换.

(iii) 设 ϕ 与 ψ 都是仿射变换,

$$\phi:\begin{cases}x'=a_{11}x+a_{12}y+a_{13},\\ y'=a_{21}x+a_{22}y+a_{23},\end{cases}\qquad |\boldsymbol{A}|=\begin{vmatrix}a_{11} & a_{12}\\ a_{21} & a_{22}\end{vmatrix}\neq 0,$$

$$\psi:\begin{cases}x''=b_{11}x'+b_{12}y'+b_{13},\\ y''=b_{21}x'+b_{22}y'+b_{23},\end{cases}\qquad |\boldsymbol{B}|=\begin{vmatrix}b_{11} & b_{12}\\ b_{21} & b_{22}\end{vmatrix}\neq 0.$$

作 ϕ 与 ψ 的乘积得

$$\psi\phi:\begin{cases}x''=c_{11}x+c_{12}y+c_{13},\\ y''=c_{21}x+c_{22}y+c_{23},\end{cases}$$

其中

$$\begin{cases}c_{11}=b_{11}a_{11}+b_{12}a_{21},\quad c_{12}=b_{11}a_{12}+b_{12}a_{22},\\ c_{21}=b_{21}a_{11}+b_{22}a_{21},\quad c_{22}=b_{21}a_{12}+b_{22}a_{22},\\ c_{13}=b_{11}a_{13}+b_{12}a_{23}+b_{13},\quad c_{23}=b_{21}a_{13}+b_{22}a_{23}+b_{23}.\end{cases}$$

由于

$$\begin{vmatrix} c_{11} & c_{12} \\ c_{21} & c_{22} \end{vmatrix} = \begin{vmatrix} b_{11}a_{11}+b_{12}a_{21} & b_{11}a_{12}+b_{12}a_{22} \\ b_{21}a_{11}+b_{22}a_{21} & b_{21}a_{12}+b_{22}a_{22} \end{vmatrix}$$
$$= \begin{vmatrix} a_{11} & a_{12} \\ a_{21} & a_{22} \end{vmatrix} \cdot \begin{vmatrix} b_{11} & b_{12} \\ b_{21} & b_{22} \end{vmatrix} = |\boldsymbol{A}| \cdot |\boldsymbol{B}| \neq 0,$$

因此, $\psi\phi$ 是一个仿射变换.

注 6.2 对熟悉线性代数的读者来说, 上述定理的结论是显然的. 这是因为仿射变换公式 (6.8) 中 $|\boldsymbol{A}| \neq 0$ 表示系数矩阵 $\boldsymbol{A} = \begin{pmatrix} a_{11} & a_{12} \\ a_{21} & a_{22} \end{pmatrix}$ 满秩, 式 (6.8) 称为满秩线性变换. 由于满秩矩阵的逆矩阵是满秩的, 所以仿射变换的逆变换也是仿射变换. 又因为满秩矩阵的乘积是满秩的, 因而两个仿射变换的乘积也是仿射变换.

按照 Klein 的观点, 有了仿射变换群就对应有一种几何学, 它是研究图形在仿射变换群作用下的不变性质 (或不变量), 即图形的**仿射性质**(或**仿射不变量**), 把研究这些性质的几何学被称为**仿射几何学**. 下面我们探讨仿射变换下的几个重要的不变性质和不变量.

6.3.2 仿射变换下的不变性质与不变量

由于等距变换都是仿射变换, 所以在仿射变换下不变的性质在等距变换下当然也不变. 换言之, 仿射性质都是度量性质. 反之, 度量性质不一定是仿射性质. 借助压缩 (拉伸) 变换, 不难从直观上明白诸如距离、角度、面积、对称轴等都不是仿射几何的范畴. 下面我们证明图形的平行、相交、共线点的顺序及简单比等都仍然是仿射几何的范畴.

定理 6.11 (i) 仿射变换把直线变为直线, 并且保持直线的平行性;

(ii) 仿射变换保持共线三点的简单比不变.

证明 (i) 在仿射坐标系中, 直线方程是一次的, 而仿射变换是用坐标的一次式给出的, 所以它把直线的一次方程变为一次方程, 即为直线. 为了更好地体会仿射变换的坐标表示, 下面我们还是给出详细的计算以证明结论.

设 ϕ 是仿射变换, 它在仿射坐标系中的变换公式为 (6.8). 在平面上任取一直线 $l:\ b_1x+b_2y+b_3=0$, 将 ϕ 的逆变换公式 (6.11) 代入直线 l 的方程得到

$$\frac{1}{|\boldsymbol{A}|}(b_1a_{22}-b_2a_{21})x' + \frac{1}{|\boldsymbol{A}|}(b_2a_{11}-b_1a_{12})y' + (\text{常数项}) = 0.$$

由于 x',y' 的系数不全为零 (否则将导致 $|\boldsymbol{A}|=0$ 的矛盾), 因此它是 x',y' 的一次方程, 表示一条直线 l'. 另一方面, 把式 (6.8) 代入直线 l' 的方程就得到直线 l 的方程 (代数运算请读者自己补充完整). 这说明 l' 上每一点在 ϕ 下的原像都在直线 l 上. 因此 ϕ 把直线 l 变成直线 l'.

设 l_1,l_2 是平面 Π 内两平行直线, 在仿射变换 ϕ 下的像为直线 l_1',l_2'. 反设 $l_1'\cap l_2'=\{P'\}$, 且设 P 为 P' 的原像点. 由于仿射变换保持结合性, 即 $P\in l_1$, $P\in l_2$. 所以 $P\in l_1\cap l_2$, 矛盾. 故 $l_1'//l_2'$.

(ii) 仿射变换把直线变为直线, 因此把共线三点变为共线三点. 设在给定的仿射坐标系下, $A(x_1,y_1),B(x_2,y_2),C(x_3,y_3)$ 为共线三点, 在仿射变换 (6.8) 下它们的像依次为 $A'(x_1',y_1')$,

$B'(x'_2, y'_2), C'(x'_3, y'_3)$. 需证 $(A,B,C) = (A',B',C')$. 记 $(A,B,C) = \lambda$, 那么有

$$(x_3 - x_1, y_3 - y_1) = \lambda(x_3 - x_2, y_3 - y_2),$$
$$\lambda = \frac{x_3 - x_1}{x_3 - x_2} = \frac{y_3 - y_1}{y_3 - y_2}.$$

同理有

$$(A',B',C') = \frac{x'_3 - x'_1}{x'_3 - x'_2} = \frac{y'_3 - y'_1}{y'_3 - y'_2}.$$

再由式 (6.8) 得

$$\begin{aligned}(A',B',C') &= \frac{x'_3 - x'_1}{x'_3 - x'_2} = \frac{a_{11}(x_3 - x_1) + a_{12}(y_3 - y_1)}{a_{11}(x_3 - x_2) + a_{12}(y_3 - y_2)} \\ &= \frac{a_{11}\lambda(x_3 - x_2) + a_{12}\lambda(y_3 - y_2)}{a_{11}(x_3 - x_2) + a_{12}(y_3 - y_2)} = \lambda.\end{aligned}$$

所以 $(A,B,C) = (A',B',C')$.

推论 6.12 两条平行线段长度之比是仿射不变量. 进而仿射变换把线段的中点变为线段的中点.

证明 设线段 $AB//CD$, 其在仿射变换下的像为 $A'B'$, $C'D'$. 由定理 6.11 知, $A'B'//C'D'$.

过 C 作 $CE//BD$ 交 AB 于 E (图 6.3), 得到平行四边形 $BECD$. 它在仿射变换下的像是平行四边形 $B'E'C'D'$. 又因为 A, E, B 三点共线, 故由定理 6.11 有

$$(A,E,B) = (A',E',B'),$$

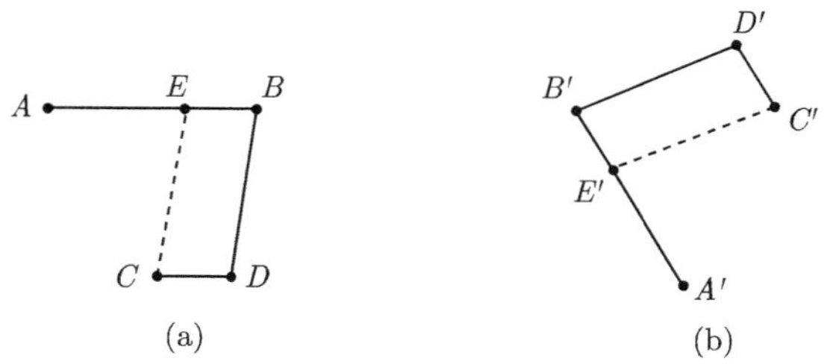

图 6.3 仿射变换保持线段长度之比

即

$$\frac{\overline{AB}}{\overline{EB}} = \frac{\overline{A'B'}}{\overline{E'B'}}.$$

注意到 EB 平行且等于 CD, $E'B'$ 平行且等于 $C'D'$, 所以有 $\dfrac{\overline{AB}}{\overline{CD}} = \dfrac{\overline{A'B'}}{\overline{C'D'}}$.

特别地, 一条直线上任两线段长度之比是仿射不变量. 当然线段的中点在仿射变换下的像仍然是线段的中点.

类似于等距变换诱导的向量变换, 仿射点变换 ϕ 也诱导平面的一个向量变换, 仍记为 ϕ, 定义如下: 设 $\boldsymbol{a}$ 是平面 Π 任一向量, 在 Π 上取点 A, B 使得 $\overrightarrow{AB} = \boldsymbol{a}$. 设 $\phi(A) = A'$, $\phi(B) = B'$, 定义 $\phi(\boldsymbol{a}) = \overrightarrow{A'B'}$. 如此定义的变换称为**仿射向量变换**. 由于仿射变换将平行四

边形变为平行四边形, 所以上述仿射向量变换 ϕ 的定义是合理的, 即 $\phi(\boldsymbol{a})$ 由 $\boldsymbol{a}$ 决定, 而不依赖于 $\boldsymbol{a}$ 的起点 A 的选取.

下面给出仿射向量变换的坐标表示. 为此, 在 Π 上取定一仿射标架 $\{O;\boldsymbol{e}_1,\boldsymbol{e}_2\}$ 后, 设 ϕ 的变换公式为 (6.8), 并记 $\boldsymbol{a}=(u,v)$, $\phi(\boldsymbol{a})=(u',v')$. A,B,A',B' 的仿射坐标依次记为 (x_1,y_1), (x_2,y_2), (x_1',y_1'), (x_2',y_2'). 则

$$\begin{aligned}&u=x_2-x_1,\quad v=y_2-y_1,\\&u'=x_2'-x_1',\quad v'=y_2'-y_1'.\end{aligned}$$

由于

$$\begin{cases}x_i'=a_{11}x_i+a_{12}y_i+a,\\y_i'=a_{21}x_i+a_{22}y_i+b,\end{cases}\quad i=1,2.$$

因此

$$\begin{cases}u'=x_2'-x_1'=a_{11}u+a_{12}v,\\v'=y_2'-y_1'=a_{21}u+a_{22}v.\end{cases}$$

此即仿射向量变换的坐标表示. 改写成矩阵的形式即

$$\begin{pmatrix}u'\\v'\end{pmatrix}=\begin{pmatrix}a_{11}&a_{12}\\a_{21}&a_{22}\end{pmatrix}\begin{pmatrix}u\\v\end{pmatrix}.\tag{6.12}$$

定理 6.13 仿射向量变换保持向量的线性关系不变.

证明 为了书写简便, 我们将向量 $\boldsymbol{a}$ 的仿射坐标改写成列向量的形式, 即记 $\boldsymbol{a}=\begin{pmatrix}u\\v\end{pmatrix}$, 则式 (6.12) 可改写为 $\phi(\boldsymbol{a})=A\boldsymbol{a}$. 于是, 对任意线性组合 $\lambda\boldsymbol{a}+\mu\boldsymbol{b}$,

$$\begin{aligned}\phi(\lambda\boldsymbol{a}+\mu\boldsymbol{b})&=A(\lambda\boldsymbol{a}+\mu\boldsymbol{b})=A(\lambda\boldsymbol{a})+A(\mu\boldsymbol{b})\\&=\lambda A\boldsymbol{a}+\mu A\boldsymbol{b}=\lambda\phi(\boldsymbol{a})+\mu\phi(\boldsymbol{b}).\end{aligned}$$

上式意即仿射向量变换 ϕ 保持向量的线性关系不变.

例 6.5 已知仿射变换在一仿射坐标系中的公式为

$$\begin{cases}x'=4x-3y-5,\\y'=3x-2y+2,\end{cases}$$

又直线 l 的方程为 $3x+y-1=0$, 求 l 在该仿射变换下的像的方程.

解 解答本题直接的做法是求出逆变换公式, 代入直线 l 方程便得到像直线的方程. 另一种方法是待定系数法, 设像直线的方程为 $Ax'+By'+C=0$, 将题设仿射变换公式代入, 并和直线 l 的方程比较便可求解 $A:B:C$, 从而得到像直线的方程. 将这两种方法的计算细节都留给作者自己完成. 下面我们给出求像直线方程的向量法.

直线 l 过点 $P_0(0,1)$, 方向向量 $\boldsymbol{v}=(1,-3)$. 由题目所给点变换公式得 P_0 的像点 P_0' 的坐标为 $(-8,0)$. 又利用公式 (6.12) 求得

$$\boldsymbol{v}'=\begin{pmatrix}4&-3\\3&-2\end{pmatrix}\begin{pmatrix}1\\-3\end{pmatrix}=\begin{pmatrix}13\\9\end{pmatrix}.$$

因此 l 的像直线 l' 过点 $(-8,0)$, 方向向量为 $(13,9)$, 其方程为

$$\frac{x+8}{13}=\frac{y}{9}.$$

例 6.6　求把 x 轴变为直线 $x'-y'-1=0$, 把 y 轴变为直线 $x'+y'+1=0$, 且把点 $(1,1)$ 变为 $(0,0)$ 的仿射变换.

解　设所求仿射变换 ϕ 及其逆变换 ϕ^{-1} 分别为

$$\phi:\begin{cases}x'=a_{11}x+a_{12}y+a,\\ y'=a_{21}x+a_{22}y+b,\end{cases}\quad \phi^{-1}:\begin{cases}x=a'_{11}x'+a'_{12}y'+a',\\ y=a'_{21}x'+a'_{22}y'+b'.\end{cases}$$

于是, x 轴即直线 $y=0$ 的像直线为 $a'_{21}x'+a'_{22}y'+b'=0$. 由题设 $y=0$ 的对应直线应该是 $x'-y'-1=0$. 因此, $a'_{21}x'+a'_{22}y'+b'=0$ 与 $x'-y'-1=0$ 应该是同一直线. 于是有

$$\frac{a'_{21}}{1}=\frac{a'_{22}}{-1}=\frac{b'}{-1}=k\quad 或\quad a'_{21}=-a'_{22}=-b'=k.$$

同理, 由 $x=0$ 与 $x'+y'+1=0$ 对应可得

$$\frac{a'_{11}}{1}=\frac{a'_{12}}{1}=\frac{a'}{1}=h\quad 或\quad a'_{11}=a'_{12}=a'=h.$$

这里 k,h 是两个参数. 将上述关系式代入逆变换公式得

$$\begin{cases}x=h(x'+y'+1),\\ y=k(x'-y'-1).\end{cases}$$

再由题设, 点 $(1,1)$ 的像点为 $(0,0)$, 代入上式立得 $k=-1$, $h=1$. 于是 ϕ^{-1} 和 ϕ 的公式为

$$\phi^{-1}:\begin{cases}x=x'+y'+1,\\ y=-x'+y'+1,\end{cases}\quad \phi:\begin{cases}x'=\dfrac{x}{2}-\dfrac{y}{2},\\ y'=\dfrac{x}{2}+\dfrac{y}{2}-1.\end{cases}$$

由定理 6.9 容易明白, 等距变换保持平面图形的面积不变. 然而一般仿射变换却不具有如此性质. 例如, 将椭圆 $\dfrac{x^2}{a^2}+\dfrac{y^2}{b^2}=1$ 作伸缩变换

$$\begin{cases}x'=\dfrac{1}{a}x,\\ y'=\dfrac{1}{b}y\end{cases}$$

后变成单位圆 $x'^2+y'^2=1$. 熟知椭圆 $\dfrac{x^2}{a^2}+\dfrac{y^2}{b^2}=1$ 的面积为 πab, 而单位圆的面积为 π. 尽管如此, 我们仍然可以证明在同一仿射变换下, 平面上不同图形的面积的变化率均相同, 即任一平面图形变换后的面积与变换前的面积的比值是常数. 由于平面图形的面积可以作为若干个三角形面积之和的极限, 下面我们就三角形的情形给出证明.

定理 6.14　仿射变换下三角形的面积按同一比值改变.

证明 设 ϕ 是一仿射变换, 在仿射标架 $\{O;\boldsymbol{e}_1,\boldsymbol{e}_2\}$ 下的变换公式为 (6.8). 设 ϕ 将三角形 ABC 变为 $A'B'C'$, 且 $\phi(\boldsymbol{e}_1)=\boldsymbol{e}_1'$, $\phi(\boldsymbol{e}_2)=\boldsymbol{e}_2'$. 再设

$$\overrightarrow{AB}=a_1\boldsymbol{e}_1+a_2\boldsymbol{e}_2,\quad \overrightarrow{AC}=b_1\boldsymbol{e}_1+b_2\boldsymbol{e}_2.$$

则由定理 6.13,

$$\overrightarrow{A'B'}=a_1\boldsymbol{e}_1'+a_2\boldsymbol{e}_2',\quad \overrightarrow{A'C'}=b_1\boldsymbol{e}_1'+b_2\boldsymbol{e}_2'.$$

于是

$$\begin{aligned}S_{\Delta ABC}&=\frac{1}{2}|\overrightarrow{AB}\times\overrightarrow{AC}|=\pm\frac{1}{2}\begin{vmatrix}a_1 & a_2\\ b_1 & b_2\end{vmatrix}|\boldsymbol{e}_1\times\boldsymbol{e}_2|,\\ S_{\Delta A'B'C'}&=\frac{1}{2}|\overrightarrow{A'B'}\times\overrightarrow{A'C'}|=\pm\frac{1}{2}\begin{vmatrix}a_1 & a_2\\ b_1 & b_2\end{vmatrix}|\boldsymbol{e}_1'\times\boldsymbol{e}_2'|,\end{aligned}$$

其中正负号取与行列式 $\begin{vmatrix}a_1 & a_2\\ b_1 & b_2\end{vmatrix}$ 的符号相同.

另外, 应用公式 (6.12) 还有

$$\begin{aligned}\boldsymbol{e}_1'\times\boldsymbol{e}_2'&=(a_{11}\boldsymbol{e}_1+a_{21}\boldsymbol{e}_2)\times(a_{12}\boldsymbol{e}_1+a_{22}\boldsymbol{e}_2)\\&=(a_{11}a_{22}-a_{12}a_{21})\boldsymbol{e}_1\times\boldsymbol{e}_2\\&=|\boldsymbol{A}|\boldsymbol{e}_1\times\boldsymbol{e}_2.\end{aligned}$$

所以,

$$\frac{S_{\Delta A'B'C'}}{S_{\Delta ABC}}=|\det\boldsymbol{A}|.$$

注意到仿射变换 ϕ 的公式 (6.8) 中的系数矩阵 $\boldsymbol{A}$ 的行列式 $\det\boldsymbol{A}$ 与仿射标架 $\{O;\boldsymbol{e}_1,\boldsymbol{e}_2\}$ 的选取无关. 这是因为, 如果在仿射标架 $\{O;\boldsymbol{e}_1,\boldsymbol{e}_2\}$ 中的公式的系数矩阵为 $\boldsymbol{A}$, 那么在另一仿射标架 $\{O;\boldsymbol{e}_1^*,\boldsymbol{e}_2^*\}$ 中的公式的系数矩阵为 $\boldsymbol{H}^{-1}\boldsymbol{AH}$, 其中 $\boldsymbol{H}$ 为从 $\{O;\boldsymbol{e}_1,\boldsymbol{e}_2\}$ 到 $\{O;\boldsymbol{e}_1',\boldsymbol{e}_2'\}$ 的过渡矩阵. 于是

$$\det(\boldsymbol{H}^{-1}\boldsymbol{AH})=\det\boldsymbol{H}^{-1}\det\boldsymbol{A}\det\boldsymbol{H}=\det\boldsymbol{A}.$$

至此我们证明了经过仿射变换 ϕ 后, 一个三角形在变换后的面积与变换前的面积之比是常数, 该常数为 $\det\boldsymbol{A}$ 的绝对值, 称为仿射变换的**变积系数**.

6.3.3 仿射变换的基本定理

由定理 6.11, 仿射变换把共线三点变为共线三点, 而仿射变换的逆变换仍为仿射变换, 因此, 仿射变换把不共线三点变为不共线三点, 把不平行的两向量变为不平行的两向量. 这样一来我们就可以证明如下基本定理.

定理 6.15 仿射变换把仿射标架变成仿射标架, 并且使得任一点 P 在原标架中的坐标等于它的像 $\phi(P)$ 在新标架中的坐标. 反过来, 对平面上任意两个仿射坐标系 Ⅰ 和 Ⅱ, 如果存在平面的一个点变换 ϕ, 它将点 P 对应于点 P', 使得点 P 在坐标系 Ⅰ 中的坐标等于点 P' 在坐标系 Ⅱ 中的坐标, 那么 ϕ 是仿射变换.

证明　设点 P 在 $\{O;\boldsymbol{e}_1,\boldsymbol{e}_2\}$ 下的坐标为 (x,y), 即 $\overrightarrow{OP}=x\boldsymbol{e}_1+y\boldsymbol{e}_2$. 由定理 6.13, $\overrightarrow{O'P'}=x\boldsymbol{e}_1'+y\boldsymbol{e}_2'$. 因而点 P' 在 $\{O';\boldsymbol{e}_1',\boldsymbol{e}_2'\}$ 下的坐标为 (x,y).

设 Ⅰ $=\{O;\boldsymbol{e}_1,\boldsymbol{e}_2\}$, Ⅱ $=\{O;\boldsymbol{e}_1,\boldsymbol{e}_2\}$. 如果点的变换 $\phi:\Pi\to\Pi$, $P\mapsto P'$ 满足

$$\overrightarrow{OP}=x\boldsymbol{e}_1+y\boldsymbol{e}_2;\quad \overrightarrow{O'P'}=x\boldsymbol{e}_1'+y\boldsymbol{e}_2'.$$

假定在 $\{O;\boldsymbol{e}_1,\boldsymbol{e}_2\}$ 下, 点 O' 的坐标为 (a,b), 点 P' 的坐标为 (x',y'), $\boldsymbol{e}_1'=a_{11}\boldsymbol{e}_1+a_{21}\boldsymbol{e}_2$, $\boldsymbol{e}_2'=a_{12}\boldsymbol{e}_1+a_{22}\boldsymbol{e}_2$. 由

$$\overrightarrow{OP'}=\overrightarrow{OO'}+\overrightarrow{O'P'}=\overrightarrow{OO'}+x\boldsymbol{e}_1'+y\boldsymbol{e}_2'$$

得到

$$\begin{cases}x'=a_{11}x+a_{12}y+a,\\ y'=a_{21}x+a_{22}y+b.\end{cases}$$

因 $\boldsymbol{e}_1',\boldsymbol{e}_2'$ 不共线, 故 $\begin{vmatrix}a_{11} & a_{12}\\ a_{21} & a_{22}\end{vmatrix}\neq 0$, 从而 ϕ 是仿射变换.

类似于平面上等距变换的分解定理, 平面上的仿射变换也有如下分解定理.

定理 6.16　平面上任何一个仿射变换可以分解为一个等距变换与一个沿着两个互相垂直方向压缩的乘积.

证明　任取一直角坐标系, 由式 (6.8) 给出的仿射变换把单位圆 $x^2+y^2=1$ 变成椭圆 (图 6.4), 设它的中心为 O', 而 A_0A', B_0B' 是两条互相垂直的对称轴. 记向量

$$\boldsymbol{f}_1=\overrightarrow{O'A'},\quad \boldsymbol{f}_2=\overrightarrow{O'B'}.$$

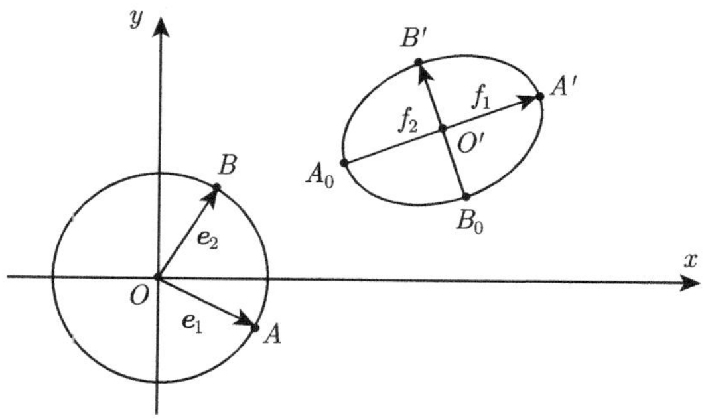

图 6.4　圆在仿射变换下的像

将它们单位化得

$$\boldsymbol{e}_1'=\frac{\boldsymbol{f}_1}{|\boldsymbol{f}_1|},\quad \boldsymbol{e}_2'=\frac{\boldsymbol{f}_2}{|\boldsymbol{f}_2|}.$$

我们有仿射坐标系 $\{O;\boldsymbol{f}_1,\boldsymbol{f}_2\}$ 与直角坐标系 $\{O';\boldsymbol{e}_1',\boldsymbol{e}_2'\}$. 又设在仿射变换 ϕ 下, $\boldsymbol{f}_1$, $\boldsymbol{f}_2$ 的原像为 $\boldsymbol{e}_1$, $\boldsymbol{e}_2$, 即 $\phi(\boldsymbol{e}_1)=\boldsymbol{f}_1$, $\phi(\boldsymbol{e}_2)=\boldsymbol{f}_2$. 由于椭圆的两条对称轴是互相共轭的, 即每条对称轴的平行弦中点轨迹沿着另一条的方向, 而仿射变换 ϕ 保持共轭性不变, 因此 $\boldsymbol{e}_1$, $\boldsymbol{e}_2$ 与也是单位圆上两个互相垂直的半径向量. 故 $\{O;\boldsymbol{e}_1,\boldsymbol{e}_2\}$ 为一直角坐标系, 利用定理 6.15 有

等距变换 σ : $\{O;\boldsymbol{e}_1,\boldsymbol{e}_2\}\to\{O';\boldsymbol{e}_1',\boldsymbol{e}_2'\}$;

伸缩变换 τ : $\{O';\boldsymbol{e}_1',\boldsymbol{e}_2'\}\to\{O';\boldsymbol{f}_1,\boldsymbol{f}_2\}$.

因此, $\tau\sigma:\{O;\boldsymbol{e}_1,\boldsymbol{e}_2\}\to\{O';\boldsymbol{f}_1,\boldsymbol{f}_2\}$. 故 $\phi=\tau\sigma$, 即 ϕ 分解为等距变换 σ 与伸缩变换 τ 的乘积.

习 题 6.3

1. 求平面上使点 $A(0,1)$, $B(-1,0)$, $C(1,1)$ 分别变为 $A'(-1,3)$, $B'(-4,2)$, $C'(1,2)$ 的仿射变换.

2. 求把三条直线 $x=0$, $x-y=0$, $y-1=0$ 依次变为 $3x-2y-3=0$, $x-1=0$, $4x-y-9=0$ 的仿射变换公式.

3. 证明在仿射变换下, 两个不动点的连线上的每一点都是不动点.

4. 如果一直线与它在仿射变换 ϕ 下的像重合, 则称这条直线是 ϕ 的**不动直线**. 求仿射变换

$$\begin{cases} x'=7x-y-1,\\ y'=4x+2y+4 \end{cases}$$

的不动直线.

5. 给定两个仿射变换

$$\phi_1:\begin{cases} x'=x+y,\\ y'=y, \end{cases}\qquad \phi_2:\begin{cases} x'=2x-y,\\ y'=y-2. \end{cases}$$

求两个乘积 $\phi_1\phi_2$ 和 $\phi_2\phi_1$ 的表达式, 并比较得出的结果.

6. 设 O 是平面上一定点, 如果平面上的一个点变换 σ 保持点 O 不动, 且使平面上任一点 P 变到点 P', 它们满足 $\overrightarrow{OP'}=k\overrightarrow{OP}$, 其中常数 $k>0$, 则称 σ 是**同位相似(或位似)**, 称 O 为**位似中心**, k 为**位似系数**. 选择适当的坐标系, 求出位似 σ 的公式, 并证明位似是仿射变换, 且保持角度不变.

7. 如果平面的一个点变换 σ 使得对应线段的长度之比为一正常数 k, 则称 σ 为**相似变换**, k 称为**相似系数**. 证明相似变换是仿射变换.

8. 平面上任给两组不共线三点 A_1,A_2,A_3 和 B_1,B_2,B_3. 证明存在唯一仿射变换把 A_i 变成 B_i, $i=1,2,3$.

9. 平面上任给两个仿射标架 I 和 II, 证明存在唯一的仿射变换把标架 I 变成标架 II.

6.4 空间的等距变换与仿射变换

和平面的情形一样, 可以讨论空间的等距变换和仿射变换. 由于证明的方法类似, 本节只列举定义及重要的结论.

6.4.1 空间的等距变换

空间的一个点变换, 如果保持点之间的距离不变, 称之为**等距 (点) 变换** (或**正交变换**).

例 6.7 空间的平移变换.

空间中取定一个向量 $\boldsymbol{v}$, 对于任一点 P, 规定它在点变换 $\phi_{\boldsymbol{v}}$ 下的像为 P', 满足 $\overrightarrow{PP'}=\boldsymbol{v}$, 则称 $\phi_{\boldsymbol{v}}$ 是沿方向 $\boldsymbol{v}$ 的**平移变换**. 易见平移变换保持点之间的距离不变. 因此, 平移变换是等距变换.

在空间直角坐标系 $\{O;\boldsymbol{i},\boldsymbol{j},\boldsymbol{k}\}$ 下, 设 $P(x,y,z)$, $P'(x',y',z')$, $\boldsymbol{v}=(x_0,y_0,z_0)$, 则平移变换 $\phi_{\boldsymbol{v}}$ 的变换公式为

$$\begin{cases} x'=x+x_0, \\ y'=y+y_0, \\ z'=z+z_0. \end{cases}$$

例 6.8 空间的旋转变换.

如果空间直角坐标系 $\{O;\boldsymbol{i},\boldsymbol{j},\boldsymbol{k}\}$ 的坐标向量 $\boldsymbol{i},\boldsymbol{j},\boldsymbol{k}$ 变到同旋 (同为右手系或左手系) 的坐标向量 $\boldsymbol{i}',\boldsymbol{j}',\boldsymbol{k}'$, 满足

$$\begin{cases} \boldsymbol{i}'=a_{11}\boldsymbol{i}+a_{21}\boldsymbol{j}+a_{31}\boldsymbol{k}, \\ \boldsymbol{j}'=a_{12}\boldsymbol{i}+a_{22}\boldsymbol{j}+a_{32}\boldsymbol{k}, \\ \boldsymbol{k}'=a_{13}\boldsymbol{i}+a_{23}\boldsymbol{j}+a_{33}\boldsymbol{k}. \end{cases}$$

则矩阵

$$\boldsymbol{A}=\begin{pmatrix} a_{11} & a_{12} & a_{13} \\ a_{21} & a_{22} & a_{23} \\ a_{31} & a_{32} & a_{33} \end{pmatrix} \tag{6.13}$$

是正交矩阵, 且 $\det \boldsymbol{A}=1$. 现在用公式

$$\begin{cases} x'=a_{11}x+a_{12}y+a_{13}z, \\ y'=a_{21}x+a_{22}y+a_{23}z, \\ z'=a_{31}x+a_{32}y+a_{33}z \end{cases}$$

给出的变换 ϕ: $P(x,y,z)\mapsto P'(x',y',z')$ 称为空间的绕原点 O 的**旋转变换**, 这里点 P 和 P' 的坐标都是对坐标系 $\{O;\boldsymbol{i},\boldsymbol{j},\boldsymbol{k}\}$ 取的. 容易验证旋转变换也保持两点间的距离不变, 是等距变换.

和平面的情形一样, 我们把空间中的平移、旋转以及它们的乘积称为空间的**刚体运动**. 易见空间的刚体运动在一直角坐标系中的公式是

$$\begin{pmatrix} x' \\ y' \\ z' \end{pmatrix}=\boldsymbol{A}\begin{pmatrix} x \\ y \\ z \end{pmatrix}+\begin{pmatrix} x_0 \\ y_0 \\ z_0 \end{pmatrix},$$

其中 $\boldsymbol{A}$ 如式 (6.13) 所述, 它是正交矩阵且 $\det \boldsymbol{A}=1$. 这样一来, 空间的刚体运动是等距变换.

例 6.9 镜面反射.

在空间取一平面 Π, 将空间中每一点 P 对应到它关于平面 Π 的对称点 P' 的变换称为关于平面 Π 的**镜面反射**, 简称为**反射**. 如果我们选取这平面为 xOy 平面, 那么镜面反射变换公式为

$$\begin{cases} x'=x, \\ y'=y, \\ z'=-z. \end{cases}$$

易见镜面反射是等距变换.

空间的等距变换具有如下基本性质.

(1) 等距变换构成变换群, 称为空间的等距变换群, 简称等距群.

(2) 等距变换把共线三点变成共线三点, 并且保持共线三点的简单比不变; 它把不共线三点变成不共线三点.

(3) 等距变换把直线变为直线, 并且保持直线的平行性; 它把线段变成线段, 并且保持线段的分比不变.

(4) 等距变换把平面变成平面, 把平行平面变成平行平面, 把相交平面变成相交平面.

(5) 空间等距变换所诱导的向量变换 (类似于平面的情形) 保持向量的线性关系不变, 保持向量的长度不变, 保持向量的夹角不变因而保持向量的内积不变.

定理 6.17 空间等距变换把直角坐标系变成直角坐标系, 并且使得任一点 P 在原坐标系中的坐标等于它的像 $\phi(P)$ 在新坐标系中的坐标. 反之, 对两个直角坐标系 Ⅰ 和 Ⅱ, 如果空间的一个点变换 ϕ 使得任意点 Q 在直角坐标系 Ⅰ 中的坐标等于 Q 的像 $\phi(Q)$ 在直角坐标系 Ⅱ 中的坐标, 则 ϕ 是等距变换.

定理 6.18 空间点变换 ϕ 是等距变换当且仅当 ϕ 在一个空间直角坐标系中的公式为

$$\begin{pmatrix} x' \\ y' \\ z' \end{pmatrix} = \begin{pmatrix} a_{11} & a_{12} & a_{13} \\ a_{21} & a_{22} & a_{23} \\ a_{31} & a_{32} & a_{33} \end{pmatrix} \begin{pmatrix} x \\ y \\ z \end{pmatrix} + \begin{pmatrix} a \\ b \\ c \end{pmatrix},$$

其中系数矩阵 $\boldsymbol{A} = (a_{ij})$ 是正交矩阵.

定理 6.19 空间的等距变换或是空间的运动 ($\det \boldsymbol{A} = 1$, 称为第一类等距变换); 或是镜面反射或是空间的运动和镜面反射的乘积 ($\det \boldsymbol{A} = -1$, 称为第二类等距变换).

6.4.2 空间的仿射变换

空间的一个点变换 ϕ, 如果它在一个仿射坐标系中的公式为

$$\begin{pmatrix} x' \\ y' \\ z' \end{pmatrix} = \begin{pmatrix} a_{11} & a_{12} & a_{13} \\ a_{21} & a_{22} & a_{23} \\ a_{31} & a_{32} & a_{33} \end{pmatrix} \begin{pmatrix} x \\ y \\ z \end{pmatrix} + \begin{pmatrix} a \\ b \\ c \end{pmatrix},$$

其中系数矩阵 $\boldsymbol{A} = (a_{ij})$ 的行列式不为零, 则称 ϕ 是**空间的仿射 (点) 变换**. 此定义与仿射坐标系的选择无关.

按定义, 显然等距变换是仿射变换.

例 6.10 伸缩变换.

在仿射坐标系中, 由公式

$$\begin{cases} x' = x, \\ y' = y, \quad (k \neq 0) \\ z' = kz \end{cases}$$

确定的仿射变换称为空间沿 z 轴方向的**伸缩变换**. 在这个变换下, 球面被变成椭球面.

更一般地, 用公式

$$\begin{cases} x' = kx, \\ y' = hy, \quad (k, h, l \text{ 不全为零}) \\ z' = lz \end{cases}$$

确定的变换是分别沿 x, y, z 轴方向的 3 个伸缩变换的乘积, 也是一个仿射变换.

空间的仿射变换具有与等距变换相同的性质 (1)—(4), 如下所述.

(1) 仿射变换构成变换群, 称为空间的仿射变换群, 简称仿射群.

(2) 仿射变换把共线三点变成共线三点, 并且保持共线三点的简单比不变; 它把不共线三点变成不共线三点.

(3) 仿射变换把直线变为直线, 并且保持直线的平行性; 它把线段变成线段, 并且保持线段的分比不变.

(4) 仿射变换把平面变成平面, 把平行平面变成平行平面, 把相交平面变成相交平面.

由于等距变换是特殊的仿射变换, 所以等距变换所具有的性质不一定为仿射变换所具有. 从下面列举的性质 (5), (6) 便可看出其差异.

(5) 空间的仿射点变换诱导的仿射向量变换只保持向量的线性关系不变.

(6) 给定一空间仿射变换, 它按同一比值改变任意空间封闭区域的体积.

定理 6.20　*空间仿射变换把空间仿射坐标系 $\{O; \boldsymbol{e}_1, \boldsymbol{e}_2, \boldsymbol{e}_3\}$ 变成空间仿射坐标系 $\{O'; \boldsymbol{e}_1', \boldsymbol{e}_2', \boldsymbol{e}_3'\}$, 并且使得任意点 P 在 $\{O; \boldsymbol{e}_1, \boldsymbol{e}_2, \boldsymbol{e}_3\}$ 中的坐标等于它的像 P' 在 $\{O'; \boldsymbol{e}_1', \boldsymbol{e}_2', \boldsymbol{e}_3'\}$ 中的坐标. 反之, 具有这种性质的空间点变换是仿射变换.*

定理 6.21　*空间的任一仿射变换可以分解为一个等距变换与沿着三个互相垂直方向的伸缩变换的乘积.*

习　题　6.4

1. 证明下述空间点变换是第一类等距变换, 并且求转轴.

$$\begin{cases} x' = \dfrac{2}{3}x - \dfrac{2}{3}y + \dfrac{1}{3}z, \\ y' = \dfrac{\sqrt{2}}{2}x + \dfrac{\sqrt{2}}{2}y, \\ z' = -\dfrac{1}{3\sqrt{2}}x + \dfrac{1}{3\sqrt{2}}y + \dfrac{4}{3\sqrt{2}}z. \end{cases}$$

2. 设 ϕ 是空间的第一类等距变换, 证明对空间任意两个向量 $\boldsymbol{v}_1$, $\boldsymbol{v}_2$, 有

(1) $\phi(\boldsymbol{v}_1) \cdot \phi(\boldsymbol{v}_2) = \boldsymbol{v}_1 \cdot \boldsymbol{v}_2$;

(2) $\phi(\boldsymbol{v}_1) \times \phi(\boldsymbol{v}_2) = \phi(\boldsymbol{v}_1 \times \boldsymbol{v}_2)$.

3. 证明: 在空间仿射变换下, 两个不动点连线上的每一点都是不动点; 不共线的三个不动点所在平面上每一点都是不动点.

4. 证明: 空间相似变换 $\begin{cases} x' = kx, \\ y' = ky, \\ z' = kz, \end{cases}$ $k \neq 0$ 保持任意两个向量间的夹角不变.

5. 对空间任意三个不共面向量 $\boldsymbol{a}, \boldsymbol{b}, \boldsymbol{c}$, 设它们在空间仿射变换 ϕ 下的像依次为 $\boldsymbol{a}', \boldsymbol{b}', \boldsymbol{c}'$. 证明混合积 $(\boldsymbol{a}', \boldsymbol{b}', \boldsymbol{c}')$ 与 $(\boldsymbol{a}, \boldsymbol{b}, \boldsymbol{c})$ 的比值正是变换 ϕ 的系数行列式.

6. 求椭球面 $\dfrac{x^2}{a^2} + \dfrac{y^2}{b^2} + \dfrac{z^2}{c^2} = 1$ 围成的区域的体积.

参 考 书 目

[1] 吴光磊, 田畴. 解析几何简明教程. 2 版. 北京: 高等教育出版社, 2008.

[2] 吕林根, 许子道. 解析几何. 4 版. 北京: 高等教育出版社, 2006.

[3] 南开大学数学系《空间解析几何引论》编写组. 空间解析几何引论. 2 版. 北京: 高等教育出版社, 1989.

[4] 朱鼎勋, 陈绍菱. 空间解析几何学 (增订版). 北京: 北京师范大学出版社, 1990.

[5] 方德植. 解析几何. 北京: 高等教育出版社, 1986.

[6] 虞言林, 杨松林. 解析几何. 北京: 科学出版社, 2005.

[7] 廖华奎, 王宝富. 解析几何教程. 北京: 科学出版社, 2000.

[8] 李养成, 郭瑞芝. 空间解析几何. 北京: 科学出版社, 2004.

[9] 丘维声. 解析几何. 2 版. 北京: 北京大学出版社, 1996.

[10] 黄宣国. 空间解析几何. 上海: 复旦大学出版社, 2005.

[11] 穆斯海里什维列 H. 解析几何教程 (上、下册). 北京: 高等教育出版社, 1954.

[12] 沈纯理, 等. 经典几何. 北京: 科学出版社, 2004.

索　引

Y

Z

其他